轻松掌握 Creo 中文版产品造型设计

蔡云飞 等编著

机械工业出版社

Creo 是美国 PTC 公司于 2010 年 10 月推出 CAD 设计软件包。Creo 是整合了 PTC 公司的三个软件 Pro/Engineer 的参数化技术、CoCreate 的直接建模技术和 ProductView 的三维可视化技术的新型 CAD 设计软件包,是 PTC 公司闪电计划所推出的第一个产品。

　　本书详细讲解 Creo 软件的产品造型设计技巧。其内容包括产品设计概述、Creo 应用入门、Creo 基本操作、草图绘制与编辑、基本实体造型、工程特征造型、特征编辑、曲面特征、造型设计、装配设计、产品工程图设计和装配设计等。

　　本书定位初学者,内容精辟,易学易懂,是不可多得的好书。

图书在版编目（CIP）数据

轻松掌握 Creo 中文版产品造型设计/蔡云飞等编著. —北京：机械工业出版社，2012.7

ISBN 978-7-111- 39479-2

Ⅰ.①轻… Ⅱ.①蔡… Ⅲ.①工业产品—造型设计—计算机辅助设计—软件包 Ⅳ.①TB472-39

中国版本图书馆 CIP 数据核字（2012）第 191473 号

机械工业出版社（北京市百万庄大街 22 号　邮政编码 100037）
策划编辑：曲彩云　责任编辑：曲彩云
责任印制：杨　曦
北京中兴印刷有限公司印刷
2012 年 10 月第 1 版第 1 次印刷
184mm×260mm · 24.75 印张 · 612 千字
0 001 —3 000 册
标准书号：ISBN 978-7-111-39479-2
　　　　　ISBN 978-7-89433-600-2（光盘）
定价：58.00 元（含 1DVD）

前　言

Creo 是 PTC 全新推出的设计软件版本，旨在为使用 CAX 软件的公司解决长期困扰他们的问题，从而推动企业释放内部的巨大潜力。

Creo 带来四项突破性的技术，一举解决在可用性、互操作性、技术锁定和装配管理方面积聚已久的难题。通过解决在以前的设计软件中未解决的重大问题，Creo 使公司能够释放创意、促进协作和提高效率，最终实现价值，同时释放公司内部的潜力。

本书详细讲解 Creo 软件的产品造型设计技巧。本书内容精辟，易学易懂，是不可多得的好书。

根据产品设计作为引线，全书共分 12 章，介绍如下：

❏ 第 1 章：讲述了 Creo 的功能、安装操作步骤以及界面介绍，让读者对 Creo 有初步的认识。通过学习，读者可以独立完成 Creo 的安装过程，同时对各命令、工具栏的位置有很深的认识，为后续的学习打下坚实的基础。

❏ 第 2 章：介绍了 Creo 的常规技术问题。包括工作目录的设置、鼠标键盘的使用、系统的设置以及文件的管理，这些都是 Creo 的常用操作，也是每位操作者必须掌握的基本技能。

❏ 第 3 章：介绍了草图基本环境的设置、草图曲线的绘制和草图操作方法，以及添加草图约束等内容。

❏ 第 4 章：讲解草图的编辑功能和一些常见的约束操作，包括动态操控图元、标注尺寸、标注的修改、图元的约束、草绘分析与检查。

❏ 第 5 章：介绍了 Creo 实体造型设计的功能与应用方法。特征是具有工程含义的实体单元，它包括拉伸、旋转、扫描、混合、倒角、孔等命令。这一些特征在工程设计应用中都有一一对应的对象，因而采用特征设计具有直观等特点，同时特征的设计也是 Creo 操作的基础。

❏ 第 6 章：介绍了 Creo 常规工程特征（如孔、槽、肋、壳等）、折弯特征、修饰特征的基本功能和特征是实际设计中的应用方法与技巧。

❏ 第 7 章：介绍了在 Creo 中提供了丰富的特征编辑方法，设计的时候可以使用移动、镜像、方法快速创建与模型中已有特征相似的新特征，也可以使用阵列的方法大量复制已经存在的特征。

❏ 第 8 章：介绍了 Creo 提供了强大而灵活的曲面建模功能，通常在建模过程中，从设计单个曲面开始，逐步对曲面进行合并、修改、延伸等各种操作，最终将其组合为一个封闭的面组。通过对曲面进行适当的操作之后，就能将曲面特征融入实体特征而获得满意的设计结果。

❏ 第 9 章：介绍了造型环境、造型曲线创建及编辑、造型曲面创建及编辑等知识。掌握了专业曲面和造型曲面知识，便可以灵活地设计许多具有流线形曲面的产品。

❏ 第 10 章：介绍了 Creo 的装配设计功能与应用。内容包括装配概述、装配元件、约束装配、连接装配、装配相同零件、元件的操作及元件的显示等。

- ❑ 第 11 章:介绍了有关工程图建立的知识,通过这一章的学习,用户应该能够建立标准的工程图,能够建立成型零件视图,对于建立的视图能够按要求进行编辑以及尺寸、注释、几何公差、表面粗糙度等的标注。

- ❑ 第 12 章:通过典型案例来说明产品的造型、装配及工程图设计中如何优化设计流程。

本书定位初学者,旨在为三维造型工程师,模具设计师、机械制造者、家用电器设计者打下良好的二维制图基础,同时让读者学习到相关专业的基础知识。

本书由刘畅、潘文斌、王瑞东、蔡云飞、李燕君、何智娟、李明哲、周丽萍、李达、谢世源、黄浩、宿圣云、宋继中共同编写。

感谢您选择了本书,希望我们的努力对您的工作和学习有所帮助,也希望您把对本书的意见和建议告诉我们(邮箱:pcbook@126.com)。

编　者

目　录

Chapter

第1章　初识Creo

本章开始学习设计功能十分强大的三维软件 Creo parametric 1.0（简称 Creo）该软件是 Pro/E 的全新版本。本章主要讲解 Creo 新软件的基础入门知识。

学习目标：

- Creo 软件概述
- 参数化建模方法
- Creo parametric 1.0 的安装
- Creo 界面环境
- Creo 的特征定义

1.1 Creo 软件概述

1.1.1 产品数字化设计过程

目前使用的计算机辅助设计技术称为 CAD（Computer Aided Design）技术。使用 CAD 计算进行产品设计时的一般流程如图 1-1 所示。

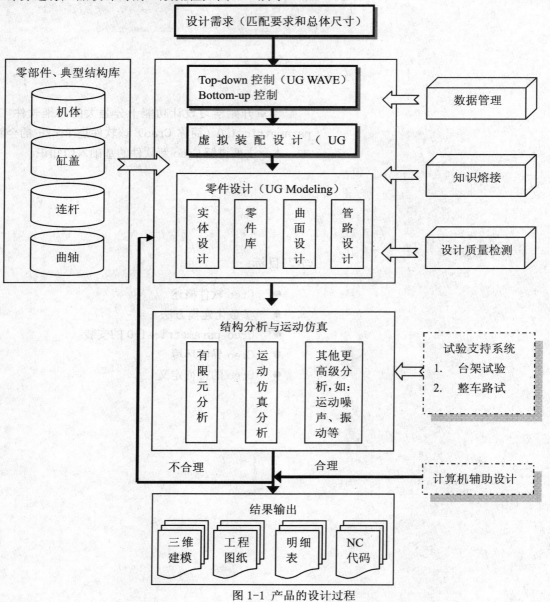

图 1-1 产品的设计过程

1.1.2 Creo 的行业解决方案

Creo 软件包的产品开发环境在于支持并行工作，它通过一系列完全相关的模块表述产品的外形、装配及其他功能。Creo 能够让多个部门同时致力于单一的产品模型。包括对大型项目的装配管理、功能仿真、制造、数据管理等。

1. 参数化设计

由于是单一数据库，所有设计过程都可以用参数来描述，可以为所设计的特征设置参数，并且可以对不满意的参数进行修改，方便设计。采用参数式设计方式，用户可以运用强大的数学运算方式，建立各尺寸参数间的关系式。

2. 以特征为设计单位

Creo 的特征设计基于人性化，例如拉伸、孔、倒角等。为单元逐步完成总体设计，便于思路清晰地进行设计。除了充分掌握设计思想之外，还在设计过程中导入了制造思想，因而可以随时对特征进行合理地修改与编辑。

1.1.3 产品设计功能

CAD 模块是一个高效的三维机械设计工具，它可绘制任意复杂形状的零件。在实际中存在大量形状不规则的物体表面，例如摩托车轮，这些称为自由曲面。随着人们生活水平的提高，对曲面产品的需求将会大大增加。用 Creo 生成曲面仅需 2 步～3 步操作。Creo 生成曲面的方法有：拉伸、旋转、放样、扫掠、网格、点阵等。

由于生成曲面的方法较多，因此 Creo 可以迅速建立任何复杂曲面。它既能作为高性能系统独立使用，又能与其他实体建模模块结合起来使用，它支持 GB、ANSI、ISO 和 JIS 等标准。包括：实体装配、电路设计、弯管铺设、应用数据图形显示、物理模型数字化、曲面设计、焊接设计等。图 1-2 所示为使用 Creo 设计的工业产品。

图 1-2 Creo 设计的工业产品

1. 分析仿真功能

分析仿真(CAE)模块主要进行有限元分析。模型的内在特征很难把握。有限元仿真使我们有了一双慧眼，能"看到"零件内部的受力状态。利用该功能，在满足零件受力要求的基础上，可充分优化零件的设计。著名的可口可乐公司，利用有限元仿真，分析其饮料瓶，结果使瓶体质量减轻了近 20%，而其功能丝毫不受影响，仅此一项就取得了极大的经济效益。

功能仿真包括：有限元分析、自定义载荷输入、第三方仿真程序连接、指定环境下的装配体运动分析、热分析、车轮动力仿真、振动分析、有限元网格划分。图 1-3 所示为使用 Creo 进行分析仿真操作。

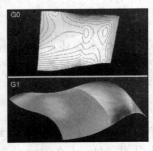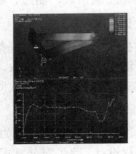

图 1-3　Creo 进行分析仿真

2. 加工制造功能

在机械行业中用到的 CAM 制造模块中的功能是 NC Machining(数控加工)。制造模块的刀路轨迹能根据用户需要产生的生产规划做出时间上及价格成本上的估计。它将生产过程、生产规划与设计造型连接起来，任何在设计上的改变，软件也能自动地将已做过的生产上的程序和资料自动地重新产生，而无需用户自行修改。它允许用户采用参数化的方法去定义数值控制(NC)刀具路径，凭此才可将 Creo 生成的模型进行加工。这些信息接着做后期处理，产生驱动 NC 器件所需的编码。图 1-4 所示为使用 Creo 进行仿真加工。

3. 数据管理功能

Creo 的数据管理模块就像一位保健医生，它在计算机上对产品性能进行测试仿真，找出造成产品各种故障的原因，帮助你对症下药，排除产品故障，改进产品设计。它就像 Creo 家庭的一个大管家，将触角伸到每一个任务模块。并自动跟踪你创建的数据，这些数据包括存贮在模型文件或库中零件的数据。这个管家通过一定的机制，保证了所有数据的安全及存取方便。它包括数据管理、模型图样评估。

图 1-4　Creo 进行仿真加工

4. 数据交换功能

在实际中还存在一些别的 CAD 系统，如 UG Ⅱ、EUCLID、CIMATRTON、MDT 等，由于它们门户有别，所以自己的数据都难以被对方所识别。但在实际工作中，往往需要接受别的 CAD 数据。这时几何数据交换模块就会发挥作用。

1.2 参数化建模方法

1.2.1 三维建模

用 CAD 软件创建基本三维模型的一般过程如下：

选取或定义一个用于定位三维坐标系或 3 个垂直矢量的空间平面，如图 1-5 所示。

◆ 选定一个面（草绘平面），作为二维平面几何图形的绘制平面。

◆ 在草绘面上创建形成立体图形所需的截面、轨迹线等二维平面几何图形。

◆ 定义图形的轮廓厚度，形成几何图形。

在深入了解 Creo 的工作原理前，首先需要了解三维建模的基本方法，从目前的计算机计算来看，主要有 3 种表示方式，如图 1-6 所示。

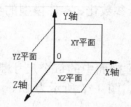

图 1-5　用于定位的空间平面

图 1-6　模型的表现形式

1. 线框模型

将三维模型利用线框的形式搭建起来，与透视图相似，但是不能表示任何表面、体积等信息。

2. 三维曲面模型

利用一定的曲面拟合方式建立具有一定轮廓的几何外形，可以进行渲染，消隐等复杂处理，但是它只相当于一个物体表面而已。

3. 实体模型

在 AutoCAD 等软件中均包括了这种形式。它已经成为真正的几何形体。实体模型完整地定义了三维实体，它的数据信息量大大超过了其他形式。

表 1-1 为 3 种三维建模方式的比较形式进行比较。

表 1-1　三维建模方式的比较

内容	线框	三维曲面	实体模型
表达方式	点、边	点、边、面	点、线、面、体
工程图能力	好	有限制	好
剖视图	只有交点	只有交线	交线与剖面
消隐操作	否	有限制	可行
渲染能力	否	可行	可行
干涉检查	凭视觉	直接判断	自动判断

1.2.2　基于特征的模型

在目前的三维图形软件中，对模型的定义大多可以通过特征的方法来进行，这是一种更直接，更有效的创建表达方式。对于特征定义，可参照以下几点内容：

◆ 特征是表示与制造操作和加工工具相关的形状和技术属性。

◆ 特征是需要一起引用的成组几何或拓扑实体。

◆ 特征是用于生成、分析和评估设计的单元。

1.2.3　全参数化建模方式

Creo 软件是基于特征的全参数化软件，该软件中创建的三维模型是一种全参数化的三维模型。全参数化有 3 个层面的含义，即特征剖面几何的全参数化、零件模型的全参数化、装配体的全参数化。

1.剖面的参数化

剖面参数化是指 Creo 软件系统自动给每个特征的二维剖面中的每个尺寸赋予参数并编上序号，通过对参数的调整即可改变几何的形状和大小。图 1-7 所示为 Creo 的一个简单的剖面图，从中可以看出剖面参数为全相关的。

2.零件的参数化

零件的参数化是指 Creo 软件系统自动给零件中特征间的相对位置尺寸，形状尺寸赋予参数编号。通过对参数的调整即可改变特征间的相对位置关系以及特征的形状和大小。如图 1-8 所示，图中零件的各个尺寸全部采用参数化的表达方式。

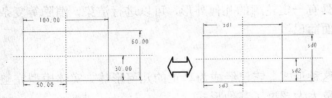

图 1-7　Creo 的剖面图　　　　　　　　　　　　　图 1-8　零件的参数化表达

3.参数化的优势

在 Creo 中，零件模型、装配模型、制造模型、工程图之间是全相关的。也就是说，工程图尺寸更改之后，其父零件模型的尺寸也会相应更改；反之，零件、装配或制造模型中的任何改变，也可以在其中相应的工程图中反映出来。

4.设计准则

在利用 Creo 进行建模时，可以通过掌握以下准则完成建模操作。

◆ 确定特征顺序。确认好基本特征，并选择适当的构造特征作为设计中心。

◆ 简化特征类型。以最简单的特征组合模型，充分考虑到尺寸参数的控制。

◆ 建立特征的父子关系，解决关联问题。

◆ 适当采用特征复制操作。复制会减少数据量，同时也便于修改。

1.3　Creo 的安装

Creo 在 Windows XP/Windows7 操作系统下均可运行。在 Windows 平台上要求使用 Internet Explore7.0以上的版本。本节中主要介绍在 Windows7 系统下 Creo 的安装。

1.3.1　计算机的配置要求

为了保证软件的流畅运行，需要保证计算机达到一定的配置水平，建议如下：
◆ CPU：双核，建议主频在 2.6GHz 以上。
◆ 内存：1GB 以上，一般要求达到 512MB。
◆ 显卡：支持 OPENGL，独立显卡，建议用 32 位以上 512MB 显存的显卡。
◆ 硬盘：8GB 以上安装程序空间。
◆ 网卡：无特殊要求，但必须配置。
◆ 鼠标：带滚轮的三键鼠标。

安装正版的 Creo，需要安装许可或者使用正确的许可文件 ptc_licfile.dat。为此，每个用户由于计算机系统的 ID 不同，则需要修改许可文件。例如，将许可文件以记事本格式打开，然后将“00-00-00-00-00-00”全部替换成用户本机的 ID 即可，如图 1-9 所示。替换后将许可文件保存在设有中文路径名的文件夹中。

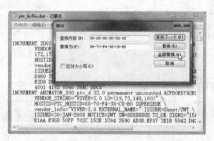

图 1-9　修改许可文件

1.3.2　安装过程

单机版的 Creo 在各种操作系统下的安装过程基本相同，下面仅以 Windows7 系统为例说明其安装过程。

操作步骤如下：

01 在安装光盘中，右键选择 setup.exe 并执行【以管理员身份运行】命令，启动安装程序，如图 1-10 所示。

02 弹出【PTC】安装界面窗口，在界面中单击【下一步】按钮，如图 1-11 所示。

03 弹出许可协议的同意或不同意的签订窗口，勾选窗口中的【我接受】复选框，然后单击【下一步】按钮，如图 1-12 所示。

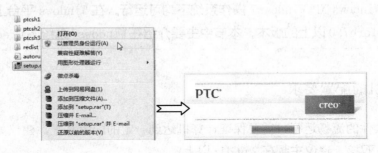

图 1-10　启动安装程序

 **重点**
> 　　在安装界面窗口中的左下角，显示了用户本机的 ID 号，记住这些 ID 号，以便用来修改许可文件。
> 　　此外，如果对安装过程还是不了解，那么可以在左下角单击【帮助】按钮，然后在弹出的下拉菜单中选择【安装指南】命令即可通过 Internet 浏览安装的帮助文档。

图 1-11　PTC 的安装界面窗口　　　　　　图 1-12　接受许可协议

 **重点**
> 　　如果您不接受许可协议，将无法继续安装 Creo。

04 弹出【选择要安装的产品】界面，在此界面中首先选择 Creo parametric 产品进行安装，如图 1-13 所示。

05 在弹出的【定义安装组件】界面中修改目标文件夹并选择了要安装的组件后，单击【下一步】按钮，如图 1-14 所示。

图 1-13　选择安装的产品

图 1-14　定义要安装的组件

06 在弹出的【FLEXnet 许可证服务器】界面中单击【添加】按钮，弹出【指定许可证服务器】对话框。在此对话框中单选【锁定的许可证文件】选项，如图 1-15 所示。

07 单击【许可证文件路径】文本框旁边的【浏览】按钮 ，然后如图 1-16 所示从光盘中找到前面修改并保存的 ptc_licfile.dat 文件，如图 1-16 所示。

08 返回到【FLEXnet 许可证服务器】界面中单击【下一步】按钮，弹出【Windows 首选项】界面，保留默认设置，再单击【下一步】按钮，如图 1-17 所示。

09 在【可选配置步骤】界面中选择要配置的选项后，单击【安装】按钮开始程序的安装，如图 1-18 所示。

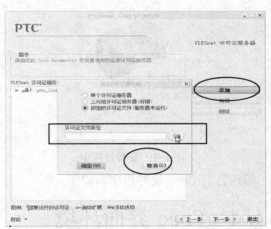

图 1-15　指定许可证服务器

图 1-16　找到并打开 ptc_licfile.dat 文件

图 1-17　【Windows 首选项】界面　　　　　　　　　图 1-18　选择配置

10 安装过程如图 1-19 所示。完成后在【选择要安装的产品】界面中选择其他产品进行安装，例如 Creo Direct 是 Creo 的同步建模模块，我们会经常使用它。其安装方法同上，这里就不详解步骤了。

图 1-19　安装过程中

11 软件安装完成后，即可打开 Creo 软件程序窗口了。

1.4　Creo 界面环境

操作界面是进行人机交换的工作平台，操作界面的人性化和快捷化已经成为 Creo 的发展趋势。

1.4.1　启动 Creo

单击桌面中的 Creo 图标 ，或者选择【开始】|【所有程序】|【PTC Creo】|【Creo parametric 1.0】命令，打开 Creo parametric 基本环境界面，如图 1-20 所示。

基本环境界面下的【主页】选项卡中，可以新建 Creo 的各种设计模式下的文件；可以打开已经保存的文件或其他格式的文件；可以设置工作目录；可以设置模型、系统的颜色等。

通过图形区中的 Internet 浏览器，还可以查找 PTC 公司旗下产品的主页。为了更快地打开您想要打开的文件，可以通过文件夹的【文件夹浏览器】来打开文件。

在【主页】选项卡中单击【新建】按钮，弹出【新建】对话框。此对话框中包含了 Creo 的所有模块类型和分类型。产品设计主要是在"零件"模块中进行。对话框下方的"使用默认模板"选项，主要提供的是英制模板。一般是取消这个选项，进入下一页选择 mmns_harn_part 米制模板，如图 1-21 所示。

选择模板后单击【确定】按钮，即可进入 Creo 零件设计环境。

图 1-20　Creo parametric 基本环境界面

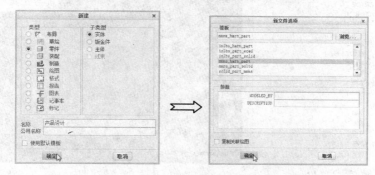

图 1-21　新建文件

1.4.2　Creo 零件设计环境界面介绍

Creo 的零件设计界面是由快速访问工具栏、功能区、导航区、图形区、过滤器、前导工具栏、信息栏等组成，如图 1-22 所示。

1. 快速访问工具栏

快速访问工具栏主要是为了让用户快速执行常用的命令而设立的工具栏。可以将功能区中常用的命令添加到快速访问工具栏中，如图 1-23 所示。

常用命令添加到快速访问工具栏后，然后将功能区最小化。这样就能最大化地利用图形区来设计、查看及操作了。快速访问工具栏还可以在功能区下方显示，这样便于执行命令操作，如图 1-24 所示。

在快速访问工具栏右键选择【自定义快速访问工具栏】命令，可以打开【Creo parametric 选项】对话框的【快速访问工具栏】选项设置页面，如图 1-25 所示。通过此页面，可以将 Creo 命令添加到快速访问工具栏，并且为添加的命令重新排序。

2. 导航区

导航区是为在设计过程中进行导航、访问和处理设计工程或数据，它包括模型树、文件夹浏览器、收藏夹、连接等选项卡，每个选项卡包含一个特定的导航工具。单击导航栏右侧向左的箭头可以隐藏导航栏，它们之间的相互切换可通过单击上方的选项卡标签实现。

可以通过在界面左下角的信息栏上单击【切换导航区域的显示】按钮 来控制导航区的显示与关闭。

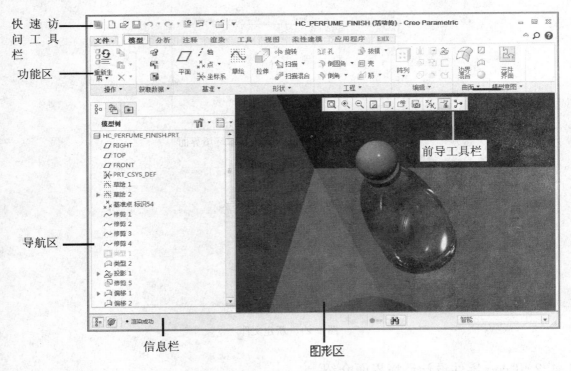

图 1-22　Creo 的零件设计界面

图 1-23　将命令添加到快速访问工具栏

3. 图形区

图形区位于窗口中部的右侧，是 Creo 生成和操作设计模型的显示区域。当前活

12

动的模型显示在该区域，并可使用鼠标选取对象，对对象进行有关操作。4．过滤器

过滤器在可用时，状态栏会显示如下信息：

图 1-24　最小化功能区并在下方显示快速访问工具栏

◆　在当前模型中选取的项目数。

◆　可用的选取过滤器。

◆　模型再生状态，▣指示必须再生当前模型，✖指示当前过程已暂停。

图 1-25　【Creo parametric 选项】对话框

5．信息栏

信息栏是显示与窗口中工作相关的单行消息，使用消息区的标准滚动条可查看历史消息记录。

6．前导工具栏

图形区中的前导工具栏为用户提供模型外观编辑、视图操作工具。在前导工具栏中右键单击可以弹出如图 1-26 所示的快捷菜单。通过此菜单，可以控制前导工具栏中工具的显示与否，以及前导工具栏的位置和尺寸。

1.5　Creo 选项设置

Creo 允许用户根据自己的习惯和爱好对模型显示、工作环境、工具栏和命令等进行设置。本小节主要讲述模型显示、基准显示、系统颜色、屏幕定制等设置。要设置 Creo 的选项，必须先打开【Creo parametric 选项】对话框。可以在快速访问工具栏执行右键菜单的【自定义快速访问工具栏】命令，也可在功能区执行右键菜单【自定义功能区】命令，都能打开同样的【Creo parametric 选项】对话框。

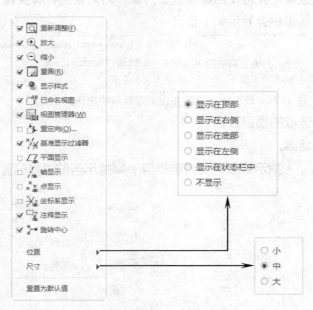

图 1-26　前导工具栏的右键菜单

1.5.1　设置系统颜色

用户也可以根据实际需要，对 Creo 的系统颜色进行设置。这些颜色设置包括图线、草图、曲线、面组、体积块等。

在【Creo parametric 选项】对话框的左边选项列表中，包含了 Creo 的所有配置选项的项目列表。选择【系统颜色】选项，右边的选项设置区域中显示了所有的系统颜色设置，如图 1-27 所示。

系统颜色的设置包括软件窗口的背景颜色和各设计模式下模型、基准、几何、草绘器及搜索时显示特征的颜色。

图 1-27　系统颜色的设置选项

在右边的设置区域中，可以单击 ▶ 右三角按钮来展开具体的颜色选项。如图 1-28 所示为展开的【图形】颜色选项。单击颜色按钮，弹出颜色设置面板，可以从中选择颜色。

如果需要更多的颜色选项，在颜色面板中选择【更多颜色】命令，将弹出【颜色编辑器】对话框，通过 3 种方法来改变颜色的配置，如图 1-29 所示。

【颜色编辑器】对话框中包括有 3 种颜色编辑方法：颜色轮盘、混合调色板、RGB/HSV滑块。

◆ 颜色轮盘：此方法是在颜色轮盘中选择不同的颜色，这种方法很直观，也便于用户选择，如图 1-30 所示。

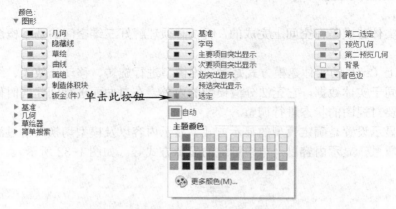

图 1-28　展开的【图形】颜色选项

◆ 混合调色板：是根据从颜色轮盘中调取颜色来自行调色的一种方法。用法是，激活调色板中的一个小配色方块，然后从颜色轮盘中调颜色进入配色方块中。调色板中总共有 9 个配色方块，如图 1-31 所示。

图 1-29　【颜色编辑器】对话框

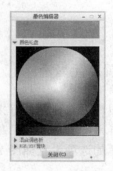

图 1-30　颜色轮盘

RGB/HSV 滑块：通过拖动滑块来调节颜色的一种方法。RGB 是红色、绿色和蓝色的英文缩写；HSV 中 H 是各种颜色的滑块，S 是调节颜色深浅的滑块；V 是黑白色的滑块。

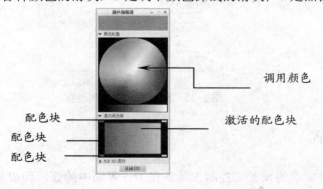

图 1-31　混合调色板

1.5.2 设置模型显示

三维实体建模是在空间上完成的，所以必须理解好三维空间的基本概念才能更好地完成设计。

基本上 Creo 的实体建模方式是对三维模型进行旋转、移动、放大、缩小等操作。曲面数据不同于实体数据，它无法分清模型的内外。在对曲面进行创建的时候，要解决这个问题就需要对视图的状态进行调整。

模型显示设置是确定模型的显示方式、显示内容以及模型切换时的过渡方式，模型的边线显示质量、显示内容以及电缆管道的显示方式等。如图 1-32 所示。

图 1-32　模型显示的选项设置

1.5.3 设置图元显示

用户可以根据自己的爱好来调整视图角度、模型基准、几何模型、注释的显示。模型基准包括基准平面、基准轴、基准点和坐标系。

图元显示的选项设置如图 1-33 所示。

图 1-33　图元显示的选项设置

1.5.4 窗口设置

用户可以通过窗口的设置来控制工具条在工作界面中的显示和放置位置。窗口设置的选项如图 1-34 所示。

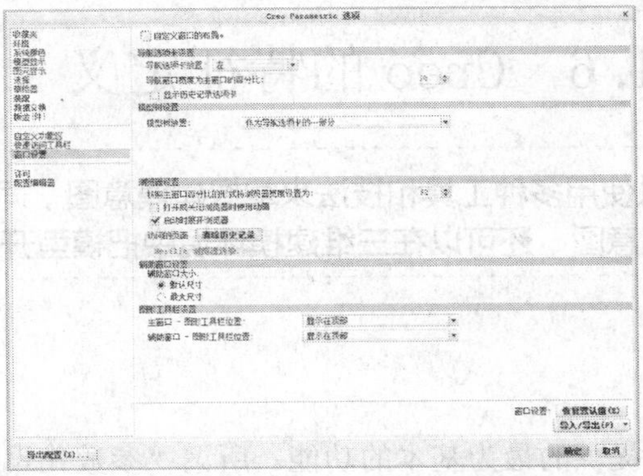

图 1-34　窗口设置选项

1.5.5　配置编辑器

Creo 提供了用户配置文件的功能，是用户和软件系统进行交互的一个重要方式。通过配置系统文件，用户可以使 Creo 变得更加适合自己的需要，在工作中得心应手。

要编辑某个配置，直接在【值】列表中单击值，然后在弹出的下拉列表中选择相应的选项即可。如果是因为配置选项太多而无法找寻，则可以通过单击【添加】按钮，或者单击【查找】按钮。编辑了配置后，还需要导出到 config.pro 配置文件中。单击【导入/导出】按钮，然后选择弹出菜单的【导入配置文件】命令，在打开的【文件打开】对话框中选择 config.pro 文件即可，如图 1-35 所示。

重点

除了配置编辑器中的配置需要保存在 config.pro 文件外，窗口设置和系统颜色设置都需要导出到文件中，否则下次启动 Creo 时还会还原到原始状态的。

例如窗口设置需要保存到 Creo_parametric_customization.ui 文件中。系统颜色保存在 syscol 文件夹中。

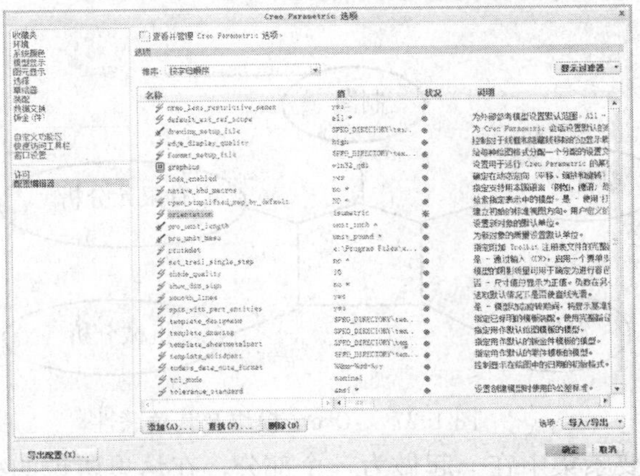

图 1-35　配置编辑器

1.6　Creo 的特征定义

在 Creo 中可以使用多种工具和技法来掌握建模意图，同时使用参数的特性对设计进行修改并保存其意图，还可以在三维建模环境中把模型开发成实体。

1.6.1　参数化设计

参数化设计是 Creo 提供的最为基本的功能。所谓"参数化设计"就是用户将设计要求、设计原则、设计方法和设计结果以灵活可变的参数来表示，也就是说在设计过程中可以根据实际情况随时对设计加以更改，如图 1-36 所示。

在赋予对象设计尺寸的指定变量之后，再运用之间的关系更改其主要数据，然后就可以把模型更改为用户所期望的设计对象了，运用这种方法将使得多样化的对象设计和编辑变得更加容易了。

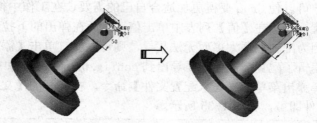

图 1-36　　参数变更后的模型特征

1.6.2　完全关联性

完全关联性表示设计模块的相互关联性。Creo 是由多个模块构成的，在实体建模环境中创建实体模型后再进入到制图模式来创建图样，由此对模型进行文件化。此外还添加模型制造、有限元分析、机械模拟运用等，如图 1-37 所示。

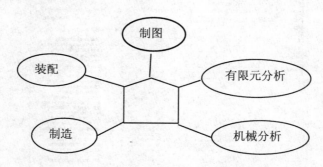

图 1-37　　Creo 模块及其关联性

在 Creo 中把特征要素集中在一起做为一个部分，在这里所说的特征是指三维物体所具有的几种特定的形象，可以向用户提供设计产品的可观察的设计视图，也就是说把独立的基

18

本单元每使用一次就像砌砖一样增加一个单元或者减少一个特征制作模型,以这种方式设计模型的方法也称之为"机械原理"。这是从机械设计制造者在制造工程中对基本的模型逐一累加特征的方法而来的。

1.6.3 特征的种类

在 Creo 建模操作中将最小单位特征有序地集合创建出多个部分,然后再把这些部分组合成一个完整的产品,建模操作也就完成了。

用基准特征来创建基本的特征有两种方式。第一种方式是草绘方式,第二种方式是拾取/放置特征方式。例如在草绘的情况下,为了创建减材料实体特征需要进行拉伸剖面的绘制,同样情况下,而拾取/放置不需要另外绘制剖面,例如创建孔特征只需要选取放置曲面、轴、点等,再输入孔的参数即可完成,不需在草绘模式中另外进行孔的剖面绘制过程。

1. 草绘特征

在 Creo 中创建实体特征时开始不需要区分是加材料特征还是减材料特征,只是在进行拉伸剖面绘制之后再对它们的拉伸方向进行设置,值得一提的是在 Creo 的基本概念上如果没有拉伸实体功能,就无法创建出需要使用草绘剖面的形状特征,如果用户想要创建新的拉伸特征,那么这些新绘制的剖面为必要的特征。

(1)加材料

◆ 拉伸:这是一种基本的特征。在实际使用时,使用拉伸命令在绘制剖面之后,把绘制的剖面拉伸出来形成新的实体。

◆ 旋转:这是一种以草绘剖面为基准围绕一根中心轴旋转所创建的旋转特征。

◆ 扫描:这是一种把草绘截面通过绘制的路径来进行移动,以此来创建实体的特征。

◆ 混合:这是一种由一系列(至少两个)平面剖面组成,并将这些平面剖面的边界用一转接曲面来连接,以形成一个连续的特征。

◆ 实体化:这个功能的特点是把封闭的面转换成实体。

◆ 加厚:这个功能的特点是把平面曲面输入一定的拉伸值而转换成实体。

◆ 高级:这是一个特殊的命令,把各个不同的命令组合在一起的高级命令语。

(2)减材料:具有与加材料特征相反的概念。一般常用于从基本特征里切剪出材料的时候,其特征创建方法与加材料特征一样,也都是使用拉伸、旋转等工具命令来完成创建。

2. 拾取和放置特征

拾取和放置特征在建模的时候,不需要草绘也能决定特征的位置,在输入相应的参数后进而创建出特征。在创建拾取和放置特征之前需要先创建出有基本特征的实体特征,以此作为父本。

◆ 孔:这个功能是创建各种形态的特征。与钻孔操作有同样的特性。

◆ 倒圆：这个功能是为了把面与面相交的地方处理成圆弧形的特征。

◆ 倒角：这个功能是处理模型角的特征。

◆ 壳：这个功能是为了把实体的模型面删除使其拥有输入的厚度，最终创建成内部空虚的特征。

◆ 肋：这个功能是为了给设计的产品增加强度而创建的特征，需绘制开放的剖面。

◆ 拔模：这个功能是在实体模型上创建出斜面的特征。

◆ 管道：这个功能是创建三维管、输送管道、金属线等特征。

◆ 扭曲：这个功能是创建斜度、偏移、修补、自由形状特征等的高级特征。

3. 曲面特征

曲面特征与草绘特征具有相似的操作方法，使用曲面特征创建对象使其实体化特征变成精密、复杂的自由曲面特征，在建模过程时会应用到偏移、复制、修剪等功能。

4. 基准特征

基准特征是应用非几何特征创建对象不可或缺的重要特征，同时这个特征也给予草绘的特征创建必要的支持，有时也起着关键作用。这个特征一般用作草绘特征的草绘参照。这个特征也可以定义为一种特征。

◆ 基准平面：是在三维空间上创建特征，为了把这些特征进行定位而产生的理论上没有边界的平面称之为基准平面。

◆ 基准轴（轴）：一般用来作创建特征时的参照。尤其是协助基准面和基准点的创建，尺寸标注参照，圆柱、圆孔及旋转中心的创建，阵列复制和旋转复制等操作时用的旋转轴等。

◆ 基准 曲线（弧）：除了输入的几何之外，Creo 中所有三维几何的建立均起始于二维截面。"基准"曲线允许创建二维截面，该截面可用于创建许多其他特征，例如拉伸或旋转。此外，"基准"曲线也可用于创建扫描特征的轨迹。

◆ 基准点（点）：在几何建模时可将基准点用作构造元素，或用作进行计算和模型分析的已知点。可随时向模型中添加点，即便在创建另一特征的过程中也可执行此操作。

◆ 基准坐标（坐标系）：坐标系是可以添加到零件和组件中的参照特征。使用这个坐标系可进行分析或者组装元件。

1.6.4 基于 Creo 的特征操作方法

第一次创建的几何特征称之为基本特征。此外的所有其他特征都是以这个特征为基础而创建的，如图 1-38 所示。

拉伸特征是在基本特征中减少特征或者添加特征而创建的，一般在零件中选择体积最大的来作为基本特征，这是用户考虑的机械加工对象。

运用特征建模的操作方法是有序地将创建的特征添加到基本特征上。在进行三维建模的时候，要预先计划好加工顺序，首先，在基本的特征上添加附加的特征或者删除特征，这与实际制造产品时的制造加工过程类似。

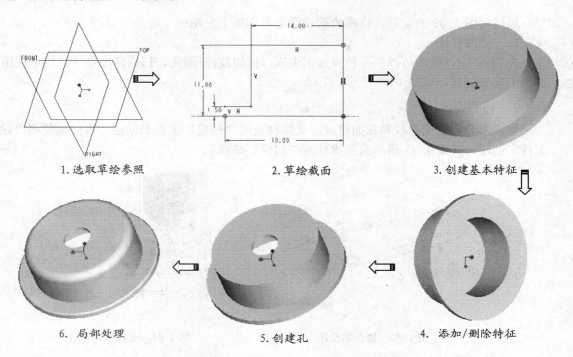

图 1-38　特征的创建过程和模型树

1.7　动手操练——座椅设计

下面以一个典型的座椅设计案例来阐述如何使用 Creo 进行产品造型设计的一般流程。整个座椅由椅面、椅靠、扶手和椅脚四大部分构成，如图 1-39 所示。

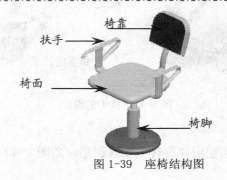

图 1-39　座椅结构图

1.7.1 设计分析

通过对图 1-39 的观察，将座椅的设计思路作如下总结：

1. 椅面设计

在 Creo 中，椅面可以由多种方法来生成，例如拉伸+圆角、扫描伸出项等。这里使用"扫描"工具来创建，如图 1-40 所示。

2. 椅靠设计

椅靠部分包括支撑柱和靠面组成。支撑柱使用"扫描"工具来创建，靠面则使用"拉伸"工具来创建。如图 1-41 所示为支撑柱的"扫描"路径。

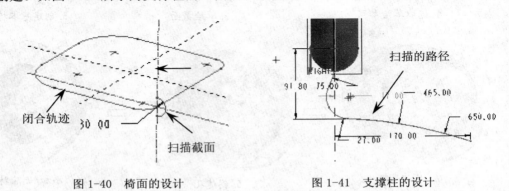

图 1-40 椅面的设计　　　　　　　　　图 1-41 支撑柱的设计

3. 扶手设计

扶手为左右对称分布，在椅面两侧。先使用"扫描"工具创建其中一个，另一个则使用"镜像"工具镜像出，如图 1-42 所示。

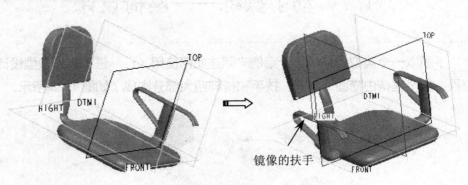

图 1-42 扶手的设计

4. 椅脚设计

椅脚的设计比较简单。直接使用"旋转"工具创建，如图 1-43 所示。

5. 装配设计

通过装配模块提供的装配功能，将座椅各组件装配成一整体，如图 1-44 所示。

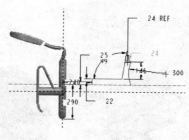

图 1-43 椅脚的设计

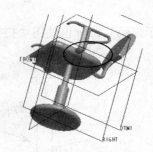

图 1-44 座椅的装配设计

1.7.2 建模过程

从以上设计分析的思路得知,座椅总体设计过程包括有椅面、椅靠、2 个扶手和椅脚等设计工作。

1. 创建椅面

座椅椅面如果使用"拉伸"方法来创建,需要两个设计步骤才能完成:拉伸和圆角。使用"扫描"方法则只使用"扫描"工具即可完成创建,如图 1-45 所示。

2. 创建椅子靠背

椅子靠背分支撑柱和靠面组成。支撑柱使用"扫描"工具来创建,如图 1-46 所示。

靠面则使用"拉伸"工具来创建,创建拉伸特征后,再使用"圆角"工具进行倒圆角处理,如图 1-47 所示。

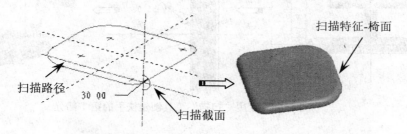

图 1-45 使用"扫描"工具创建椅面

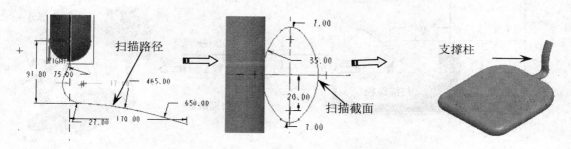

图 1-46 使用"扫描"工具创建支撑柱

3. 扶手设计

扶手的创建也可使用"扫描"工具。扶手也由两部分组成,第 1 部分创建的结果如图 1-48

所示。第2部分也使用"扫描"工具来创建,结果如图1-49所示。

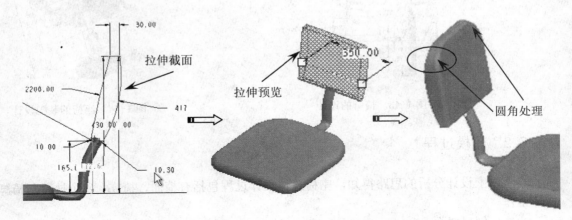

图 1-47　使用"拉伸"工具和"圆角"工具创建靠面

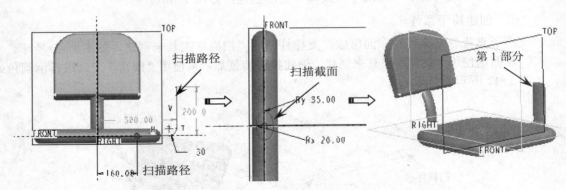

图 1-48　使用"扫描"工具创建扶手的第 1 部分

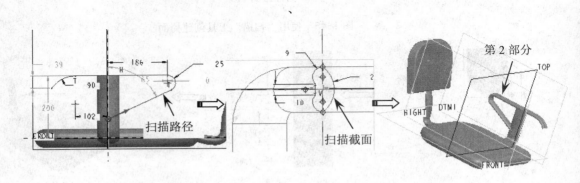

图 1-49　使用"扫描"工具创建扶手的第 2 部分

4. 创建椅脚

椅脚的创建可由"旋转"工具来完成。旋转截面与旋转特征如图1-50所示。

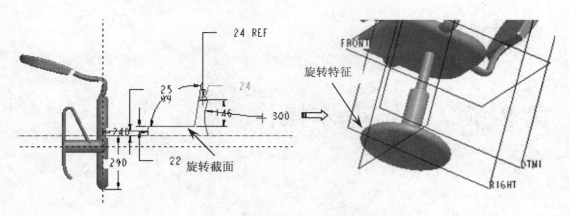

图 1-50 使用"旋转"工具创建椅脚

Chapter

第 2 章   Creo 基本操作

软件的基本操作是真正进入产品设计学习的关键一课。本章主要是讲解一些关于图形的视图操作、文件的操作、模型的选择方法等。

学习目标：

- Creo 文件操作
- 选择对象
- 模型的测量
- 创建基准点
- 创建基准轴
- 创建基准曲线
- 创建基准坐标系
- 创建基准平面

2.1 Creo 文件的操作

Creo 中对文件的操作都集中在【文件】选项卡下，如图 2-1 所示。

图 2-1 【文件】选项卡

2.1.1 新建文件

在 Creo 中新建不同的文件类型，操作上略有不同，下面以最为常用的零件文件的新建过程为例。

在【文件】选项卡下选择【新建】命令，或者在快速访问工具栏中单击【新建】按钮，弹出如图 2-2 所示的【新建】对话框。

单选【类型】选项组中的【零件】选项，再单选【子类型】选项组中的【实体】单选选项。

在【名称】文本框中键入新建文件的名称（可以是中文名），取消勾选【使用缺省模版】复选框，单击【确定】按钮，系统弹出如图 2-3 所示的【新文件选项】对话框。

图 2-2 【新建】对话框

图 2-3 【新文件选项】对话框

27

在【模板】选项组的列表框中单击选取米制模板"mmns_part_solid"选项，或者单击【浏览】按钮，选取其他模板，单击【确定】按钮，进入零件设计平台。

2.1.2　保存文件

当用户完成一个设计或完成一个步骤后，可以将文件先保存，避免因软件在非正常关闭时而导致数据丢失。在【文件】选项卡选择【保存】命令，文件被保存在默认的文件夹中。如果是新建的文件，执行【保存】命令将弹出【保存对象】对话框，如图 2-4 所示。

图 2-4　【保存对象】对话框

2.1.3　另存为

用户可将完成的文件另存为"副本"、"备份"及"镜像"等形式。在【文件】选项卡中选择【另存为】如图 2-5 所示。

图 2-5　另存为的形式

> 【另存为】菜单中，【Plastic Advisor】命令是启动 Creo 塑料顾问模块的命令。此模块主要用于塑料产品的料流分析，包括最佳浇口位置分析、填充分析、冷却分析等。

保存副本

保存副本是指将完成的文件保存为重新命名的 Creo 文件，或者保存为其他软件通用的文件格式，如图 2-6 所示。

保存备份

28

"保存备份"是将窗口中的对象备份到用户设定的工作目录中。如果保存的对象中有错误的特征，保存时会弹出【冲突】对话框，如图2-7所示。

如果忽略这些问题，可以单击【确定】按钮进行保存。

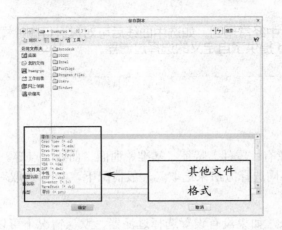

图2-6　保存副本的文件格式

图2-7　【冲突】对话框

镜像零件

"镜像零件"是将窗口中的对象按选择的镜像类型不同而进行保存。可以保存整个对象中的某个特征，也可以是具有特征的几何。

在【文件】选项卡中选择【镜像零件】命令，弹出如图2-8所示的【镜像零件】对话框。设置对话框中相应的参数，单击【确定】按钮，打开一个镜像文件，完成镜像文件的创建。

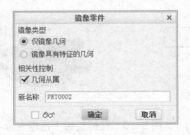

图2-8　【镜像零件】对话框

◆　仅镜像几何：创建原始零件几何的镜像的合并。
◆　镜像具有特征的几何：创建原始零件的几何和特征的镜像副本，镜像零件的几何不会从属于源零件的几何。

2.2　选取对象

选取对象在草绘中经常用到。如选中曲线后可对其进行删除操作，也可对线条进行拖动修改等。Creo 提供了自定义的选择过滤器。

2.2.1　选取的方式

Creo 中常用的对象有：零件、特征、基准、曲面、曲线、点等。模型中若包含的特征、几何较多，可以通过不同选择方法来选取。一般情况下，Creo 选取对象的方式有 3 种：

1. 在图形区选取

在图形区选取对象，如果没有设置选择过滤器，默认情况下可以选取很多对象，没有针对性，所以往往要设置过滤器。例如要选取曲面组（复制的面组或合并的面组），设置过滤管理器为"面组"；要选取模型的边缘或单个曲面时，设置过滤管理器为"几何"；要选取某个特征则设置为"特征"等，如图 2-9 所示。

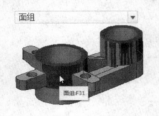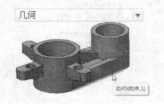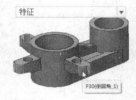

图 2-9　选取对象

2. 在模型树中选取

当不便于在图形区中选择对象时，可以采用在模型树中选取。比如选择特征和基准，图 2-10 所示为特征的选取。

图 2-10　在模型树中选取对象

3. 通过拾取列表选取

当需要选取被遮挡模型的对象时，往往是通过拾取列表来选择，如图 2-11 所示，在对象被遮挡的位置单击右键，会弹出快捷菜单。选择快捷菜单上的【从列表中拾取】命令，会弹出【从列表中拾取】对话框，通过此对话框选取对象。对象被浏览时会高亮显示。

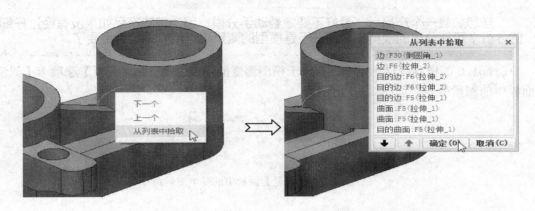

图 2-11　通过拾取列表选择对象

2.2.2　选择过滤器的自定义

除了利用 Creo 提供的选择过滤器外，用户还可以自定义选择过滤器。在【文件】选项卡中选择【选项】命令，打开【Creo parametric 选项】对话框。在左边列表中选择【选择】选项，右边随即弹出【设置选择选项】的设置区域，如图 2-12 所示。

图 2-12　【设置选择选项】的设置区域

在【从中选取过滤器】选项组中选择项目，然后单击【添加】按钮添加到【我的过滤器】选项组中。再单击对话框的【确定】按钮完成创建，创建完成后将在选择过滤器的列表中显示"我的过滤器"，如图 2-13 所示。

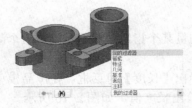

图 2-13　显示自定义的选择过滤器

2.3 模型的测量

当您加载一个产品后，最好不要急着动手分模。因为您的产品如果没有经过仔细的分析，可能分出的模具不合理。于是模型的测量工作就变得极为重要了。

Creo1.0 的模具设计环境中，有用于模型测量的功能命令。如【分析】选项卡【测量】面板中的测量命令，如图 2-14 所示。

图 2-14 【测量】面板中的基本测量命令

2.3.1 距离

"距离"测量主要是用来测量选定起点与终点在投影平面上的距离。距离测量可以用来帮助设计人员合理布局模具型腔。单击【距离】按钮，弹出【距离】对话框。选取测量距离的起点和终点后，Creo 程序自动测量出两点之间最短距离，如图 2-15 所示。

重点　　如果要继续测量对象，无需关闭对话框，仅单击对话框中的【重复当前分析】按钮　　即可。

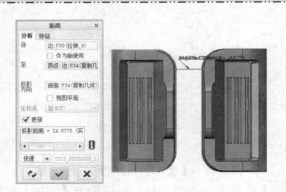

图 2-15 测量距离

2.3.2 长度

"长度"测量主要用来测量某个指定曲线的长度。这个测量工具常用来测量产品中某条边的长度。

单击【长度】按钮，弹出【长度】对话框。在产品模型中选取测量长度的起点和终点后，Creo 程序自动测量并给出长度值，如图 2-16 所示。

图 2-16 测量模型边的长度

如果要同时测量多条边，或者测量与您选择的边相切的对象时，可以单击【长度】对话框中的【细节】按钮，在随后打开的【链】对话框中设置选项即可，图 2-17 所示为由测量单边改为测量"完整环"的选项设置。测量所得的值为完整环的整体长度。

图 2-17 测量完整环

2.3.3 角度

"角度"测量主要测量所选边或平面之间的夹角。单击【角度】按钮 △，弹出【角】对话框。在产品模型中选取形成夹角的曲面和边后，Creo 程序自动测量并给出角度值，如图 2-18 所示。

重点

如果需要调整角度值的比例，您可以在【角】对话框中输入比例值或光标滑动旋钮。例如设定比例为 3 后的角度值如图 3-19 所示。

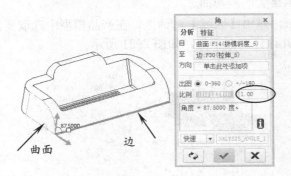

图 2-18 测量角度

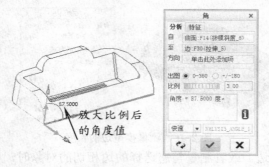

图 2-19　设定角度值的比例

2.3.4　直径（半径）

"直径"（或半径）测量工具可以测量圆角曲面的直径值。此测量工具可以帮助您对产品中出现的问题进行修改，例如，当产品中某个面没有圆角或圆角太小，可能会导致抽壳特征失败，那么我们就可以测量该圆角面的值，以此参考值对产品进行编辑修改。

单击【直径】按钮 ，弹出【直径】对话框。在产品模型中选取圆角面后，Creo 程序自动测量并给出直径值，如图 2-20 所示。

图 2-20　测量圆角面的直径

2.3.5　面积

"面积"测量用来测量并计算所选曲面的面积。这个工具可以帮助我们确定产品的最大投影面，并进一步确定产品的分型线。因为产品的分型线只能是产品的最大外形轮廓线，最大外形轮廓就是产品中最大的投影面。

单击【面积】按钮 ，弹出【区域】对话框。在产品模型中选取要测量面积的某个面后，Creo 程序自动测量并计算出面积值，如图 2-21 所示。

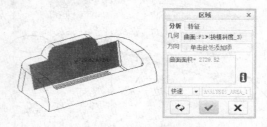

图 2-21　测量面积

重点 面积的单位取决于在创建 Creo 文件时所选的模板,如果用的是英制模板,那么单位就是英制单位。选用的是公制,所测量值的单位就是米制。

2.3.6 体积

"体积"测量工具用来测量模型的总体体积。单击【体积】按钮 ▤,弹出【体积块】对话框。同时,Creo 程序自动测量并计算出模型的体积,如图 2-22 所示。

"体积"测量工具可以测量实体模型,也可以测量由曲面面组构成的空间几何形状。

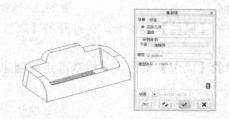

图 2-22 测量模型的体积

2.4 创建基准点

在几何建模时可将基准点用作构造元素,或用作进行计算和模型分析的已知点。可随时向模型中添加点,即便在创建另一特征的过程中也可执行此操作。

2.4.1 点

要创建位于模型几何上或偏移的基准点,可使用一般类型的基准点。

在功能区选择【模型】|【基准】|【点】|【点】命令,系统弹出如图 2-23 所示的【基准点】对话框。

重点 当基准点在曲线或边上时,无需参考。当基准点在平面或曲面上时,需要指定偏移参考,以此确定具体位置。当基准点在顶点或基准点上时,也无需指定参考。

选取模型上的一个基准平面放置基准点,选取的基准平面出现在【参照】列表中,同时【基准点】对话框中下方出现【偏移参考】列表,如图 2-24 所示。

在【偏移参考】列表中单击鼠标左键,按住 Ctrl 键,用鼠标左键在图形窗口中选取两个参考面,则选取的曲面出现在参考列表中,新点在选定位置被添加到模型中。

要调整放置尺寸，在图形区域中双击某一尺寸值然后键入一新值，或者单击列在【偏移参考】下的某个尺寸值，然后键入新值。

图 2-23　【基准点】对话框

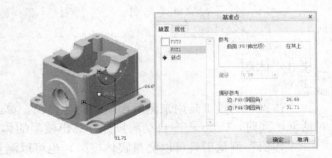

图 2-24　选择放置平面

单击【基准点】对话框中的【属性】选项卡，在打开的【属性】选项卡中可以修改基准点的名称，如图 2-25 所示。

单击【基准点】对话框中的【确定】按钮，完成基准点的创建，效果如图 2-26 所示。

图 2-25　【属性】对话框

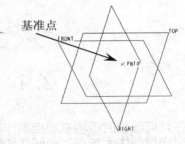

图 2-26　一般基准点

2.4.2　偏移坐标系

在 Creo 还可以通过相对于选定坐标系偏移的方式手动添加基准点到模型中，也可通过输入一个或多个文件创建点阵列的方法将点手动添加到模型中，或同时使用这两种方法将点手动添加到模型中。

单击【模型】选项卡【基准】面板中的【点】按钮右侧箭头，然后在弹出的命令菜单中单击【偏移坐标系】按钮，弹出如图 2-27 所示【基准点】对话框。

图 2-27　【基准点】对话框

从【类型】列表中可以选取笛卡尔坐标系、圆柱坐标系或球坐标系作为基准点的放置参考类型。然后在图形窗口中，选取 PRT_CSYS_DEF 零件坐标系作为参考，如图 2-28 所示。

在【基准点】对话框的参数表达式列表中激活 X 轴、Y 轴、Z 轴的值进行编辑，以此确定基准点在参考坐标系中的位置，如图 2-29 所示。

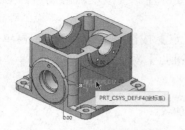

图 2-28　选取参照坐标系　　　　　　　　图 2-29　编辑坐标值

除了输入值来确定基准点外，还可通过沿坐标系的每个轴拖动该点的控制滑块，手工调整点的位置，如图 2-30 所示。

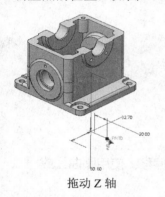

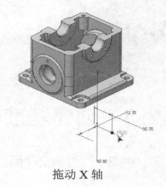

拖动 Z 轴　　　　　　　　　　　拖动 X 轴　　　　　　　　　　拖动 Y 轴

图 2-30　拖动轴来调整基准点位置

单击【偏移坐标系基准点】对话框中的【确定】按钮，完成偏移坐标系基准点的创建。

2.4.3　柱坐标和球坐标

柱坐标：表示三维空间点的另一种形式。用 3 个参数表示，XY 距离、XY 平面角度和 Z 坐标表示，如图 2-31 所示。

球坐标：用于确定三维空间的点，是极坐标的推广。球坐标系具有点到原点的 XYZ 距离、XY 平面角度和 XY 平面的夹角三个参数，如图 2-32 所示。

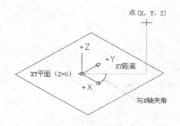

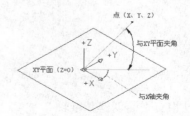

图 2-31　柱坐标示意图　　　　　　　　　图 2-32　球坐标示意图

2.4.4 域点

域点是与分析一起使用的基准点。域点定义了一个从中选定它的域（曲线、边、曲面或面组都属于域）。由于域点属于整个域，所以它不需要标注。要改变域点的域，必须编辑特征的定义。

在【模型】选项卡的【基准】面板中的单击【点】按钮××右侧箭头▸，再单击命令菜单中的【域】按钮▨，系统会弹出如图 2-33 所示【基准点】对话框。

从模型上确定域，然后将基准点放置在域中。

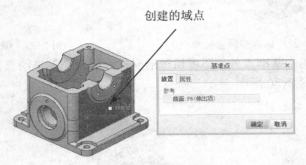

图 2-33 创建域点

2.5 创建基准轴

基准轴的创建方法很多，例如：通过相交平面、使用两参照偏移、使用圆曲线或边等方法。

在功能区【模型】选项卡的【基准】面板中单击【轴】按钮╱，弹出【基准轴】对话框，如图 2-34 所示。

【放置】选项卡主要用来确定基准轴的参考。"参考"可以曲面、曲线/边或点。偏移参考可以是直线、点或平面。

【显示】选项卡主要用来调整基准轴的长度，如果是"大小"，则输入值来确定长度，如果是"参考"，则通过选取参考来确定长度，例如选择一条边，则基准轴的长度与边相等。

图 2-34 【基准轴】对话框

通过相交平面创建基准轴

通过相交平面创建基准轴的方法是：确定两个相交平面。相交平面可以是模型中的平面，也可以是基准平面。

例如，打开【基准轴】对话框后，按住 Ctrl 键不放，在工作区选取新基准轴的两个放置参照，这里选择 TOP 和 FRONT 基准平面。从【参照】列表框中的约束列表中选取所需的约束选项，这里不用选择。

 在选择基准轴参照后，如果参照能够完全约束基准轴，系统自动添加约束，并且不能更改。

单击【基准轴】对话框中的【显示】选项卡，勾选【调整轮廓】复选框，在【长度】文本框中键入 500。

 如果基准轴的长度要求不是很高，可以拖动工作区中轴的两端点进行调整长度。

单击【基准轴】对话框中的【确定】按钮，完成基准轴的创建，效果如图 2-35 所示。

选取圆曲线或边创建基准轴

（1）在功能区【模型】选项卡的【基准】面板中单击【轴】按钮，系统弹出【基准轴】对话框。

（2）选取如图 2-36 所示的边线作为新基准轴的参照。

（3）选定参照的默认约束类型为"穿过"，随即显示基准轴预览。

（4）可以使用【显示】选项卡中的【调整轮廓】复选框来调整基准轴轮廓的长度，让它符合指定大小或选定参照。

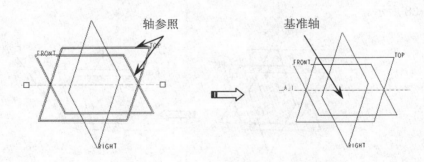

图 2-35　创建基准轴

 选取圆边或曲线、基准曲线，或是共面圆柱曲面的边作为基准轴的放置参照。选定参照会在【基准轴】对话框中的【参照】列表框中显示。

（5）单击【确定】按钮，完成基准轴的创建，如图 2-37 所示。

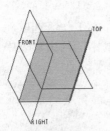
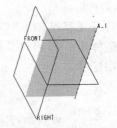

图 2-36　选择的参照　　　　　　　图 2-37　通过边创建基准轴

重点

　　如果约束类型为"穿过",则会穿过选定圆边或曲线的中心,以垂直于选定曲线或边所在的平面方向创建基准轴。如果约束类型为"相切",并指定"穿过"作为另一个参照(顶点或基准点)的约束,则会约束所创建的基准轴和曲线或边相切,同时穿过顶点或基准点。

使用两个偏移参照创基准轴

（1）在功能区【模型】选项卡的【基准】面板中单击【轴】按钮，系统弹出【基准轴】对话框。

（2）在工作区选取 TOP 基准平面，选定曲面会出现在【参照】列表框中，选择约束类型为"法向"，可预览垂直于选定曲面的基准轴。此时曲面上出现一个控制滑块，同时出现两个偏移参考控制滑块。

（3）拖动偏移参照控制滑块到 FRONT 基准平面和 RIGHT 基准平面，所选的两个偏移参照出现在【偏移参考】列表框中。

（4）单击【基准轴】对话框中的【确定】按钮，完成使用两个偏移参考创建基准轴，效果如图 2-38 所示。

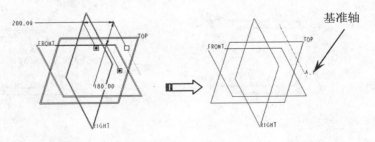

图 2-38　使用两个偏移参考创建垂直于曲面的基准轴

2.6　创建基准曲线

　　除了输入的几何之外，Creo 中所有三维几何的建立均起始于二维截面。基准曲线是有形状和大小的虚拟线条，但是没有方向、体积和质量。基准曲线可以用来创建和修改曲面，也可以作为扫描轨迹线或创建其他特征。

40

2.6.1 通过点

在功能区【模型】选项卡的【基准】面板中单击【曲线】按钮～，弹出【曲线：通过点】操控板，如图 2-39 所示。

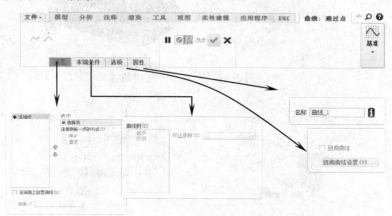

图 2-39 【曲线：通过点】操控板

如果在两个点之间创建曲线，则一定是直线，如图 2-40 所示。如果是 3 个点来创建曲线，则可创建样条曲线或直线，如图 2-41 所示。

在【放置】选项板中勾选【在曲面上放置曲线】复选框，可以在所指定的曲面上创建曲线，如图 2-42 所示。

图 2-40 创建两点直线

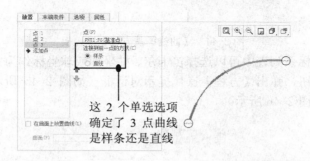

这 2 个单选选项确定了 3 点曲线是样条还是直线

图 2-41 创建 3 点曲线

重点　　如果在曲面上创建曲线，曲面必须是单个曲面，并且参考点在同一曲面上。否则，弹出警告对话框，如图 2-43 所示。

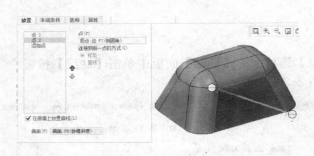

图 2-42　在曲面上创建曲线

图 2-43　不正确的曲面弹出的警告对话框

2.6.2　从方程

只要曲线不自交，就可以通过"从方程"选项由方程创建基准曲线。在功能区【模型】选项卡的【基准】面板中选择【基准】|【曲线】|【来自方程的曲线】命令，系统弹出如图 2-44 所示的【曲线：从方程】操控板。

图 2-44　【曲线：从方程】操控板

在操控板上的坐标系列表中可以选择笛卡尔、柱坐标或球坐标作为方程式的参考坐标系。单击【方程】按钮，弹出【方程】操作提示对话框（如图 2-45 所示）和【方程】表达式输入对话框（如图 2-46 所示）。

图 2-45　【方程】操作提示对话框

在【方程】表达式输入对话框的文本框中输入曲线方程作为常规特征关系，保存编辑器窗口中的内容，单击【确定】按钮，完成方程式曲线的创建。

图 2-46 【方程】表达式输入对话框

2.7 创建基准坐标系

基准坐标系分为笛卡尔坐标系、圆柱坐标系和球坐标系。坐标系是可以添加到零件和组件中的参照特征，一个基准坐标系需要 6 个参照量，其中 3 个相对独立的参照量用于原点的定位，另外 3 个参照量用于坐标系的定向。

在产品设计过程中时常利用 Creo 的坐标系功能来确定特征的位置。一些机械标准件的加载也需要坐标系来确定方位。

在功能区【模型】选项卡的【基准】面板中单击【坐标系】按钮，系统弹出如图 2-47 所示【坐标系】对话框。对话框中包含有 3 个选项卡，其中【原点】选项卡和【方向】选项卡是创建坐标系的主要选项设置区域。

【原点】选项卡用来确定坐标系原点的参考。

【方向】选项卡用来确定坐标系 X 轴、Y 轴、Z 轴的方向。选项设置如图 2-48 所示。

图 2-47 【坐标系】对话框   图 2-48 【方向】选项卡

确定坐标系的参考可以是点、线或面。

以点来创建坐标系

点可以是基准点，也可以是模型上的顶点。以点来创建坐标系，需要为坐标系指定其中两条轴的方向，如图 2-49 所示，在【原点】选项卡中，为坐标系指定了原点后，在【方向】选项卡中设置其中两条轴的参考（此参考为互为垂直的直线或平面）。

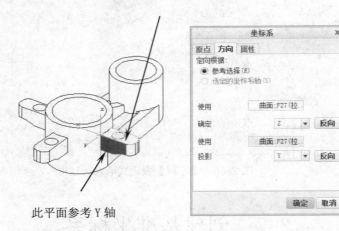

此平面参考 Z 轴

此平面参考 Y 轴

图 2-49　以点来创建坐标系

以曲线或边来创建坐标系

当用户选择曲线或模型边缘来指定坐标系原点时，需要为坐标系再指定一个平面与曲线或边相交，其交点就是坐标系原点。其次，还要为坐标系的两条轴指定方向，如图 2-50 所示。

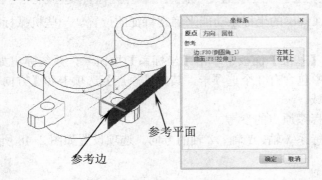

参考平面

参考边

图 2-50　创建坐标系

重点

　　确定坐标系 2 条轴方向的参考，一定是互为垂直的平面或边。否则不能正确创建坐标系。

以曲面来创建坐标系

当选择曲面来放置坐标系时，Z 轴方向一定是与曲面相垂直的，且无论将原点移动到曲面的任意位置，如图 2-51 所示。

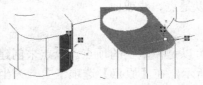

图 2-51　Z 轴与曲面始终垂直

由于坐标系可以在曲面上任意拖动，因此需要为坐标系在指定两个偏移参考（须按住 Ctrl 键选择），以此确定其原点的具体位置。这两个偏移参考指定的同时也确定了 X 轴和 Y 轴的方向，如图 2-52 所示。

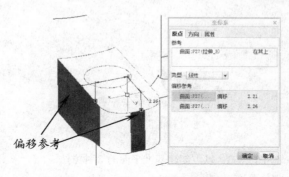

图 2-52　指定偏移参考

　　　　位于坐标系中心的拖动控制滑块允许沿参照坐标系的任意一个轴拖动坐标系。要改变方向，可将光标悬停在拖动控制滑块上方，然后向着其中的一个轴移动光标。在朝向轴移动光标的同时，拖动控制滑块会改变方向。

2.8　创建基准平面

　　　　基准平面在实际中虽然不存在，但在零件图和装配图中都具有很重要的作用。基准平面主要用来作为草绘平面或者作为草绘、镜像、阵列等操作的参照，也可以用来作为尺寸标注的基准。

2.8.1　通过点、线、面创建基准平面

与创建基准坐标系类似，基准平面也可通过点、线或面的方式来创建。

在功能区【模型】选项卡的【基准】面板中单击【平面】按钮 ⬜，系统弹出如图 2-53 所示的【基准平面】对话框。对话框中包含有 3 个选项卡，其中【放置】选项卡和【显示】选项卡是创建基准平面的选项设置选项卡。【显示】选项卡如图 2-54 所示。

图 2-53　【基准平面】对话框

图 2-54　【显示】选项卡

以点创建基准平面

以点来创建基准平面，还有几种方法：3 点、1 点和曲面（非平面）、1 点和边，如图 2-55 所示。

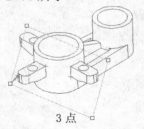

3 点

1 点和曲面

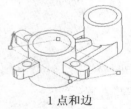

1 点和边

图 2-55　以点创建基准平面的 3 种方法

以线或边来创建基准平面

以线或边来创建基准平面至少要满足两个基本条件：互为垂直的边或平面，以及点或曲面。

参考选取后，还可根据实际情形来选择参考的状态：穿过、偏移、法向、平行。表 2-1 列出了参考组合的状态。

表 2-1　参考组合的状态

状态	说明	图解
不同面的两条边： 边:F30(倒圆角_1)　穿过 边:F21(拉伸_6)　法向 同面的边 边:F30(倒圆角_1)　穿过 边:F30(倒圆角_1)　穿过/法向	两条边来确定基准平面。两条边可以同面，也可以不同面。同面的有两种选择状态： 　　穿过+穿过 　　穿过+法向	
边和平面： 边:F30(倒圆角_1)　穿过 曲面:F6(拉伸_2)　偏移/平行/法向 偏移 旋转 45.00	边和平面的组合参考，无论边与面是平行还是同面，都有 3 种状态： 穿过+平移 穿过+平行 穿过+法向	
边和平面 边:F30(倒圆角_1)　穿过 曲面:F5(拉伸_1)　法向	边和平面的组合参考是垂直的，仅仅有 1 种状态： 穿过+法向	

以曲面来创建基准平面

以曲面的方式来创建基准平面，若是在平面上创建，无需添加参考即可创建基准平面。但基准平面可以与平面同面、偏移、平行或法向，如图 2-56 所示。

若是在曲面（非平面）上创建基准平面，还需添加一个参考（这个参考可以是点、边或曲面），如图 2-57 所示为几种参考的组合形式。

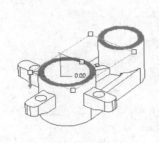

图 2-56　在平面上创建基准平面

非平面与点

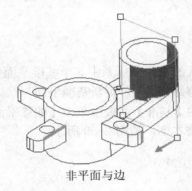
非平面与边

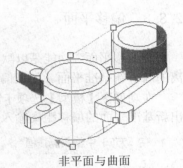
非平面与曲面

图 2-57　在曲面上创建基准平面

2.8.2　通过基准坐标系创建基准平面

（1）在功能区【模型】选项卡的【基准】面板中单击【平面】按钮 $\square$ ，系统弹出【基准平面】对话框。

（2）选取一个基准坐标系作为放置参照，选定的基准坐标系添加到【放置】选项卡中的【参照】列表框中。

（3）从【参照】列表框中的约束列表中选取约束类型，分别是偏移、穿过。

（4）如果选择"偏移"约束类型，在【偏移平移】列表框中选择偏移的轴，在其后文本框中输入偏移距离，拖动控制滑块将基准曲面手工平移到所需距离处或；如果选择穿过，在【穿过平面】列表框中选择穿过平面。

◆　X 表示将 YZ 基准平面在 X 轴上偏移一定距离创建基准平面。
◆　Y 表示将 XZ 基准平面在 Y 轴上偏移一定距离创建基准平面。
◆　Z 表示将 XY 基准平面在 Z 轴上偏移一定距离创建基准平面。
◆　XY 表示通过 XY 平面创建基准平面。
◆　YZ 表示通过 YZ 平面创建基准平面。
◆　ZX 表示通过 XZ 平面创建基准平面。

（5）单击【基准平面】对话框中的【确定】按钮，完成基准平面的创建，效果如图2-58 所示。

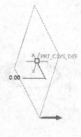

图 2-58　通过基准坐标系创建基准平面

2.8.3　偏移平面

"偏移平面"功能是以默认的工作坐标系中 3 个基准平面作为参考，创建偏移一定距离的 3 个新基准平面。如果偏移距离为 0，则新基准平面与默认的基准平面重合。

在功能区【模型】选项卡的【基准】面板中单击【偏移平面】按钮 ，图形区上方弹出新基准平面的偏移距离输入文本框，如图 2-59 所示。

图 2-59　偏移距离值的输入文本框

单击【接受值】按钮 会继续弹出"在 Y 方向中输入偏移值"的文本框及"在 Z 方向上输入偏移值"文本框，直至创建出如图 2-60 所示的偏移平面。

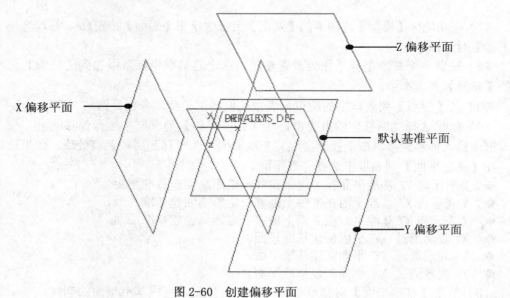

图 2-60　创建偏移平面

Chapter

第 3 章　草图绘制方法

　　绘制草图是 Creo 产品设计的基础。本讲主要介绍草图基本环境的设置、草图曲线的绘制和草图操作方法，以及添加草图约束等内容。通过本章的学习，初学者可以基本掌握草图绘制的实用知识与应用技巧，为后面的学习打下扎实的基础。

学习目标：

- 草图概述
- 草图环境设置
- 绘制基本图元
- 构造图元

3.1 草图概述

草图是位于指定平面上的曲线和点的集合。当用户需要对构成特征的曲线轮廓进行参数控制时，使用草图非常方便。

3.1.1 草图的作用

设计者可以按照自己的思路随意的绘制曲线轮廓，再通过用户给定的条件来精确定义图形的集合形状，这些给定的条件叫约束，它包括集合约束和尺寸约束。从而能精确的控制曲线的尺寸、形状和位置，以满足设计要求。

使用草图可以实现对曲线的参数化控制，主要用于以下几个方面：

◆ 需要对图形进行参数化驱动时。
◆ 用草图建立用标准成型特征无法实现的形状。
◆ 如果形状可以用拉伸、旋转或沿导线扫描的方法建立，可将草图作为模型的基础特征。
◆ 将草图作为自由形状特征的控制线。

3.1.2 进入草图绘制环境

在 Creo 中，可以通过 3 种方法进入草图绘制环境：第一是创建新的草绘截面文件，这种方式建立的草绘截面可以单独保存，并且在创建特征时可以重复利用；第二是从零件环境中进入草图绘制环境；第三是在创建实体特征的过程中，通过绘制截面进入草图绘制环境。

1. 通过创建草绘文件进入草图绘制环境

（1）在功能区选择【文件】|【新建】命令，或者单击快速访问工具栏中的【新建】按钮，弹出【新建】对话框。

（2）选择【新建】对话框中【类型】选项组中的【草绘】单选按钮。

（3）单击【新建】对话框中【确定】按钮，进入如图 3-1 所示的草图绘制环境。

图 3-1 新建草绘文件

2. 在零件环境中进入草图绘制环境

在零件设计环境中，单击【模型】选项卡的【基准】面板中的【草绘】按钮，弹出

【草绘】对话框。在绘图区或者模型树中，单击选取一个基准平面作为草绘平面，再单击【草绘】对话框中的【草绘】按钮，也可进入草图绘制环境，如图3-2所示。

图3-2　进入草图绘制环境

3.　通过创建某个特征进入草图绘制环境

在零件设计环境中，插入某个特征，可以打开操控板。例如，创建拉伸特征，在操控板中激活"草绘"收集器后，选取一个平面作为草绘平面，同样可以进入草图绘制环境，如图3-3所示。

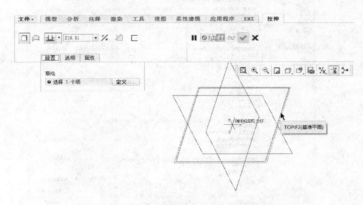

图3-3　从插入特征进入草绘环境

3.1.3　草图绘制环境界面

草图绘制环境界面与零件设计环境界面是相同的。主要由功能区、快速访问工具栏、绘图区、前导工具栏、导航栏、浏览器、信息栏、过滤器等几大部分组成，如图3-4所示。

图3-4　草绘环境

3.2   草绘环境设置

草绘环境设置是对绘制草图的操作界面以及草绘过程中所显示的内容。主要包括栅格、顶点、约束、线造型等草绘特征的显示方式和内容。

3.2.1   环境设置

草绘环境设置是进行草图绘制前的准备工作，主要包括草绘界面中显示的内容，草绘过程中自动创建的项目。

选择功能区中的【文件】|【选项】命令，弹出【Creo Parametric 选项】对话框。在对话框左侧选择【草绘器】选项，右边展开草绘环境的设置选项，如图3-5所示。

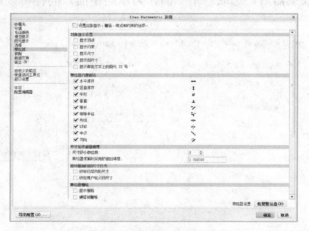

图3-5   草绘环境的设置选项

◆   【对象显示设置】区域：在【对象显示设置】区域中可以设置顶点、约束、尺寸、弱尺寸或图元 ID 号等对象的显示。

如果在选项设置中勾选或取消了某些对象的显示。您可以到绘图区前导工具栏上重新设置对象的显示，如图3-6所示。

◆   【草绘器约束假设】区域：该区域用来控制在草绘过程中假设约束的显示，如图3-7所示。勾选则显示，取消勾选则不显示。

图3-6   在前导工具栏中设置对象的显示

图3-7   假设约束

- 【尺寸和求解器精度】区域：此区域用来设置草图尺寸的精度和小数位数。
- 【拖动截面时的尺寸行为】区域：勾选下面的复选框，表示将锁定已经修改的尺寸和用户定义的尺寸，因此不被编辑。
- 【草绘器栅格】区域：用来控制草图界面中是否显示栅格。

3.2.2 设置线造型

线造型就是草图曲线的线型，如实线、虚线、双点画线、控制线等。默认情况下，草图环境中绘制的是"实线"线型。

选择功能区中的【草绘】|【设置】|【设置线造型】命令，弹出如图 3-8 所示的【线造型】对话框。

图 3-8 【线造型】对话框

- 默认线型：在【样式】下拉列表框中选择默认的线样式，分别是隐藏、几何、引线、切削平面、虚线、中心线。
- 现有线型：单击【现有线】选项组中【选取线】按钮，从绘制图中选择现有的线型为当前线样式。
- 自定义：在【属性】选项组中【线型】下拉列表框中选择线型，分别是实线、点虚线、控制线、双点画线等，单击【颜色】按钮，在弹出的如图 3-9 所示的【颜色】对话框中定义线型颜色。

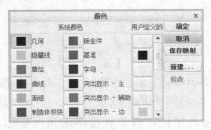

图 3-9 【颜色】对话框

- 单击【线造型】对话框中的【应用】按钮，设置的线造型就应用到当前的绘图环境中。
- 单击【线造型】对话框中的【重置】按钮，清除当前的设置，重新设置线造型。
- 单击【线造型】对话框中的【取消】按钮，关闭【线造型】对话框。

3.2.3 清除线造型

当用户设置了线造型后，可以清除线造型。选择功能区中的【草绘】|【设置】|【清除线造型】命令，清除环境中设置的所有线造型，恢复默认设置。

还可以选择某个图元来查看线型属性。例如，选择双点画线的椭圆图形后，在【草绘】

选项卡的【设置】面板下选择【属性】命令，即可打开该图形的【线型属性】对话框，如图 3-10 所示。还可以重新设置线型。

图 3-10　查看线型属性

3.2.4　定义栅格

"栅格"是一些标定位置的小点，起坐标纸的作用，可以提供直观的距离和位置参照。利用栅格可以对齐对象并直观显示对象之间的距离。若要提高绘图的速度和效率，可以显示并捕捉矩形栅格，还可以控制其间距、角度和对齐。

在【草绘】选项卡的【设置】面板中单击【栅格】按钮 ，弹出【栅格设置】对话框，如图 3-11 所示。

图 3-11　【栅格设置】对话框

对话框中包括有两种栅格类型：笛卡尔和极坐标。此两种栅格的显示如图 3-12a 所示。

栅格间距设为"动态"，则间距为初始默认设置。设为"静态"，可以更改 X 间距和 Y 间距。在【角度】文本框中输入值还可以设置栅格的角度显示，图 3-12 右图所示为角度为 45°的栅格显示。

笛卡尔栅格　　　　　　　极坐标栅格　　　　　　　45°的栅格显示

图 3-12　栅格显示类型

3.3 绘制基本图元

基本图元是构成草图的重要元素。包括点、线、矩形、圆/圆弧、椭圆、样条曲线、圆角曲线及倒角曲线等图形元素。

3.3.1 直线、线链的绘制

直线、线链的绘制方法也有好多，但常见方法是通过自动约束来控制。

1. 绘制线链

在【草绘】面板中单击【线】按钮 ⌒，然后在绘图区上单击线的起点和终点，就可由两点绘制出一条线，连续选择多个点就可以连续绘制出多条首尾相连的线链，如图 3-13 所示。最后可以选择其他命令、按 Esc 键或者单击鼠标中键退出画线命令。

图 3-13 绘制直线链

另外，配合假设约束还可以绘制以下类型的线段：

重点
> 要想利用假设约束来绘制图元。必须在【Creo Parametric 选项】对话框中设置"草绘器"选项中的"草绘器约束假设"选项。

（1）竖直/水平线段：在绘图区单击一点后，竖直移动鼠标，线段上出现"V"/"H"标记时，单击线段的第二点，绘出竖直/水平线段，如图 3-14 所示。

（2）等长线段：绘制与已有线段等长的线段。画线移动鼠标的过程中，当线旁出现 L_1（1 为序数）标记时，单击线段的第二点，绘出与有相同标识线段等长的一条线段，如图 3-15 所示。

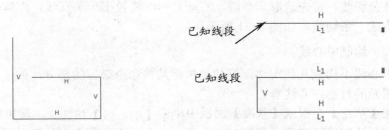

图 3-14 绘制竖直/水平线段　　　　图 3-15 绘制等长线段

（3）平行线段：绘制与已有线段相平行的线段。画线移动鼠标过程中，当出现 $//_1$（1 为序数）标记时，单击线段的第二点，绘出与有相同标识线段平行的一条线段，如图 3-16 所示。

（4）垂直线段：绘制与已有线段相垂直的线段。画线移动鼠标过程中，当出现 $\perp_1$（1 为序数）标记时，单击线段的第二点，绘出与有相同标识线段垂直的一条线段，如图 3-17 所示。

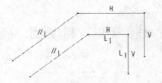
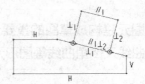

图 3-16　绘制平行线段　　　　　　　　　　图 3-17　绘制垂直线段

（5）相切线段：绘制与已有圆或圆弧相切的线段。从圆或圆弧上的一点向外画线，或者在别处单击一点后在圆上选择另外一点时，在出现"T"标记时单击鼠标，即绘出与圆或圆弧相切的一条线段，如图 3-18 所示。

（6）对称线：若要一条线段对于一条直线中心对称，则在绘制线段时，将光标移到直线的中间位置，出现如图 3-19 所示的"*"标记时单击鼠标即可捕捉到。

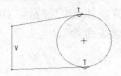

图 3-18　绘制相切线段　　　　　　　　　　图 3-19　绘制中心线

（7）对齐已有的图元：由于程序的自动捕捉功能，画线时，当光标在已有图元上移动时，出现如图 3-20 所示的标记，表示此时单击鼠标后，所选择的点会与已有图元对齐。

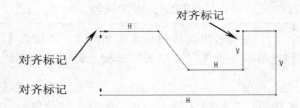

图 3-20　对齐中点、图元

2.　绘制与两圆或者圆弧相切的线

单击"直线相切"按钮，即可绘制与两圆或者圆弧相切的线，可以创建内公切线也可以创建外公切线。首先选取一个圆，移动光标时将拉出一条直线，再单击第二个圆，此时程序将自动生成一条切线，如图 3-21 所示。

3.　绘制中心线

中心线不构成几何实体，但却是执行某些命令必需的部分，如：用做旋转特征的中心轴、对称图元的对称中心线等。

在【草绘】面板或【基准】面板中单击【中心线】按钮，即可绘制中心线。绘制的方法基本上与绘制线段相同，也可创建水平、竖直中心线，也有与已有图元平行、垂直、相切、对齐的关系。首先移到光标到一条直线的中间位置，当出现中心标记时单击，得到第一点。此时移动光标，中心线会随光标旋转，在合适的位置再单击，程序将自动创建一条中心线，如图 3-22 所示。

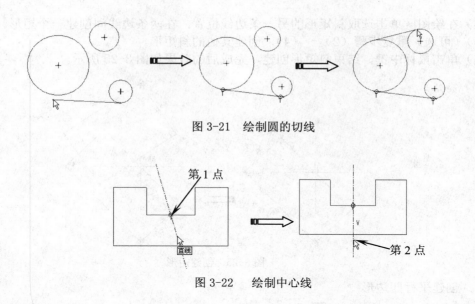

图 3-21　绘制圆的切线

图 3-22　绘制中心线

3.3.2　矩形的绘制

图 3-23　【矩形】工具菜单

【矩形】工具菜单，如图 3-23 所示，是用于绘制矩形、斜矩形和平行四边形工具集合，包括拐角矩形、斜矩形、中心矩形和平行四边形 4 种工具。

1. 创建拐角矩形

"拐角矩形"工具，是通过确定矩形对角线两点绘制矩形的工具。单击【矩形】工具菜单中的【矩形】按钮□，然后在绘图区单击选取矩形的一个顶点位置，拖动鼠标在绘图区动态出现一个矩形。在绘图区单击选取矩形的另一顶点位置，在两个顶点间创建一个矩形，如图 3-24 所示。

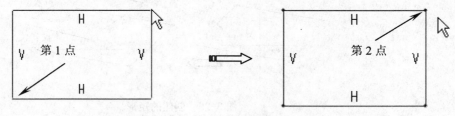

图 3-24　矩形的绘制

2. 创建斜矩形

"斜矩形"工具，是通过确定矩形一条边和矩形的另一条边的长度绘制矩形的工具。创建斜矩形的操作步骤如下：

（1）单击【矩形】工具栏中的【斜矩形】按钮◇。

（2）在绘图区单击选取斜矩形的一个顶点位置，拖动鼠标在绘图区动态出现一条直线段。

（3）在绘图区单击选取斜矩形边线的另一顶点位置，在两个点间创建一条矩形边线，拖动鼠标在绘图区动态出现一个矩形。

（4）在绘图区单击选取斜矩形的另一条边线位置，在两条边线间创建一个矩形。

（5）（可选）重复步骤（2）～（4），创建其他的斜矩形。

（6）单击鼠标中键，结束斜矩形创建，完成后的效果如图 3-25 所示。

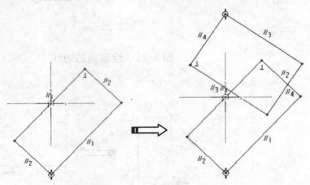

图 3-25　创建矩形

3.　创建平行四边形

【平行四边形】工具按钮 ▱ 是通过确定平行四边形的 3 个顶点绘制平行四边形的工具。创建平行四边形的操作步骤如下：

（1）单击【矩形】工具栏中的【平行四边形】按钮 ▱，或者选择菜单栏中【草绘】|【矩形】|【平行四边形】命令。

（2）在绘图区单击选取平行四边形的一个顶点位置，拖动鼠标在绘图区动态出现一条直线段。

（3）在绘图区单击选取平行四边形边线的另一顶点位置，在两个点间创建一条矩形边线，拖动鼠标在绘图区动态出现一个矩形。

（4）在绘图区单击选取平行四边形的另一顶点位置，在两条边线间创建一个矩形。

（5）（可选）重复步骤（2）～（4），创建其他的平行四边形。

（6）单击鼠标中键，结束平行四边形创建，完成后的效果如图 3-26 所示。

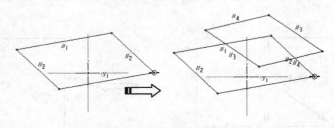

图 3-26　创建的矩形

3.3.3　圆的绘制

【圆】工具菜单，如图 3-27 所示，用于绘制圆和椭圆工具集合，包括圆心和点、同心、3点、3 相切。

（1）通过圆心和一点确定圆：单击【圆心和点】按钮 ◯，在绘图工作区中单击一点作为圆心后，出现一个大小随着光标指针动态变化的圆，单击第二点来确定圆的大小，如图 3-28所示。

（2）同心圆：单击【同心】按钮 ，首先选取一个参照圆或一段圆弧来定义中心点，移动光标时，出现一个大小随着光标指针动态变化的圆，再单击后确定圆的大小。只要不单击中键退出命令，就可以继续创建同心圆，如图 3-29 所示。

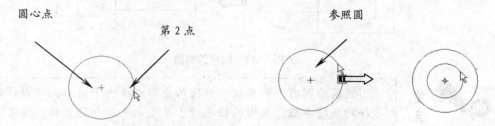

图 3-28　通过中心和一点绘圆　　　　　　　　图 3-29　绘制同心圆

（3）三点绘圆：单击【3 点】按钮 ◯，选择圆所通过的 3 点来确定一个圆。当单击两点以后，会出现一个随着鼠标指针动态变化的圆，单击第 3 点，圆被确定，如图 3-30 所示。

（4）三相切圆：单击【3 相切】按钮 ◯，依次选取与圆相切的 3 个图元来创建一个圆。3 个相切图元点确定后，相切处出现字母 T 标记，如图 3-31 所示。

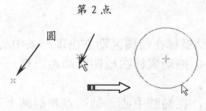

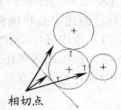

图 3-30　3 点创建一个圆　　　　　　　　　　图 3-31　创建 3 点相切圆

3.3.4　椭圆的绘制

椭圆绘制工具如图 3-32 所示。

1．轴端点椭圆

【轴端点椭圆】工具是通过确定椭圆轴线的两端和椭圆上任意点绘制椭圆的工具。创建椭圆的操作步骤如下：

（1）单击【轴端点椭圆】按钮 ◯。

图 3-32　椭圆绘制命令

（2）在绘图区单击选取一点作为轴线的一端点，拖动鼠标在绘图区动态出现一条中心线。

（3）在绘图区单击选取一点作为轴线的另一端点，拖动鼠标在绘图区动态出现一个椭圆。

（4）在绘图区单击选取一点作为椭圆上的一点，通过轴线与点之间创建了一个椭圆。

（5）（可选）重复步骤（2）～（4），创建其他的椭圆。

（6）单击鼠标中键，结束椭圆的创建，完成后的效果如图 3-33 所示。

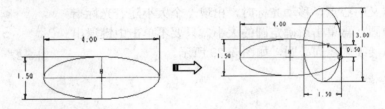

图 3-33 创建的椭圆

椭圆绘制有下列特性：椭圆的中心点相当于圆心，可以作为尺寸和约束的参照；椭圆的轴平行于草绘水平轴和竖直轴，椭圆不能倾斜；从椭圆中心到椭圆本身的水平轴长度称为 X 半径，竖直半轴长度被称为 Y 半径。

2. 通过中心和轴创建椭圆

【中心和轴椭圆】工具，是通过确定椭圆中心、轴线的端点和椭圆上任意点绘制椭圆的工具。创建中心和轴椭圆的操作步骤如下：

（1）单击【中心和轴椭圆】按钮〇。

（2）在绘图区单击选取一点作为椭圆中心，拖动鼠标在绘图区动态出现一条中心线。

（3）在绘图区单击选取一点作为轴线的一端点，拖动鼠标在绘图区动态出现一个椭圆。

（4）在绘图区单击选取一点作为椭圆上的一点，在椭圆中心、轴端点和椭圆上一点间创建了一个椭圆。

（5）单击鼠标中键，结束椭圆的创建，完成后的效果如图 3-34 所示。

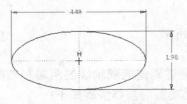

图 3-34 创建的椭圆

3.3.5 圆弧的绘制

圆弧工具如图 3-35 所示，用于绘制圆弧和圆锥弧工具集合，包括 3 点/相切端、同心、圆心和端点、3 相切、圆锥 5 个工具。

1. 3 点/相切端

单击【3 点/相切端】按钮〇，在绘图区上单击一点作为圆弧的起点，单击第二点作为圆弧的终点，拖动光标到合适的位置单击确定圆弧的大小，如图 3-36 所示。

图 3-35 圆弧工具

或者用此命令绘制与已有的直线、圆等图元相切的圆弧。单击某个图元端点，在2单击另一图元的端点，程序自动创建与第1个图元相切的圆弧，如图3-37所示。

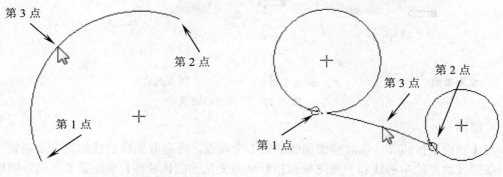

图 3-36　3点绘制圆弧　　　　　　　　图 3-37　绘制相切圆弧

2.　圆心和端点

单击【圆心和端点】按钮　，单击第1点指定圆心，这时会随着光标移动拉出一个虚线圆，单击第2点，指定圆弧的起点，再单击第3点确定圆弧的终点，如图3-38所示。

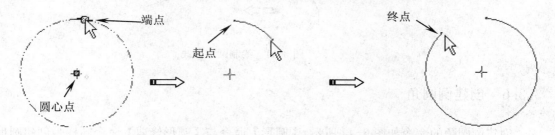

图 3-38　用圆心和端点绘制圆弧

3.　3相切

单击【3相切】按钮　，单击与第1个图元相切的位置，确定圆弧起点，单击与第2个相切图元相切的位置，指定圆弧终点，再单击第3个相切图元确定圆弧的位置和大小，如图3-39所示。

4.　同心

单击【同心】按钮　。绘制同心圆弧和绘制同心圆一样，首先要单击一个已有的圆或者圆弧，它的圆心即是所绘圆弧的圆心，这时会随着鼠标的指针拉出一个虚线圆，单击一点，确定了圆弧的大小。再单击一点作为圆弧的起点，拖动光标到合适的位置单击得到圆弧。命令未结束，可以继续绘制同心圆弧，如图3-40所示，要结束命令单击中健。

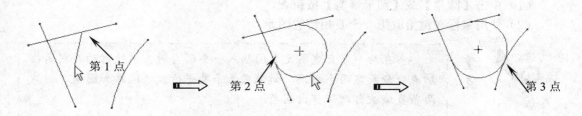

图 3-39　绘制三相切圆弧

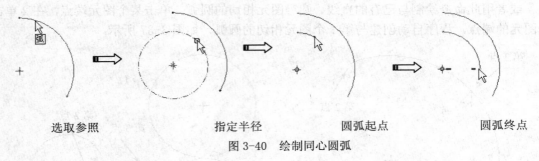

| 选取参照 | 指定半径 | 圆弧起点 | 圆弧终点 |

图 3-40　绘制同心圆弧

5. 圆锥

单击【圆锥】按钮 ，选取圆锥曲线的第 1 个端点，再选取圆锥曲线的第 2 个端点。这时出现一条通过两点的中心线和一条随鼠标指针动态变化的圆锥曲线，单击第 3 点确定圆锥曲线形状和位置，如图 3-41 所示。

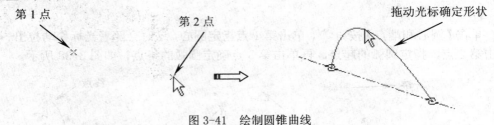

图 3-41　绘制圆锥曲线

3.3.6　创建倒圆角

创建倒圆角的命令如图 3-42 所示。【圆形】命令与【圆形修剪】命令同样是创建圆形的倒角，不同的是前者完全修剪曲线，后者则是保留原曲线的轨迹如图 3-43 所示。【椭圆形】与【椭圆形修剪】也是同样如此。

图 3-42　倒圆角命令　　　　　　　　　　图 3-43　圆形与圆形修剪

1. 圆形/圆形修剪

【圆角】工具按钮 用于在两个图元之间创建一个圆弧过渡。创建圆角的操作步骤如下：

（1）单击【圆角】或【圆形修剪】按钮 。

（2）使用鼠标左键拾取第一个要相切的图元。

重点

　　当在两个非直线图元之间插入一个圆角时，系统自动在圆角相切点处分割这两个图元。如果在两条非平行线之间添加圆角，则这两条直线被自动修剪出圆角。

（3）使用鼠标左键拾取第二个要相切的图元，通过所选取的二图元距离交点最近的点创建一个圆角，该圆角与两图元相切，如图 3-44 所示。

（4）单击中键，完成倒圆角的创建。

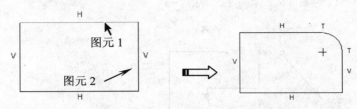

图 3-44　创建的圆角

2.　椭圆形/椭圆形修剪

【椭圆形】工具按钮 用于在两图元之间创建椭圆过渡。创建椭圆角的操作步骤如下：

（1）单击【椭圆形】按钮 。

（2）使用鼠标左键拾取第一个要相切的图元。

（3）使用鼠标左键拾取第二个要相切的图元，通过所选取的二图元距离交点最近的点创建一个椭圆角，该椭圆角与两图元相切，如图 3-45 所示。

（4）单击中键，完成椭圆角的创建。

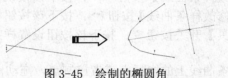

图 3-45　绘制的椭圆角

3.3.7　样条曲线

【样条】工具按钮 ，采用光滑曲线连接一系列点的工具。通过对样条曲线上的点进行编辑，可以改变样条曲线的形状。

1.　创建样条曲线

（1）单击【样条】 按钮。

（2）在绘图区单击选取一点作为样条点。

（3）在绘图区单击选取另一点作为样条点。

（4）在绘图区单击选取第三点作为样条点，可以选取其他点，在绘图区创建了一条样条曲线。

（5）单击鼠标中键，结束样条曲线的创建，完成后的效果如图 3-46 所示。

图 3-46　创建样条曲线

2. 编辑样条曲线

双击曲线需要编辑的样条曲线，功能区弹出如图 3-47 所示的【样条】操控板。

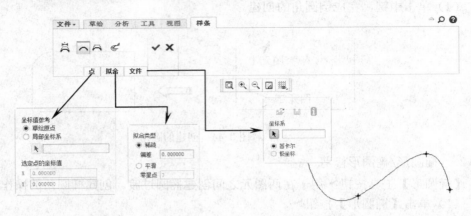

图 3-47 【样条】操控板

◆ 【切换到控制多边形模式】按钮 ⛑：按下该按钮样条曲线将显示多边形控制点，使用控制点驱动样条曲线，如图 3-48a 所示。

◆ 【用内插点修改样条曲线】按钮 ⌒：按下该按钮将使用内插点修改样条曲线。

◆ 【用控制待你修改样条曲线】按钮 ⌒：按下该按钮将使用控制点修改样条曲线。

◆ 【曲率分析工具】开关按钮 ✍：按下该按钮设置样条曲线的曲率，如图 3-48b 所示。

用鼠标左键按住样条曲线上的内插点或者控制点，拖动鼠标即可实现点的移动。

在曲线上想要增加点的位置单击右键，选择右键快捷菜单中的【增加点】命令，即可在曲线上增加一个点。

在曲线上某一点上右键单击，选择右键快捷菜单中的【删除点】命令，则该点被删除。

单击【样条曲线编辑】操控板中的【完成】按钮 ✔，完成样条曲线的修改。

a）多边形控制点　　　　　　　　　　b）曲率分析

图　3-48

3.3.8 倒角

草绘器中提供两种倒方式：一种是倒角，另一种是倒角修剪。

1. 创建倒角

"倒角"工具用于在两图元之间创建直线连接，并将两图元以构造线进行延长相交。

创建倒角的操作步骤如下：

（1）单击【倒角】按钮 。

（2） 使用鼠标左键拾取第一个图元上的倒角位置点。

（3）使用鼠标左键拾取第二个图元上的倒角位置点，在所选取的两图元最近的点创建一条连接直线段，如图 3-49 所示。

（4）重复步骤[2]~[3]，创建其他倒角。

（5）单击中键，完成倒角的创建。

2. 创建倒角修剪

"倒角修剪"工具用于在两图元之间创建直线连接，并将两图元以倒角相交点打断，去除两图元相交部分或者延长相交部分。

创建修剪倒角的操作步骤如下：

（1）单击【倒角修剪】按钮 。

（2） 使用鼠标左键拾取第一个图元上的倒角位置点。

（3）使用鼠标左键拾取第二个图元上的倒角位置点，在所选取的两图元最近的点创建一条连接直线段，如图 3-50 所示。

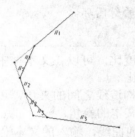

图 3-49　绘制倒角

图 3-50　绘制的倒角修剪

（4）重复步骤（2）、（3），创建其他倒角修剪。

（5）单击中键，完成倒角修剪的创建。

3.3.9　创建文本

在草图绘制平台中可以创建文本，文本也可以作为草绘的一部分。

单击【文本】按钮 ，然后在草绘平面上选取起点，单击一个终止点，在两点之间生成一条构建线，构建线的长度决定文本的高度，而该线的角度决定文本的方向。系统弹出如图 3-51 所示的【文本】对话框。

起点为文本框的左下角端点，终点为文本框左上角端点。

在【文本行】文本框中输入文本，最多可以键入 79 个字符的单行文本。如果插入特殊字符，可单击【文本符号】按钮，系统弹出如图 3-52 所示的【文本符号】对话框。选取要插入的符号。符号出现在【文本行】文本对话框和图形区域中。单击【关闭】按钮关闭该对话框。

图 3-51　【文本】对话框　　　　　　　图 3-52　【文本符号】对话框

在【文本】对话框中的【字体】选项组中指定下列内容：

◆　【字体】下拉列表框是从 PTC 提供的字体和 TrueType 字体列表中选取一种，定义输入文本的字体。

文本作为草绘在零件模块中拉伸等操作，字体的选取是至关重要，选取的字体必须是文本形成独立的封闭环。

◆　【长宽比】文本框用于定义输入文本的长度和宽度比，可以在文本框中输入比例数值，也可以拖动滑动条增加或减少文本的长宽比。

◆　【斜角】文本框用于定义输入文本与决定高度的构造线之间的夹角，可以在文本框中输入角度值，也可以拖动滑动条增加或减少文本的斜角。

选择【沿曲线放置】复选框，选取要在其上放置文本的曲线，输入的文本沿该曲线放置。单击【确定】按钮，完成文本的输入并关闭【文本】对话框，图 3-53 所示为所创建的草绘文本。

图 3-53　草绘文本

3.3.10　创建【偏移】和【加厚】

【偏移】和【加厚】命令都是利用选取模型上的边或者草图曲线来创建图元。

1.　【偏移】

【偏移】工具按钮，使用已有的二维或者三维图元的边线创建边线的工具。单击【偏移】按钮，系统弹出如图 3-54 所示的【类型】对话框。

从【类型】对话框中选择选取边线的方法：

◆　单一：范指两端点之间的一段线，如一段直线、一段圆弧、一段曲线。

◆ 链：范指一起始线段和一结束线段之间所有依次连接的线段。起始点和结束点之间有两种线段，可以通过"菜单管理器"下的"选项"中的"下一个"选取需要的线段。

图 3-54 【类型】对话框

◆ 环：指一个封闭的线框。选取"环"选项时，在绘图区中，将鼠标放置在所需的线框内部，单击鼠标右键可显示出红色线框，当红色线框为所需的线框时，单击鼠标左键即可。

如果是选择已有的曲线来创建图元，系统弹出如图 3-55 所示的输入偏移数值文本框。

图 3-55　输入偏移数值文本框

在【输入数值】对话框中输入偏移数值，可以是负值，表示于箭头方向相反。单击【接受值】按钮✔，完成选择边线的偏移，如图 3-56 所示。

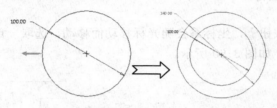

图 3-56　创建偏移的图元

2. 通过加厚边线创建边线

【加厚】工具按钮 通过在两侧偏移现有的二维或者三维图元的边线创建边线的工具。

选择菜单栏中【草绘】|【边】|【加厚】命令，或者单击【草绘器】工具栏中的【加厚】按钮 ，系统弹出如图 3-57 所示的【类型】对话框。

◆ 从【类型】对话框中选择选取边线的方法：单一、链、环和端点的封闭方式：开放、平整、圆形。
◆ 开放：未创建端封闭。
◆ 平整：创建垂直于加厚边的端封闭。
◆ 圆形：创建半圆端封闭。

图 3-57 【类型】对话框

根据选择的选取边线的方法，在绘图区中选择模型边线或草图曲线，弹出【输入厚度】文本框。在【输入厚度】对话框中输入偏移厚度值，单击【接受值】按钮 后会再弹出偏移值文本框，如图 3-58 所示。完成图元的创建。

图 3-58　【输入厚度】文本框

3.3.11　创建点

单击【点】按钮 ⟦×⟧，程序会提示选取点的位置，在绘图区内单击所选位置，点即被建立，可以连续创建多个点。点在绘图区内以一个"×"符号表示，如图 3-59 所示。

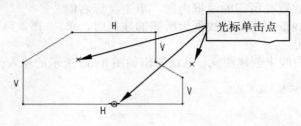

图 3-59　点的绘制

3.3.12　创建参照坐标系

单击【坐标系】按钮 ⟦↗⟧，坐标系会随光标移动而移动，选取一点作为坐标系原点的位置，即建立起坐标系，如图 3-60 所示。

图 3-60　参照坐标系

3.3.13　调色板

调色板是用来插入标准图形到草图中的工具。在【草绘】面板中单击【调色板】按钮 ⟦◉⟧，弹出【草绘器调色板】对话框，如图 3-61 所示。

图 3-61　草绘器调色板

对话框中有 4 个选项卡，分别提供了 4 种不同类型的图形方案，如图 3-62 所示。

在图形方案所在选项卡中选中一图形后，双击鼠标或拖动其到图形区中，同时弹出【旋转调整大小】操控板。通过此操控板可设置旋转角度和缩放比例，最后单击操控板的【接受值】按钮，完成标准图形的插入，如图 3-63 所示。

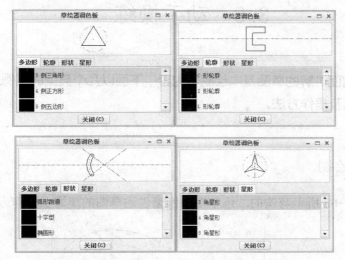

图 3-62 4 种图形方案

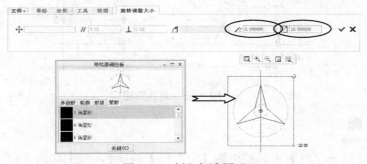

图 3-63 插入标准图形

3.4 构造图元

构造元素是几何图形中必不可少的图元,生成构造图元的方法有两种:第一种是先设置线造型为构造线,然后绘制相应的图元;第二种就是在构造模式下绘制构造线,在【草绘】面板中单击【构造模式】按钮 ,即可绘制构造线,如图 3-64 所示。再单击此按钮,则绘制实线图元。

> 在构造模式下,无论将图元设置成何种线型,都不会改变构造线状态。

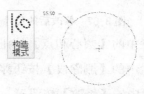

图 3-64 绘制构造线

3.5 动手操练

为了巩固前面讲解的草图基本绘制等内容，下面以几个典型的实例来说明 Creo 草图的绘制工具及操作方法。

3.5.1 弯钩的绘制

以绘制如图 3-65 所示弯钩的二维草图为例来讲述草图的步骤及操作方法。

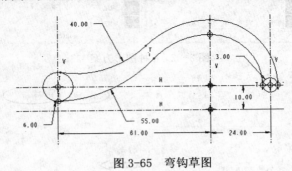

图 3-65 弯钩草图

操作步骤

01 单击【草绘器工具】工具栏中的【中心线】按钮，绘制如图 3-66 所示的中心线。

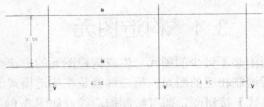

图 3-66 中心线

02 双击图形中的尺寸，并修改为如图 3-67 所示。

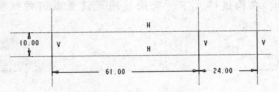

图 3-67 修改后的尺寸

03 单击【草绘器工具】工具栏中的【圆心和点】按钮○，绘制如图 3-68 所示的圆。

04 单击【草绘器工具】工具栏中的【删除段】按钮，将图形修剪为如图 3-69 所示。

05 单击【草绘器工具】工具栏中的【修改】按钮，系统弹出【修改尺寸】对话框，修改两圆的半径为 6 和 3。

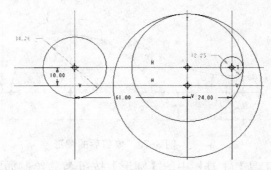

图 3-68　绘制的圆

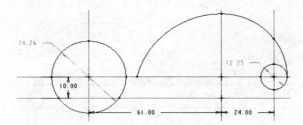

图 3-69　修剪后的图形

06 单击【草绘器工具】工具栏中的【圆形】按钮 ，绘制如图 3-70 所示的圆弧并修改半径为 55。

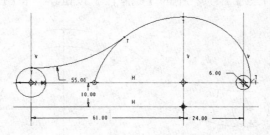

图 3-70　圆弧

07 单击【草绘器工具】工具栏中的【圆心和点】按钮 ，绘制如图 3-71 所示的中心线。

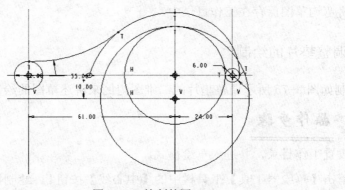

图 3-71　绘制的圆

08 单击【草绘器工具】工具栏中的【删除段】按钮 ，将图形修剪为如图 3-72 所示。

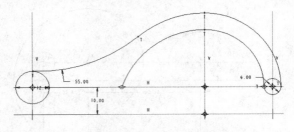

图 3-72　修剪后的图形

09 单击【草绘器工具】工具栏中的【圆形】按钮 ，绘制如图 3-73 所示的圆弧并修改半径为 50。

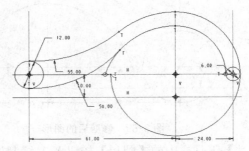

图 3-73　绘制的圆弧

10 单击【草绘器工具】工具栏中的【删除段】按钮 ，将图形修剪为如图 3-74 所示。

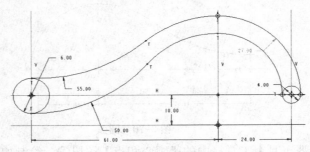

图 3-74　修剪后的图形

11 将弯钩草图保存在工作目录中。

3.5.2　调整垫片的绘制

以绘制如图 3-75 所示调整垫片的二维图为例来讲述草图的绘制步骤及操作方法。

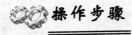操作步骤

01 设置工作目录，并进入草绘模式。

02 单击【草绘器工具】工具栏中的【中心线】按钮 ，绘制如图 3-76 所示的中心线并

修改角度尺寸。

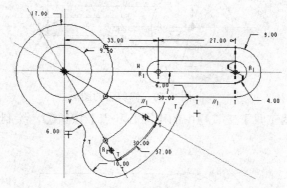

图 3-75   调整垫片

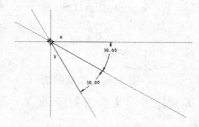

图 3-76   中心线

03 单击【草绘器工具】工具栏中的【圆心和点】按钮○，绘制如图 3-77 所示的圆并修改半径尺寸。

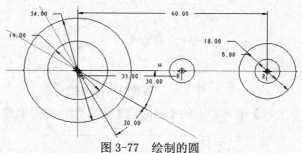

图 3-77   绘制的圆

04 单击【草绘器工具】工具栏中的【线】按钮＼，绘制如图 3-78 所示的直线段。

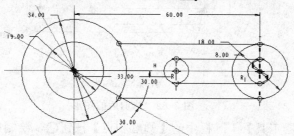

图 3-78   绘制的直线段

05 单击【草绘器工具】工具栏中的【删除段】按钮🗲，将图形修剪为如图 3-79 所示。

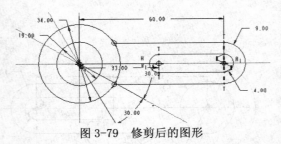

图 3-79　修剪后的图形

06 单击【草绘器工具】工具栏中的【圆心和点】按钮◯，绘制如图 3-80 所示的圆并修改半径尺寸。

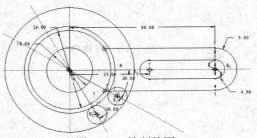

图 3-80　绘制的圆

07 单击【草绘器工具】工具栏中的【相切】按钮，将刚才绘制的圆与已知圆进行相切约束，效果如图 3-81 所示。

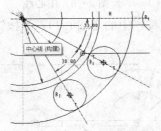

图 3-81　创建的相切约束

08 单击【草绘器工具】工具栏中的【删除段】按钮，将图形修剪为如图 3-82 所示。

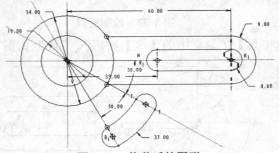

图 3-82　修剪后的图形

09 单击【草绘器工具】工具栏中的【圆心和点】按钮◯，绘制如图 3-83 所示的圆并修改半径尺寸。

10 单击【草绘器工具】工具栏中的【圆形】按钮，绘制如图 3-84 所示的圆弧。

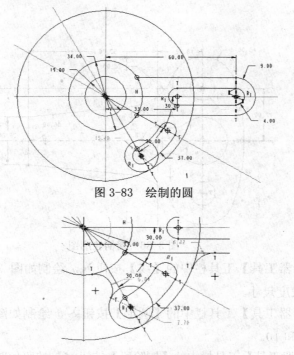

图 3-83　绘制的圆

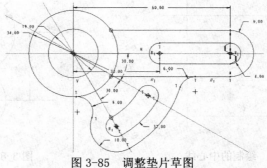

图 3-84　绘制的圆弧

11 单击【草绘器工具】工具栏中的【删除段】按钮 ，将多余的线段修剪掉，最终效果如图 3-85 所示。

图 3-85　调整垫片草图

3.5.3　摇柄轮廓的绘制

以绘制如图 3-86 所示摇柄轮廓图为例来讲述草图的绘制步骤及操作方法。

操作步骤

01 设置工作目录，并进入草绘模式。

02 单击【草绘器工具】工具栏中的【中心线】按钮 ，绘制如图 3-87 所示的中心线并修改距离为 22 和 18。

03 单击【草绘器工具】工具栏中的【圆心和点】按钮 ，绘制如图 3-88 所示的圆并修改半径尺寸。

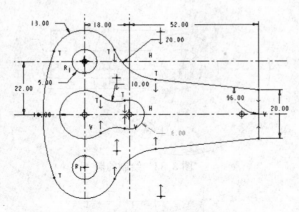

图 3-86 摇柄轮廓图

04 单击【草绘器工具】工具栏中的【线】按钮 ，绘制如图 3-89 所示的直线段并修改其定位尺寸和长度尺寸。

05 单击【草绘器工具】工具栏中的【圆形】按钮 ，绘制如图 3-90 所示的两圆弧并修改其半径为 20 和 10。

06 单击【草绘器工具】工具栏中的【删除段】按钮 ，按照如图 3-91 所示修剪图形。

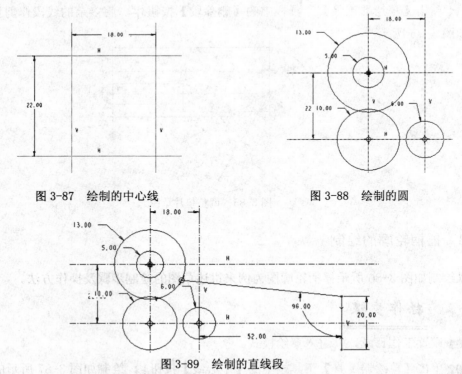

图 3-87 绘制的中心线   图 3-88 绘制的圆

图 3-89 绘制的直线段

07 选择前面绘制的圆弧和直线段，单击【草绘器工具】工具栏中的【镜像】按钮 ，从绘图区中选择水平轴线为镜像轴线，完成镜像操作，效果如图 3-92 所示。

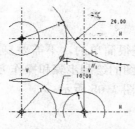

图 3-90　绘制的圆弧

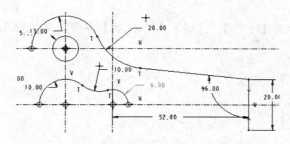

图 3-91　修剪后的图形

08 单击【草绘器工具】工具栏中的【圆心和点】按钮◯，绘制与左上左下两圆弧相切并修改其半径为 80，效果如图 3-93 所示。

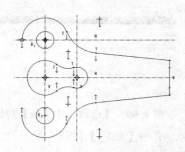

图 3-92　创建的镜像

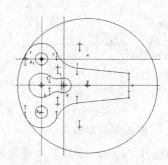

图 3-93　绘制的圆

09 单击【草绘器工具】工具栏中的【删除段】按钮⊁，将多余的线段修剪掉，效果如图 3-94 所示。

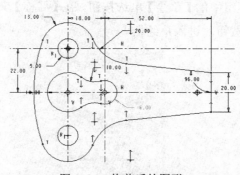

图 3-94　修剪后的图形

3.5.4　吊钩草图的绘制

在模型设计中，绘制的草图是很简单的，不需要复杂的草图轮廓。本实例通过绘制复杂的草图轮廓，让读者从中掌握草图的绘制步骤和操作方法。

本例的绘制完成的吊钩草图如图 3-95 所示。

![操作步骤]

01 新建文件。

02 选择菜单栏中的【文件】|【设置工作目录】命令，系统弹出如图 3-96 所示的【选取工作目录】对话框。

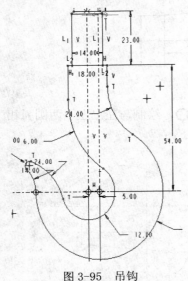

图 3-95　吊钩

图 3-96　【选取工作目录】对话框

03 选择"chapter01"文件夹为当前的工作目录，单击【确定】按钮，完成工作目录的设置。

04 单击【文件】工具栏中的【新建】按钮 ，系统弹出如图 3-97 所示的【新建】对话框。

05 选择【类型】选项组中的【草绘】单选按钮，在【名称】文本框只能够输入"3-7"，单击对话框中的【确定】按钮，进入草绘器。

图 3-97　【新建】对话框

06 绘制中心线和直线段。

07 单击【草绘器工具】工具栏中的【中心线】按钮 ┆，绘制如图 3-98 所示的垂直中心线并修改距离为 5。

单击【草绘器工具】工具栏中的【线】按钮 ＼，绘制如图 3-99 所示的直线段。

08 单击【草绘器工具】工具栏中的【对称】按钮 ➔¦◆，将垂直中心线两侧的对应点进行对称约束。

09 单击【草绘器工具】工具栏中的【法向】按钮 ↦|，对图形中的尺寸进行标注并修改，效果如图 3-100 所示。

图 3-98　绘制的中心线

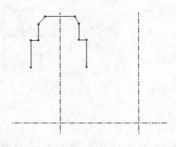

图 3-99　绘制的直线段

10 绘制圆和圆弧。

11 单击【草绘器工具】工具栏中的【圆心和点】按钮 ○，以中心线的交点为圆心绘制半径为 12 和 29 的两个圆，效果如图 3-101 所示。

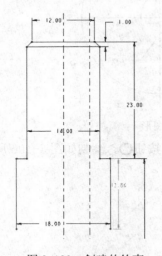

图 3-100　创建的约束

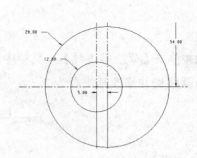

图 3-101　绘制的圆

12 单击【草绘器工具】工具栏中的【圆形】按钮 ⌐，绘制直线段与圆的过度圆弧并修改半径，效果如图 3-102 所示。

13 单击【草绘器工具】工具栏中的【删除段】按钮 ⅀，将多余的线段删除掉，效果如图 3-103 所示。

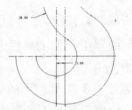

图 3-102　绘制的圆弧　　　　　　　　　　图 3-103　删除后的图形

14 单击【草绘器工具】工具栏中的【圆心和点】按钮〇，绘制如图 3-104 所示的两个圆，两个圆与已有圆相切，并修改半径为 14 和 24。

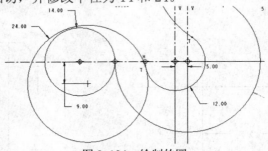

图 3-104　绘制的圆

15 单击【草绘器工具】工具栏中的【删除段】按钮，将多余的线段删除掉，效果如图 3-105 所示。

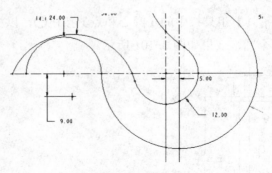

图 3-105　删除后的图形

16 单击【草绘器工具】工具栏中的【圆心和点】按钮〇，绘制如图 3-106 所示的圆，使其与圆相切并修改其半径为 2。

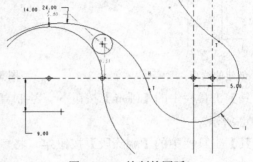

图 3-106　绘制的圆弧

17 单击【草绘器工具】工具栏中的【相切】按钮 ⌒，创建圆与另一个圆的相切约束。

18 单击【草绘器工具】工具栏中的【删除段】按钮 ⤲，将多余的线段删除掉，效果如图 3-107 所示。

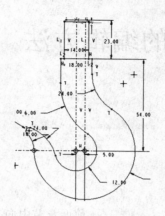

图 3-107　吊钩草图

Chapter

第 4 章　草图的编辑方法

前面章节中向大家介绍了 Creo 的草图基本绘制命令。本章中接着讲解草图的编辑功能和一些常见的约束操作。这些功能是完成复杂草图的关键。

学习目标：

- 编辑草图
- 动态操控图元
- 标注尺寸
- 标注的修改
- 图元的约束
- 草绘分析与检查

4.1 编辑草图

编辑图形是草图绘制过程中很重要的步骤余。编辑图形包括对图形中全部或者部分进行镜像、移动、调整大小、分割、删除等操作。

4.1.1 删除段

在草图中删除草图中多余的图线是整理草图的重要操作。删除完整图线或图形的方法主要有以下几种：

◆ 选择图元后，按 Delete 键删除。

◆ 选择图元后，按住鼠标右键，从弹出的快捷菜单中选择【删除】命令。

◆ 选择图元后，在【草绘】选项卡【操作】面板中单击【剪切】按钮 ✂。

对于修剪并删除多余直线，主要是利用草图工具【删除段】。利用此工具修剪图元有两种方法：划线修剪和选择修剪。

1. 划线修剪

划线修剪针对修剪较多且比较集中的图元。单击【删除段】按钮 ✂，按住左键不放，移动光标将拖出一条轨迹，与轨迹有相交的直线将被修剪，如图 4-1 所示。

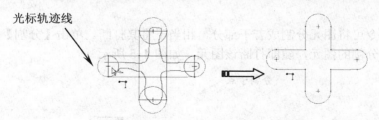

图 4-1 修剪多余直线

2. 选择修剪

【选择修剪】是针对某个多余图元的修剪方法。单击【删除段】按钮 ✂ 后，在草图中直接选取要修剪的直线，该直线将被修剪，如图 4-2 所示。

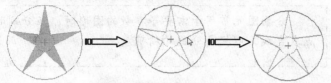

图 4-2 选择修剪图元的方法

4.1.2 拐角

【拐角】命令是将两个交叉图元多余部分修剪或连接两个未相交的图元。单击【拐角】

按钮 ⊥，依次选取要修剪多余部分的相交图元，程序将自动将多余的部分修剪掉，单击的位置决定要保留的部分，如图 4-3 所示。

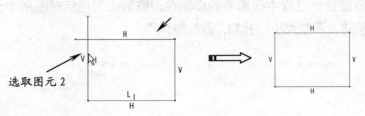

图 4-3　修剪多余部分

　　如果两个图元未相交，依次单击要相交的图元，程序自动将这两个图元按照一定的约束连接起来，如图 4-4 所示。

图 4-4　拐角相交

4.1.3　分割

　　【分割】命令可将图元分割成若干部分，相当于将其打断。单击【分割】按钮 ，然后草图中选择要分割的图元，随即打断该图元，如图 4-5 所示。

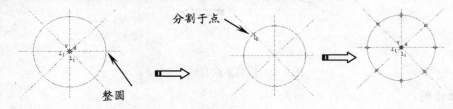

图 4-5　分割图元

　　分割图元常用于需要等参数的图形时，在分割时，常使用参照点或直线，以提高分割的精确度。

4.1.4　镜像

　　镜像是为得到关于中心线对称的图元，必须先绘制中心线。在选择了所要镜像的图元，或者创建了中心线以后，这一命令才处于激活状态。然后单击【镜像】按钮 ，再按信息提示选择一条中心线，随后中心线的另一侧就会生成镜像的图元，如图 4-6 所示。

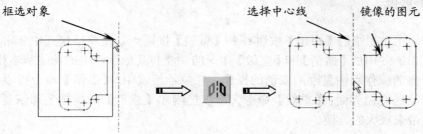

图 4-6　镜像图元

4.1.5　旋转调整大小

【旋转调整大小】工具，是对图元进行移动、旋转、缩放等操作的工具。在草图中选择要编辑的图元——矩形，然后在【编辑】面板中单击【旋转调整大小】按钮 ⊙，会弹出【旋转调整大小】操控板，如图 4-7 所示。

如果精确调整图元，可以在操控板的参数设置文本框中设置移动、旋转和缩放的参数。

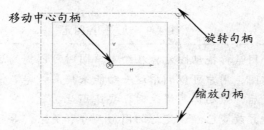

图 4-7　【旋转调整大小】操控板

此时选取的图元加亮显示，在图元上显示出控制旋转中心位置句柄、缩放句柄和旋转句柄，拖动句柄可以进行选定图元的缩放、移动和旋转操作。

单击操控板中的【接受】按钮 ✔，完成图元调整操作，效果如图 4-8 所示。

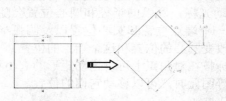

图 4-8　缩放旋转图元前后

4.1.6　取消和重做

位于快速访问工具栏中的【撤销】按钮 ↺ 和【重做】按钮 ↻，是草绘模式中非常重要的两个功能按钮。Creo 中的【撤销】和【重做】命令的功能与其他软件中的功能基本相同，即取消上一个步骤的操作和恢复刚刚取消的操作。在草绘模式中，【撤销】命令可以执行直至恢复到最初始的空白界面；【重做】命令又可以把刚才【撤销】的步骤全部恢复，为绘制剖面的过程带来极大的方便。

4.2　动态操控图元

> 在草绘模式中，除了编辑图元的尺寸数值来改变图元外，还可以动态地编辑图元，方便用户对草绘图作修改。

在草图中，用左键按在图元上拖动光标，可以看到图元随着光标的移动而变化。根据光标所选中的图元的不同以及光标所按位置的不同，拖动光标所起的作用也不同，如图 4-9 所示。

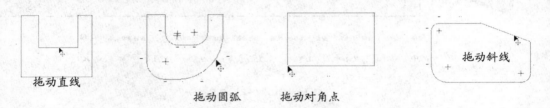

拖动直线　　　　　　拖动圆弧　　拖动对角点　　　　　拖动斜线

图 4-9　动态操控图元

> **重点**　用鼠标拖动图元，在绘制草图时可以提高速度，快速地实现草绘意图，用户可以利用这一功能来提高效率。但是在图形已经编辑完成后，做局部的修改时，要慎用此功能，它可能会在没有注意到的地方改变已经设定好的图形尺寸和关系，导致错误的发生。

◆　拖动倾斜直线时，移动光标，此直线可以绕远离指针的端点旋转；若按在直线的端点上，则可以同时使直线拉伸和旋转。若按在水平或者垂直的直线上时，将移动直线；若按在直线的端点上，则可以同时使直线拉伸和移动。

◆　拖动圆时，移动光标，圆的大小随之改变；若按在圆心上，则移动圆的位置。

◆　拖动圆弧时，移动光标，圆弧的半径和圆心位置会随之改变；若按在圆弧中心上，可以改变圆弧的一个端点位置和圆心位置以及圆弧半径的大小；若按在圆弧的一个端点上，则可以改变圆心的位置和这个端点的位置。

◆　拖动矩形时，光标按在对角点上可以拖动矩形的大小和位置。

◆　拖动点、坐标系等图元时，可以移动它们的位置。

4.3 标注尺寸

在绘制草图的过程中，程序会为每个创建的图元自动标注尺寸、增加约束。这些自动产生的尺寸被称为【弱尺寸】，以灰色显示。而用户按照自己的设计意图标注出来的尺寸被系统认为是【强尺寸】，以黄色显示。由于系统自动产生的尺寸不可能全部符合设计意图，所以手动标注尺寸是十分必要的。不仅如此，尺寸标注的合理性对于参数式设计的 Pro/E 来说也是十分重要的，理想的尺寸标注会为模型的编辑、修改和有可能发生的设计变更带来极大的方便。

4.3.1 直线线性标注

在 Creo 的草绘环境中，尺寸的基本标注分距离标注、角度标注、半径标注和直径标注，所使用的命令为【尺寸】面板中的【法向】命令。

1. 水平/竖直标注

标注直线的水平/竖直尺寸的方法是：首先单击直线的两个端点或直接单击直线本身，在合适的位置单击鼠标中键放置尺寸，如图 4-10 所示。

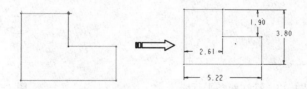

图 4-10 标注水平/垂直尺寸

2. 直线长度

标注直线长度的方法是：在绘图区中直接选取要标注的直线，移动光标到尺寸要放置的位置单击中键，长度将标注出来。

第二种标注长度的方法与标注直线的水平或垂直尺寸的方法类似，单击直线的两个端点后，在适当的位置单击鼠标中键放置尺寸。这里的【适当】位置是指在如图 4-11 所示的虚线矩形方框的范围内，超过这一范围则产生水平或者垂直尺寸。

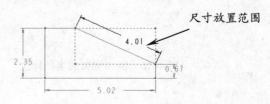

图 4-11 标注直线长度

3. 点到直线的距离

标注点到直线的距离的方法是：首先单击要标注的点，再单击参照的直线，然后单击中键放置尺寸，如图 4-12 所示。点和直线的选择没有顺序要求，这里的【点】可以是圆或者圆弧的圆心，也可以是图元的端点。

4. 两条平行线间的距离

标注两条平行线间的距离的方法是：依次单击两条平行线，然后单击中键放置尺寸，如图 4-13 所示。

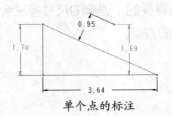

单个点的标注

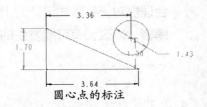

圆心点的标注

图 4-12　标注点到直线的距离

5. 直线间的角度

标注直线间的角度即标注两线之间的夹角，方法是：依次单击要标注的两条直线，在适当位置单击中键放置尺寸。中键单击位置不同，标注出来的角度也不同，如图 4-14 所示。

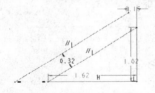

图 4-13　标注两条平行线

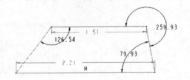

图 4-14　标注角度

4.3.2　圆和圆弧的标注

1. 半径

圆和圆弧的半径的标注方法是：选择圆或者圆弧，然后单击中键放置尺寸，如图 4-15 所示。

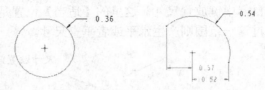

图 4-15　圆和圆弧的半径标注

2. 直径

圆和圆弧的直径的标注方法是：双击圆或者圆弧，或者在圆或圆弧上选取 2 个点，然后单击中键放置尺寸，如图 4-16 所示。

图 4-16　直径的标注

3. 圆弧角度

圆弧角度标注的方法是：先选取圆弧的一个端点，再选取圆弧的另一个端点，随后选取中间圆弧，最后单击中键放置尺寸，如图 4-17 所示。

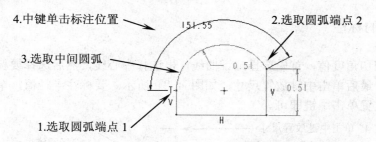

图 4-17　圆弧角度的标注

4. 两圆的竖直/水平标注

两圆的竖直/水平标注方法是：在适当位置分别单击两个圆，然后在放置尺寸的位置单击中键，尺寸就标注出来。竖直标注的结果如图 4-18 所示，水平标注的结果如图 4-19 所示。

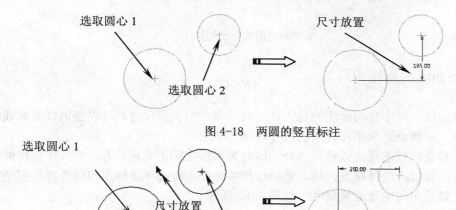

图 4-18　两圆的竖直标注

图 4-19　两圆的水平标注

4.3.3　旋转剖面直径的标注

标注旋转剖面直径的方法是：先选择图元的直线或点，再选择中心线，然后再选择图元的直线或点，最后在适当的位置单击中键放置尺寸，如图 4-20 所示。

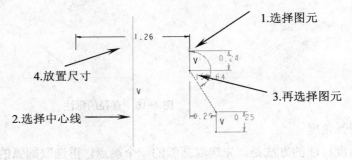

の

图 4-20　旋转剖面直径的标注

4.3.4　圆锥曲线的标注

　　要标注两端点相切角度值，首先选择圆锥曲线，再选择中心线，然后选择要标注相切角度那一端的端点，最后单击中键放置尺寸，如图 4-21 所示。要标注半径值，单击圆锥曲线，在放置尺寸位置单击中键即可。

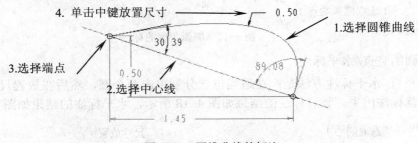

图 4-21　圆锥曲线的标注

4.3.5　样条曲线的标注

　　对于样条曲线，程序自动标注的是它首尾两个端点的位置尺寸，可以使用样条曲线的端点或插值点（中间点）来添加样条的尺寸。

　　可以标注样条曲线的端点或插值点处切线与参考线之间的角度，方法与标注圆锥曲线相切角度的方法相似，选择样条曲线，然后选择参考线，再选择要标注相切角度的那个端点或插值点，最后单击中键放置尺寸，如图 4-22 所示。

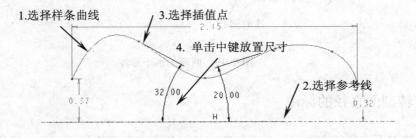

图 4-22　样条曲线相切角

90

也可以标注样条曲线的端点或插值点的线性尺寸，如图 4-23 所示。

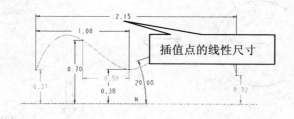

图 4-23　样条曲线线性尺寸

4.3.6　椭圆的标注

对于椭圆中心点以及椭圆弧的中心点和端点可与其他的点一样进行标注，也可以标注椭圆的长轴和短轴。

选择标注命令后，单击椭圆或椭圆弧，再单击鼠标中键放置该尺寸，这时弹出【椭圆半径】对话框，选择【长轴】选项或者【短轴】选项后单击【接受】按钮，产生所标注的椭圆半径尺寸，如图 4-24 所示。

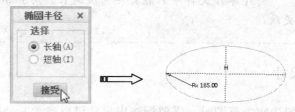

图 4-24　椭圆半径的标注

重点

> 椭圆的半径 RX 和 RY 含义是：R 表示半径，X 表示 X 方向，一般指长轴。同理，RY 表示在 Y 方向的短轴长度。

4.3.7　标注周长尺寸

使用【周长】按钮可以对草绘中的图元进行周长计算标注。标注方法是：单击【周长】按钮，弹出【选取】对话框。用鼠标左键选取与标注周长尺寸的图元，按住 Ctrl 键不放可以多选，单击鼠标中键结束图元选取；接着再选取由周长尺寸驱动的尺寸；在需要放置尺寸的位置单击鼠标中键，同时驱动尺寸后添加【变量】文字；更改周长尺寸为所要数值，按下 Enter 键，完成周长尺寸的标注，效果如图 4-25 所示。

重点

> 要标注周长尺寸，必须标注出图形的其他尺寸，如长度、半径角度等。此尺寸经周长尺寸驱动，当周长改变时，此尺寸也随之变化。但此尺寸不能直接更改。

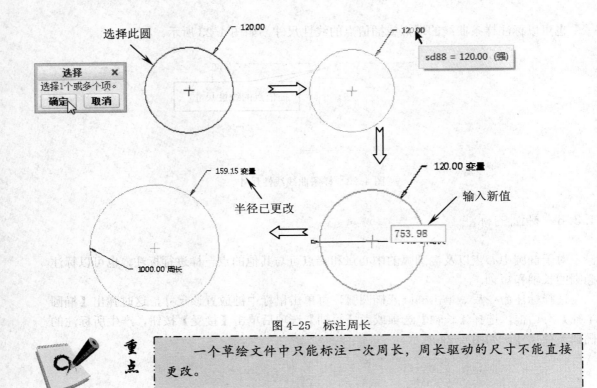

图 4-25　标注周长

4.3.8　标注参考尺寸

当用户利用模型的边作为草图时，需要标注出尺寸借以参考其他图形的绘制。

单击【参考】按钮 $\overleftrightarrow{\text{REF}}$，选取标注参考尺寸的图元，然后在需要放置尺寸的位置单击鼠标中键，完成参照尺寸的标注，如图 4-26 所示。

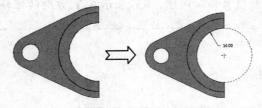

图 4-26　标注的参照

4.4　标注的修改

完成图形的绘制后，系统自动添加尺寸约束和几何约束。往往自动创建的约束杂乱无章，需要移动尺寸线、修改尺寸数值、加强弱尺寸、替换尺寸、删除尺寸等尺寸修改操作。

4.4.1　修改尺寸值

1.　双击直接修改

当光标处在【选择】状态 ⌖，可以直接双击要修改的尺寸值，则所选尺寸值被放在文本框内，输入需要的数值后单击中键（或者按 Enter 键）确认，剖面按新的尺寸值重新生成，如图 4-27 所示。

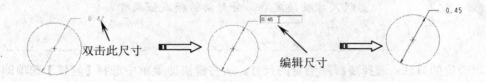

图 4-27　通过双击修改尺寸

2.　使用命令修改

在【编辑】面板中单击【修改】按钮 ⫨，按住 Ctrl 键依次选取要修改的尺寸，随后将弹出【修改尺寸】对话框，选取的尺寸将全部列表显示在该对话框中，在相应的文本框中输入新的尺寸值后单击再生按钮 ✓，完成操作，如图 4-28 所示。

图 4-28　多个尺寸的修改

4.4.2　移动尺寸

改变尺寸标注放置的位置，只需在光标处于【选取项目】状态时 ⌖，单击标注的数值，这时不放开按键，移动鼠标就可以拖动尺寸，移动到理想位置后释放按键即可。

4.4.3 弱尺寸加强

由程序自动产生的尺寸是弱尺寸，它的"弱"在于同其他指定（如指定的约束、标注的新尺寸）相冲突时会自动被系统删除，而设计者需要对有些弱尺寸进行修改来表达设计意图，这样，弱尺寸消失后又需重新标注。若将弱尺寸转变为强尺寸则可以避免这样的麻烦，因为强尺寸是不能被系统自动删除的。

加强尺寸有 3 种方式：

◆ 经修改过的弱尺寸会自动变为强尺寸。
◆ 重新为图形标注尺寸，弱尺寸会自动变为强尺寸。
◆ 使用转换加强命令，方法是选取需要加强的尺寸后，从右键快捷菜单中选择【强】选项，这一命令的快捷键是 Ctrl+T。可以一次选取多个尺寸进行转换，被加强的尺寸由灰色变为黄色。

4.4.4 锁定尺寸

> 当弱尺寸被锁定后，会自动转换成强尺寸。

解除锁定的方法：选择要解除锁定的尺寸，从右键快捷菜单中选择【解锁】选项即可，另外，使用 Delete 键可以将锁定的尺寸直接变为弱尺寸。

用户修改过的尺寸在经过其他的操作后，数值也有可能产生变化，比如在使用动态操控编辑图形时，可以使用锁定尺寸功能将尺寸锁定，防止它变化。方法如下：

选取要锁定的尺寸，可以按住 Ctrl 键选取多个尺寸。从右键的快捷菜单中选择【锁定】选项。被锁定的尺寸以加深颜色显示，如图 4-29 所示。

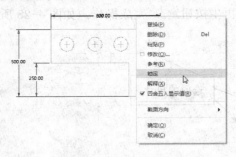

图 4-29　锁定尺寸

4.4.5 尺寸冲突

在已经标注的图形中添加多余的尺寸标注或约束时，会与现有的强尺寸发生冲突时，程序会弹出【解决草绘】对话框，显示发生冲突的项目，并且冲突的项目在图中以红色表示，同时信息区中也会有程序的提示，如图 4-30 所示。在列出的冲突尺寸中删除其中任意一个尺寸，尺寸就可以成功标注出来，单击【撤消】按钮则会退出这个操作，不进行这一尺寸的标注，单击【解释】按钮，会在绘图区下方的信息区里对所选项目作一个简单的说明。

图 4-30　尺寸冲突的解决

4.5　图元的约束

在草绘环境下，程序有自动捕捉一些【约束】的功能，用户还可以人为地控制约束条件来实现草绘意图。这些约束大大地简化了绘图过程，也使绘制的剖面准确而简洁。

建立约束是编辑图形必不可少的一步。在【约束】面板中列出了所有的约束命令，如图 4-31 所示。下面分别介绍每种约束的建立方法。

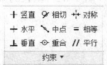

图 4-31　【约束】面板中的约束类型

4.5.1　竖直约束

单击【竖直】按钮 ，再选择要设为竖直的线，被选取的线成为竖直状态，线旁标有【V】标记，如图 4-32 所示。另外，也可以选择两个点，让它们处于竖直状态。

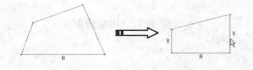

图 4-32　竖直约束

4.5.2　水平约束

单击【水平】按钮 后，再选择要设为水平的线，被选取的线成为水平状态，线旁标有【H】

标记，如图 4-33 所示。另外，也可以选择两个点，使它们处于水平状态。

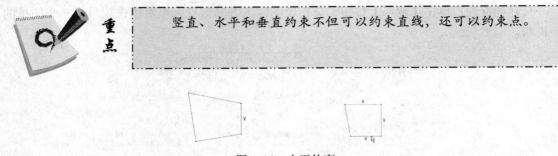

竖直、水平和垂直约束不但可以约束直线，还可以约束点。

图 4-33　水平约束

4.5.3　垂直约束

单击【垂直】按钮 ⊥ 后，再选择要建立垂直约束的两条线，被选取的两线则相互垂直。
交叉垂直的两线旁标有【⊥₁】标记，以拐角形式垂直则标有【⊥】标记，如图 4-34 所示。

图 4-34　垂直约束

4.5.4　相切约束

单击【相切】按钮 ♀ 后，选择要建立相切约束的两图元，被选取的两图元建立相切关
系，并在切点旁标有【T】标记，如图 4-35 所示。

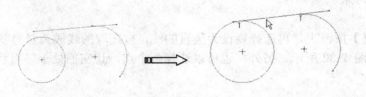

图 4-35　相切约束

4.5.5　中点约束

单击【中点】按钮 ＼ 后，选择直线和要对齐在此线中点上的图元点，也可以先选择图
元点再选取线。这样，所选择的点就对齐在线的中点上了，并在中点旁标有【*】标记，
如图 4-36 所示。这里的图元点可以是端点、中心点，也可以是绘制的几何点。

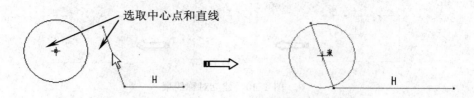

图 4-36　对齐到中点

4.5.6　重合约束

（1）对齐在图元的边上：单击【重合】按钮⬦，选择要对齐的点和图元，即建立起对齐关系，并在对齐点上出现【⊙】标记，如图 4-37 所示。

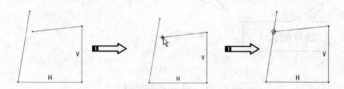

图 4-37　对齐在图元上

（2）对齐在中心点或者端点上：单击【重合】按钮⬦，选择两个要对齐的点，即建立起对齐关系，如图 4-38 所示。

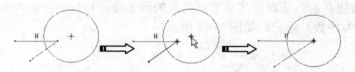

图 4-38　对齐在图元端点上

（3）共线：单击【重合】按钮⬦，选择要共线的两条线，则所选取的一条线会与另一条线共线，或者与另一条线的延长线共线，如图 4-39 所示。

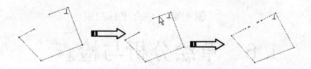

图 4-39　建立共线约束

4.5.7　对称约束

单击【对称】按钮⊹后，程序会提示选取中心线和两顶点来使它们对称，选择顺序没有要求，选择完毕后被选两点即建立关于中心线的对称关系，对称两点上有 "＞＜" 标记符号，如图 4-40 所示。

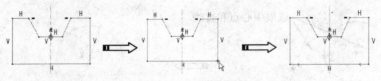

图 4-40　建立对称约束

4.5.8　相等约束

单击【相等】按钮 = 后，可以选取两条直线令其长度相等；或选取两个圆弧/圆/椭圆令其半径相等；也可以选取一个样条与一条线或圆弧，令它们曲率相等，如图 4-41 所示。

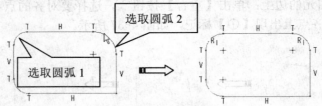

图 4-41　建立相等约束

4.5.9　平行约束

单击【平行】按钮 // 后，选取要建立平行约束的两条线，相互平行的两条线旁都有一个相同的【//₁】（1 为序数）标记，如图 4-42 所示。

图 4-42　建立平行约束

4.6　草绘分析与检查

在 Creo 中，用户可以通过系统提供的草图分析工具，帮助草图绘制、特征建模、曲面建模工作的顺利完成。

4.6.1　图元信息分析

图元信息分析是查看草图中的图元信息，包括标识、类型等各种参数。执行图元信息分析的操作步骤如下：

[1]　在【检查】面板中单击【图元】命令。

[2] 在绘图区中选择图元，系统弹出如图 4-43 所示的【信息窗口】窗口，显示图元的各种信息。

[3] 单击【信息窗口】窗口中的【关闭】按钮，选择其他图元进行分析。

[4] 单击鼠标中键，结束图元信息分析。

图 4-43　【信息窗口】窗口

4.6.2　交点分析

交点分析是对选取的两个图元确定其交点。如果所选的图元实际不相交，则【草绘器】用外推法找到图元交点。如果外推图元不相交（例如，平行线），则显示一条消息。两个图元在交点处的倾斜角度显示在消息窗口中。

执行交点分析的操作步骤如下：

（1）在【检查】面板中单击【交点】命令。

（2）在绘图区中选择两图元，图中显示交点并弹出【信息窗口】窗口，显示图元的倾斜角和曲率信息，效果如图 4-44 所示。

图 4-44　交点分析结果

（3）单击【信息窗口】窗口中的【关闭】按钮，选择其他图元进行分析。

（4）单击鼠标中键，结束草图交点分析。

4.6.3　相切分析

相切分析是对选取的两个图元以确定它们的斜率在何处相等。Creo 将显示相切点处的倾斜角度以及两个切点之间的距离。

重点　　选取的图元不必互相接触。

99

执行相切分析的操作步骤如下：

（1）【检查】面板中单击【相切点】命令。

（2）在绘图区中选择两图元，图中显示相切点并弹出【信息窗口】窗口，显示图元的相切点距离、相切角度、曲率等，效果如图 4-45 所示。

（3）单击【信息窗口】窗口中的【关闭】按钮，选择其他图元进行分析。

（4）单击鼠标中键，结束草图交点分析。

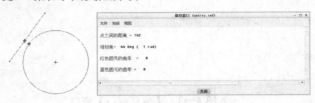

图 4-45　相切分析结果

4.6.4　着色封闭环

着色封闭环是检测由活动草绘器几何的图元形成的封闭环。封闭环显示为以默认颜色着色，可通过执行【文件】|【选项】命令，在打开的对话框中设置草绘器中封闭环的颜色。在【着色的封闭环】诊断模式中，所有的现有封闭环均显示为着色。如果用封闭环创建新图元，则封闭环自动着色显示。

　　有效封闭环以可形成截面的图元链标识，可用于创建实体拉伸；如果草绘包含几个彼此包含的封闭环，则最外面的环被着色，而内部的环的着色被替换；对于具有多个草绘器组的草绘，识别封闭环的标准可独立适用于各个组。所有草绘器组的封闭环的着色颜色都相同。

单击【检查】面板中的【着色封闭环】按钮，进入【着色封闭环】诊断模式。再次单击【着色封闭环】按钮，取消着色封闭环的显示，图 4-46 所示为着色封闭环和取消着色的效果。

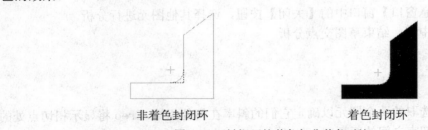

非着色封闭环　　　　　　　　　　　　　着色封闭环

图 4-46　封闭环的着色与非着色对比

4.6.5　突出显示开放端

突出显示开放端点是检测并加亮与活动草绘或活动草绘组内任何与其他图元不共点的端点。开放端由属于单个图元的顶点顶部的红色圆进行加亮，该单个图元的沿着顶点的一小部分也显示红色。在【加亮开放端点】诊断模式中，所有现有的开放端均加亮显示，如果用开放端创建新图元，则开放端自动着色显示。

单击【检查】面板中的【突出显示开放端】按钮，进入【加亮开放端点】诊断模式，加亮草图中的开放端点。再次单击按钮，则取消草图开放端点的加亮。

如图 4-47 所示为开放端点的加亮与不加亮对比情况。

加亮开放端点　　　　　　　　　　不加亮开放端点

图 4-47　开放端点的加亮

4.6.6　分析重叠几何

重叠几何分析是检测并加亮活动草绘或活动草绘组内与任何其他几何重叠的几何，这有助于用户改正草图。重叠的几何以【加亮-边】设置的颜色进行显示。

单击【检查】面板中的【重叠几何】按钮，进入【重叠几何加亮】诊断模式，加亮草图中的重叠几何部分。再次单击【重叠几何】按钮，则取消【重叠几何加亮】诊断模式。

如图 4-48 所示草图中重叠几何的检查情况。

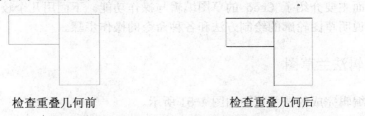

检查重叠几何前　　　　　　　　　　检查重叠几何后

图 4-48　重叠几何的检查

4.6.7　特征要求分析

当完成截面草图的绘制时，需要执行生成 3D 模型，需要对截面轮廓进行分析。使用【特征要求分析】命令可以完成当前截面是否满足当前特征的要求。

 重点　　　零件设计模式下，对生成 3D 模型的命令所需的草图进行分析。

单击【检测】面板中的【特征要求】按钮，系统弹出如图 4-49 所示的【特征要求】对话框。

如果截面不满足要求，则显示如图 4-50 所示的图，需要对截面进行修改，再次执行特征要求分析。

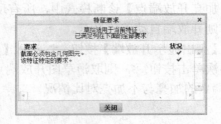

图 4-49 满足要求而弹出的【特征要求】对话框

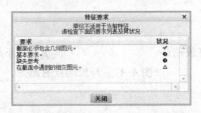

图 4-50 没有满足要求而弹出的【特征要求】对话框

【特征要求】对话框中的状态符号含义如下：

◆ ✔：满足要求。
◆ △：满足要求，但不稳定。表示对草绘的简单更改可能无法满足要求。
◆ ❶：不满足要求。

4.7　动手操练

本章前面主要介绍了 Creo 的草图编辑与操作功能。下面用几个较为典型的草图绘制与编辑实例来说明草图轮廓的绘制方法和各种命令的操作步骤。

4.7.1　编辑法兰草图

绘制、编辑完成的法兰草图如图 4-51 所示。

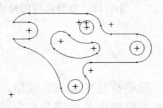

图 4-51　法兰草图

操作步骤

1. 制外轮廓

01 启动 Creo，设置工作目录。

02 选择默认的草绘基准平面进入草绘模式中。

03 单击【草绘】选项卡【草绘】面板中的【圆心和点】按钮 ◯，以中心线的交点为圆心，绘制如图 4-52 所示的圆。

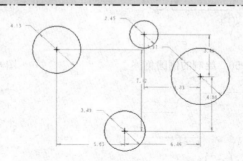

图 4-52　绘制圆

04 单击【草绘】选项卡【编辑】面板中的【修改】按钮 🗲，选择图中圆的半径尺寸，在系统弹出的【修改尺寸】对话框中，对各尺寸进行修改，最终效果如图 4-53 所示。

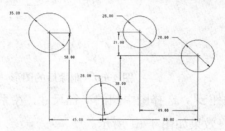

图 4-53　修改尺寸后的圆

05 单击【直线相切】按钮 🖊，绘制如图 4-54 所示的直线段。

06 单击【线】按钮 🖊，绘制如图 4-55 所示的直线段。

07 单击【圆形】按钮 🖊，绘制如图 4-56 所示的圆角。

08 单击【删除段】按钮 🗲，按住左键选择需要删除的线段，单击中键完成线段的删除，效果如图 4-57 所示。

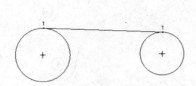

图 4-54　相切直线段

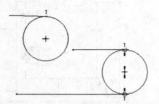

图 4-55　绘制的直线段

09 单击【3 点/相切端】按钮 🖊，绘制如图 4-58 所示的圆弧。

10 单击【约束】面板中的【相切】按钮 ⌒，选择刚才绘制的圆弧和两个相切圆，完成相切的创建，效果如图 4-59 所示。

11 单击【草绘】选项卡【草绘】面板中的【删除段】按钮 🗲，按住左键选择需要删除的线段，单击中键完成线段的删除，效果如图 4-60 所示。

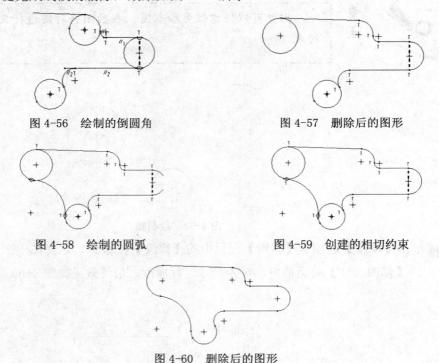

图 4-56　绘制的倒圆角　　　　　　　　图 4-57　删除后的图形

图 4-58　绘制的圆弧　　　　　　　　图 4-59　创建的相切约束

图 4-60　删除后的图形

12 单击【修改】按钮，选择图中圆的半径尺寸，在系统弹出的【修改尺寸】对话框中，对各尺寸进行修改，最终效果如图 4-61 所示。

2. 绘制内部几何特征

01 单击【草绘】选项卡【草绘】面板中的【圆心和点】按钮○，以中心线的交点为圆心，绘制如图 4-62 所示的圆。

02 单击【修改】按钮，选择图中圆的半径尺寸，在系统弹出的【修改尺寸】对话框中，对各尺寸进行修改，最终效果如图 4-63 所示。

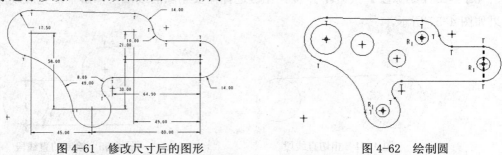

图 4-61　修改尺寸后的图形　　　　　　图 4-62　绘制圆

03 单击【3 点/相切端】按钮，绘制如图 4-64 所示的圆弧。

04 单击【约束】面板中的【相切】按钮○，选择刚才绘制的圆弧和两个相切圆圆，完成相切的创建，效果如图 4-65 所示。

05 单击【删除段】按钮，在绘图区，按住左键选择需要删除的线段，单击中键完成线

104

段的删除，效果如图 4-66 所示。

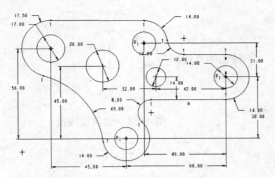

图 4-63　修改尺寸后的图形

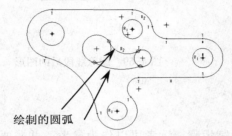

绘制的圆弧

图 4-64　绘制圆弧

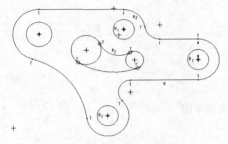

图 4-65　创建的相切约束

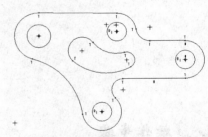

图 4-66　删除后的图形

06 单击【修改】按钮 ，选择图中圆的半径尺寸，在系统弹出的【修改尺寸】对话框中，对尺寸进行修改，最终效果如图 4-67 所示。

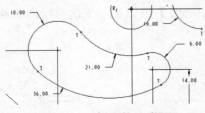

图 4-67　标注的尺寸

07 单击【直线】按钮 ，绘制如图 4-68 所示的直线段。

08 单击【删除段】按钮 ，按住左键选择需要删除的线段，单击中键完成线段的删除，效果如图 4-69 所示。

09 法兰草图绘制、编辑的操作全部完成。最后将结果保存在工作目录中。

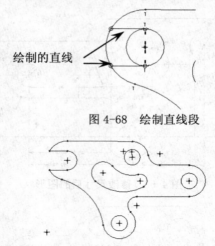

绘制的直线

图 4-68 绘制直线段

图 4-69 删除线段后的图形

4.7.2 编辑支架草图

本练习中所采用的绘制步骤，读者可以作为参考，并非要严格按照这样的绘制顺序。支架草图如图 4-70 所示。

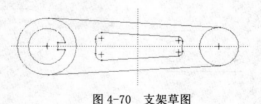

图 4-70 支架草图

操作步骤

01 启动 Creo，设置工作目录。

02 选择默认的草绘基准平面进入草绘模式中。

03 单击【创建两点中心线】按钮，依次草绘两条相互垂直的中心线，如图 4-71 所示。

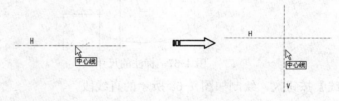

H   H

中心线   中心线

V

图 4-71 绘制两条中心线

04 单击【圆心和点】按钮，在水平方向中心线作为圆心的参考线，绘制两个大小不相等的圆，如图 4-72 所示。

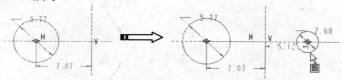

图 4-72　绘制两个圆

05 双击程序自动标注的尺寸值，依次修改全部尺寸，进行初始定位，如图 4-73 所示。

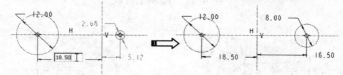

图 4-73　修改尺寸值

06 单击【直线相切】 ，依次选取两个圆的上半部分，绘制第一条相切线，然后依次选取两个圆的下半部分绘制第二条相切线，如图 4-74 所示。

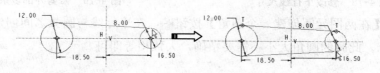

图 4-74　绘制相切线

07 以刚才绘制的圆的圆心作为内轮廓圆的圆心再绘制两个圆，如图 4-75 所示。

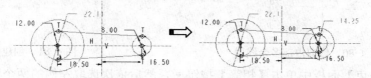

图 4-75　绘制内轮廓圆

08 内轮廓圆绘制完成后，双击尺寸值，修改圆的大小，如图 4-76 所示。

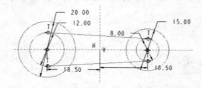

图 4-76　修改圆的大小

09 使用直线命令绘制两条与线切线平行的直线，如图 4-77 所示。平行线的两个端点必须超出内轮廓圆或与其相交。

10 双击平行线尺寸，将其修改为 2.5，修改完成后按 Enter 键确认，如图 4-78 所示。

11 单击【删除段】按钮 ，按住左键移动光标，在图形外部拖出一条轨迹线，如图 4-79 所示，轨迹线接触到的线段将加亮显示，释放左键后这些线段将被修剪。

12 使用同样的方法，将内部多余的线段修剪掉，如图 4-80 所示。

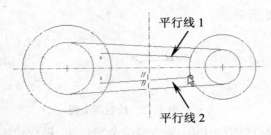

图 4-77　绘制平行线

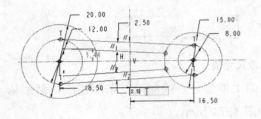

图 4-78　修改平行线尺寸

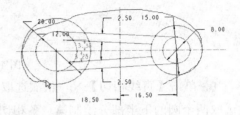

图 4-79　修剪外部多余线段

13 单击【在两图元间创建一个圆角】按钮，在平行线与圆弧之间创建 4 个圆角，如图 4-81 所示。此时的圆角大小不需要精确，大致相等即可。

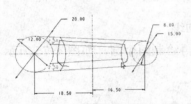

图 4-80　修剪内部多余线段

图 4-81　创建圆角

14 在【约束】面板中单击【相等】按钮 = ，然后依次选取左侧的两个圆角，将其进行半径相等的约束，如图 4-82 所示。

15 使用同样的方法，在内部轮廓上依次选取右侧的两个圆角进行等半径约束，如图 4-83 所示。

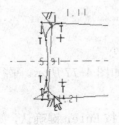

图 4-82　约束第 1 对圆角

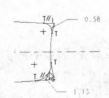

图 4-83　约束第 2 对圆角

16 单击【删除段】按钮，按住左键移动光标，拖出一条轨迹线，将圆角处多余的线段修剪，如图 4-84 所示。

17 双击圆角的尺寸值，修改尺寸，左端圆角半径为 1.2，右端半径为 0.8，如图 4-85 所示。

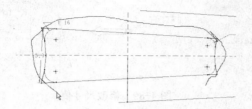

图 4-84　修剪多余线段

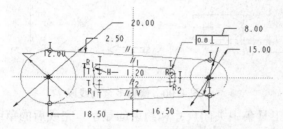

图 4-85　修改尺寸值

18 在图形左端绘制一个圆，圆心与已有的圆的圆心重合，绘制完成后双击其尺寸值，输入尺寸值为 7.5，输入完成后按 Enter 键重新生成，如图 4-86 所示。

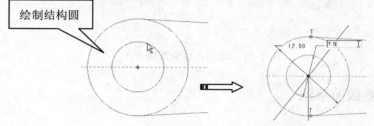

图 4-86　绘制结构圆

19 单击【矩形】按钮▢，在图形左侧绘制一个矩形，矩形的中心线与水平参照线重合，如图 4-87 所示。矩形绘制完成后，将矩形的左侧边与圆心进行尺寸标注，如图 4-88 所示。

20 双击矩形的定位尺寸和轮廓尺寸，修改其尺寸值，如图 4-89 所示。其中矩形的长度方向尺寸不是关键尺寸，是不需要修改的。

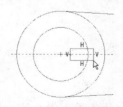

图 4-87　绘制矩形

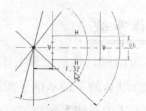

图 4-88　标注定位尺寸

21 单击【删除段】按钮，按住左键移动光标，拖出一条轨迹线，将矩形中多余的部

109

分修剪，如图 4-90 所示。

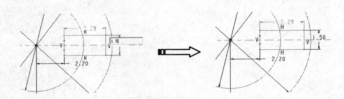

图 4-89　修改尺寸值

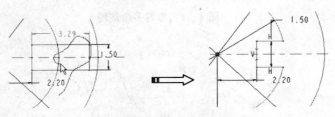

图 4-90　修剪多余的线段

22 在【草绘器】工具条中关闭尺寸和约束的显示，完成后的草图如图 4-91 所示。最后将结果保存在工作目录中。

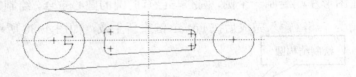

图 4-91　绘制完成的草图

4.7.3　绘制变速器截面草图

变速器截面草图如图 4-92 所示。

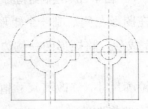

图 4-92　变速器截面草图

⚙ **操作步骤**

01 启动 Creo，然后设置工作目录。

02 选择默认的草绘基准平面进入草绘模式中。

03 单击【中心线】按钮 ⋮，依次绘制一条水平中心线和两条垂直中心线，如图 4-93 所示。此时绘制的垂直中心线之间的距离没有要求。

图 4-93 绘制中心线

04 单击【圆心和点】按钮 **O**，以中心线的交点作为圆心点，绘制两个圆，如图 4-94 所示。

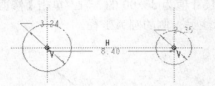

图 4-94 绘制两个轮廓圆

05 双击程序自动标注的尺寸，修改尺寸值，修改完成后程序将自动重新生成图形，结果如图 4-95 所示。

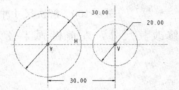

图 4-95 修改尺寸值

06 单击【直线相切】 **↘**，依次选取两个圆的上半部分，绘制一条相切线，如图 4-96 所示。

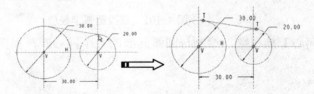

图 4-96 绘制相切线

07 在图形的两侧分别绘制两条长度相等竖直线，起点在圆上，绘制完成后再绘制一条水平直线将其连接起来，如图 4-97 所示。直线绘制完成后，双击尺寸值，修改为 25，修改完成后按 Enter 键再生图形，如图 4-98 所示。

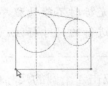

图 4-97 绘制直线

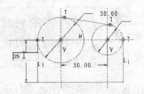

图 4-98 修改尺寸值

08 单击【删除段】按钮 **✗**，按住左键移动光标，在图形外部拖出一条轨迹线，将多余的轨迹线修剪掉，如图 4-99 所示。

图 4-99　修剪多余线段

09 单击【法向】按钮，选取一段圆弧后在合适的位置单击中键，此时将弹出【解决草绘】对话框，选取其中的尺寸值为 35.00 的一项，单击【修剪】按钮，修剪该尺寸，如图 4-100 所示。使用同样的方法标注另一侧的圆弧半径。

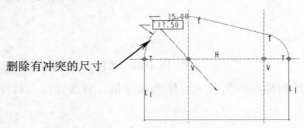

删除有冲突的尺寸

图 4-100　解决尺寸冲突

10 双击圆弧半径值，修改其尺寸，左侧圆弧半径为 20，右侧圆弧半径为 15，完成后的结果如图 4-101 所示。

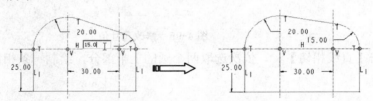

图 4-101　修改圆弧半径值

11 单击【同心】按钮◎，绘制与圆弧同心的 4 个同心圆，如图 4-102 所示。

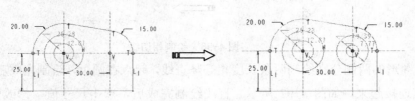

图 4-102　绘制 4 个同心圆

 重点

　　在绘制时需要注意的是，拖动光标时不能让程序自动捕捉为等半径约束的方式，否则不便于后面进行的尺寸标注。

12 单击鼠标中键退出绘制同心圆的命令后，依次双击 4 个圆的尺寸值，修改其尺寸，修改完成后如图 4-103 所示。

13 使用绘制直线的命令，在结构圆的左侧绘制三条连接的直线，起始点和结束点均在圆

112

上，如图 4-103 所示。

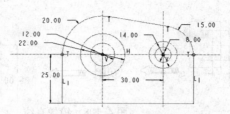

图 4-103　修改圆的尺寸

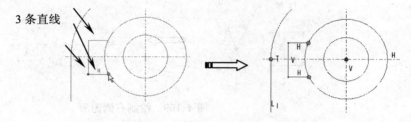

图 4-104　绘制直线

14 在【约束】面板中使用【对称】的约束方式，将绘制的竖直方向直线沿中心线对称，如图 4-105 所示。

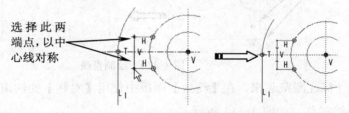

图 4-105　对直线添加约束

15 单击【法向】按钮，将刚才创建的直线重新标注尺寸，如图 4-106 所示。尺寸标注完成后，双击尺寸值，修改尺寸，完成后如图 4-107 所示。

16 选取刚才绘制的 3 条直线，选取完成后单击【镜像选定的图元】按钮，再单击竖直方向的中心线，随即完成镜像操作，如图 4-108 所示。

17 使用同样的方法，在右侧的同心圆上绘制相同形状的直线，并将其镜像到另一侧，如图 4-109 所示。

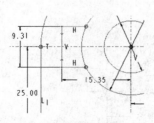

图 4-106　标注新的尺寸

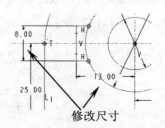

图 4-107　修改尺寸值

18 使用绘制直线的命令，在同心圆的下方绘制直线，起点在圆上，终点在下方直线上，如图 4-110 所示。

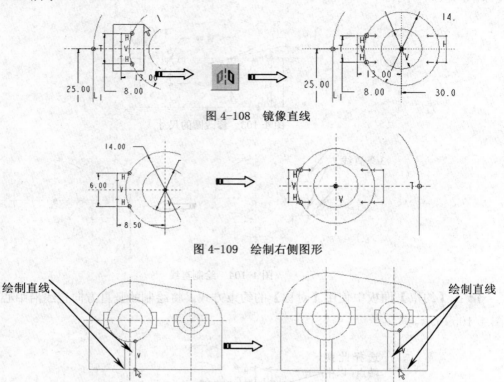

图 4-108   镜像直线

图 4-109   绘制右侧图形

图 4-110   绘制直线

19 将尺寸标注隐藏起来。在【约束】面板中使用【对称】的约束方式，将绘制的竖直方向直线沿中心线对称，如图 4-111 所示。

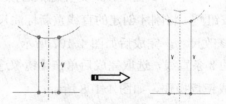

图 4-111   添加对称约束

20 约束添加完成后，双击其尺寸值，修改尺寸，左侧直线间距离为【5.0】，右侧直线间距离为 4.0，如图 4-112 所示。

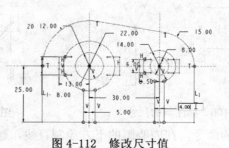

图 4-112   修改尺寸值

114

21 关闭尺寸和约束的显示。单击【删除段】按钮 ，按住左键移动光标，在左侧圆拖出一条轨迹线，将多余的轨迹线修剪掉，再在右侧圆拖出一条轨迹线，修剪多余线段，如图 4-113 所示。

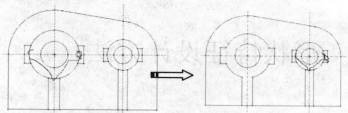

图 4-113　修剪多余线段

22 在【草绘器】工具条中关闭尺寸和约束的显示，完成后的草图如图 4-114 所示。最后保存文件。

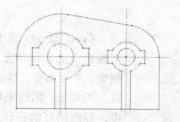

图 4-114　绘制完成的草图

Chapter

第 5 章　形状特征设计方法

Creo 是一个基于特征的实体造型软件。特征是具有工程含义的实体单元,它包括拉伸、旋转、扫描、混合、倒角、孔等命令。这一些特征在工程设计应用中都有一一对应的对象,因而采用特征设计具有直观、工程性强等特点,同时特征的设计也是 Creo 操作的基础,本章将介绍形状特征的基本设计方法和技巧。

学习目标:

- 拉伸特征
- 旋转特征
- 扫描特征
- 螺旋扫描
- 扫描混合
- 混合特征

5.1　拉伸特征

拉伸是定义三维几何的一种方法，通过将二维截面延伸到垂直于草绘平面的指定距离处来实现。可用"拉伸"工具作为创建实体或曲面以及添加或移除材料的方法。

拉伸实体特征是指沿着与草绘截面垂直的方向添加或去除材料而创建的实体特征，如图 5-1 所示，将草绘截面沿着箭头方向拉伸后即可获得实体模型。

图 5-1　拉伸实体特征

拉伸特征也是将二维截面按指定的深度沿垂直于草绘平面的方向延伸指定距离进而形成实体的造型特征，拉伸特征虽然简单，但它是常用的、最基本的创建规则实体的造型方法，在工程中的许多实体模型都可看作是多个拉伸特征互相叠加或切除的结果。拉伸特征多用于创建比较规则的实体模型。

5.1.1　拉伸命令操控板

在【模型】选项卡的【形状】面板中单击【拉伸工具】按钮 ，可以打开如图 5-2 所示的操控板，基本实体特征的创建是配合操控板完成的。

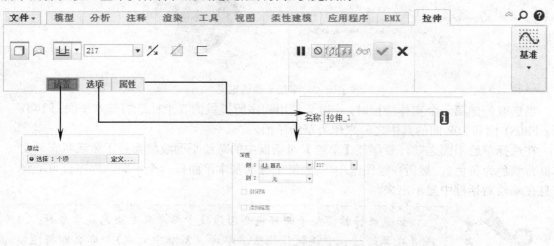

图 5-2　【拉伸】操控板

【拉伸】命令操控板中各选项含义如下：

◆　拉伸为实体：选择此项，用以生成实体特征。

◆　拉伸为曲面：选择此项，拉伸后的特征为曲面片体。

◆　拉伸深度类型列表：下拉列表中列出几种特征拉伸的方法：从草绘平面以指定的

深度值拉伸⬒、在各方向上以指定深度值的一半⬒、拉伸至点、曲线、平面或曲面⬒等。

◆ 深度值输入文本框：选择一种拉伸深度类型后，在此文本框内输入深度值。如果选择"拉伸至点、曲线、平面或曲面⬒"类型，此框变为收集器。

◆ 更改拉伸方向✕：单击此按钮，拉伸方向将与现有方向相反。

◆ 移除材料◿：单击此按钮，将创建减材料的拉伸特征，即在实体中减除一部分实体。

◆ 加厚草绘⊏：单击此按钮，将创建薄壁特征。

◆ 暂停▌▌：暂停此工具以访问其他对象操作工具。

◆ 无预览◎：单击此按钮，将不预览拉伸。

◆ 分离⬚：单击此按钮，创建的拉伸特征将与父特征分离，但会保持父子关联关系。

◆ 连接⬚：单击此按钮，新特征将与父特征生成一整体。

◆ 特征预览∞：单击此按钮，可以提前预览生成的特征，以此检验是否合理创建特征。

◆ 应用✓：单击此按钮，接受操作并完成特征的创建。

◆ 关闭✕：取消创建的特征，退出当前命令。

1. 【放置】选项板

【放置】选项板主要定义特征的草绘平面。在草绘平面收集器激活的状态下，可直接在图形区中选择基准平面或模型的平面作为草绘平面。也可以单击【定义】按钮，在弹出的【草绘】对话框中编辑、定义草绘平面的方向和参考等，如图 5-3 所示。

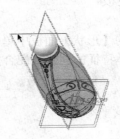

图 5-3 草绘平面的定义

当选取创建第一个实体特征时，一般会使用程序所提供的 3 个标准的基本平面：RIGHT面、FRONT 面和 TOP 面的其中之一来作为草绘平面。

在选择草绘平面之前，要保证【草绘】对话框中的草绘平面收集器处于激活状态（文本框背景色为黄色）。然后在绘图区中单击 3 个标准基本平面任一个平面，程序会自动将信息在草绘对话框中显示出来。

如果选择的模型平面可能会因为缺少参考而无法完成草绘时，或者在草绘过程中误操作删除了参考（基准中心线），那么即将退出草图环境时，会显示【参考】对话框，如图 5-4 所示。最好的解决办法是：选择坐标系作为参考即可。

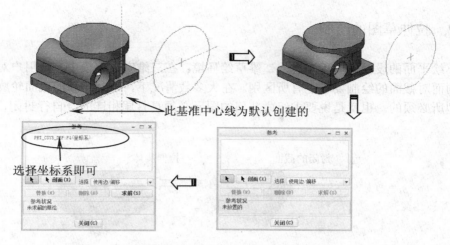

图 5-4　缺少参考的解决办法

2.　【选项】选项板

【选项】选项板用来设置拉伸深度类型、单侧或双侧拉伸及拔模等选项，如图 5-5 所示。

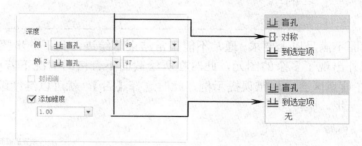

图 5-5　【选项】选项板

　　　　"侧 1"和"侧 2"下拉列表中的选项并非固定，这些选项是根据用户是以何种形式来创建拉伸特征：是初次创建拉伸？还是在已有特征上再创建拉伸特征？

【封闭端】选项：主要是用来创建拉伸曲面时封闭两端以生成封闭的曲面。

勾选【添加锥度】复选框，可以生成带有拔模角度的特征，如图 5-6 所示。

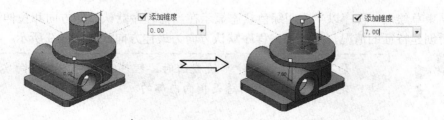

图 5-6　创建拔模的特征

5.1.2 拉伸草图的绘制

草绘平面的设置好后程序进入二维草绘环境。在三维实体建模中，因用户对设计任务的不同而对截面的绘制要求也有所区别。在大多数情况下，绘制闭和的截面轮廓是创建实体模型所必须的。也就是说要求组成几何的图元必须是首尾相连的，自行封闭，如图 5-7 所示。

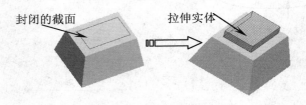

图 5-7　封闭的草绘截面

> 伸出项特征的截面要求是闭合的，不可以有多余的图元。截面只有单一的图元链时，可以是不闭合的，但开放端必须对齐在实体边界上。

若所绘截面不满足以上要求，通常不能正常结束草绘进入到下一步骤，如图 5-8 所示，草绘截面区域外出现了多余的图元，此时在所绘截面不合格的情况下若单击【确定】按钮 ✓，程序在信息区会出现错误提示框，此时选择【否】，就可以继续编辑图形，将其修剪后再进行下一步。

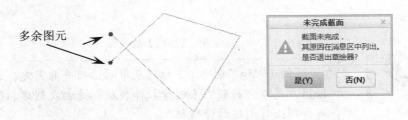

图 5-8　未完成的截面

5.1.3 设定截面拉伸方向

顺利结束草绘后，程序以半透明绿色状态显示在当前程序默认拉伸方向和拉伸深度下本次命令所创建特征的情况，一般说来程序默认方向为最佳方向，如图 5-9 所示。

> 如果是加材料拉伸草绘截面时，程序总是将方向指向实体外部，是减材料拉伸时则总是指向内部的。

要更改拉伸方向，可以在操控板中单击【更改拉伸方向】按钮 ✗，或者单击拉伸方向的箭头，如图 5-10 所示。

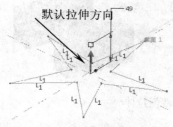

图 5-9　拉伸方向程序默认显示

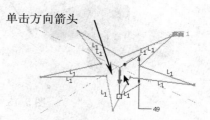

图 5-10　单击箭头更改拉伸方向

5.1.4　设定拉伸特征深度

特征深度是指特征生长长度。在三维实体建模中，确定特征深度方法主要有 6 种，如图 5-11 所示的拉伸深度类型。

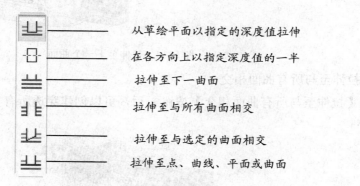

图 5-11　拉伸深度类型

1.　从草绘平面以指定的深度值拉伸

如图 5-12 所示为 3 种不同方法从草绘平面以指定的深度值拉伸。

在操控板文本框中修改值

双击尺寸直接修改值

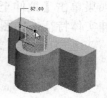
拖动句柄修改值

图 5-12　3 种数值输入方法设定拉伸深度

2.　在各方向上以指定深度值的一半

此类型是在草绘截面两侧分别拉伸实体特征。在深度类型列表中选择【在各方向上以指定深度值的一半】按钮 ，然后在文本框中输入数值，程序会将草绘截面以草绘基准平面往两侧拉伸，深度各为一半，如图 5-13 所示为单侧拉伸与双侧拉伸。

121

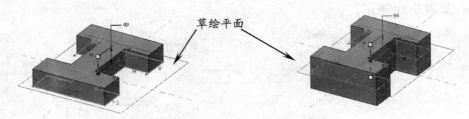

图 5-13　单侧拉伸和双侧拉伸

3.　拉伸至下一曲面

单击【拉伸至下一曲面】按钮 ⊟ 后，实体特征拉伸至拉伸方向上的第一个曲面，如图
5-14 所示。

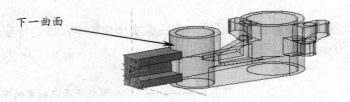

图 5-14　拉伸至下一个曲面

4.　拉伸至与所有曲面相交

选择【拉伸至与所有曲面相交】按钮 ⊣ 后，可以创建穿透所有实体的拉伸特征，如图
5-15 所示。

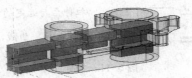

图 5-15　拉伸至与所有曲面相交

5.　拉伸至与选定的曲面相交

如果单击【拉伸至与选定的曲面相交】按钮 ⊻ ，根据程序提示要相交的曲面，即可创
建拉伸实体特征，如图 5-16 所示。

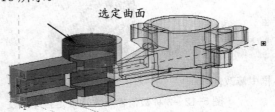

图 5-16　拉伸至与选定的曲面相交

　　　拉伸深度类型只能选择在截面拉伸过程中所能相交的曲面。否
则不能创建拉伸特征。如图 5-17 所示，选定没有相交的曲面，不能
创建拉伸特征，并且强行创建特征会弹出【故障排除器】对话框。

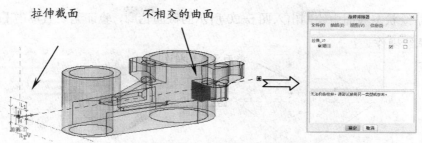

图 5-17 不能创建拉伸特征的情形

6. 拉伸至点、曲线、平面或曲面

选中【拉伸至点、曲线、平面或曲面】按钮 ，将创建如图 5-18 所示的指定点、线、面为参照的实体模型。

选定的参考线

图 5-18 使用边线作为特征参照

重点

> 【拉伸至点、曲线、平面或曲面】类型，当选定的参考是点、曲线或平面时，只能拉伸至与所选参考接触及拉伸特征端面为平面。若是选定的参考为曲面，那么拉伸的末端形状与曲面参考相同。

5.1.5 创建减材料实体特征

减材料特征是指在实体模型上移除部分材料的实体特征。减材料拉伸与加材料拉伸的操作过程类似，区别在于创建减材料特征时还需要指定材料侧的参数，而加材料是由程序自动确定材料边侧。下面介绍用拉伸命令创建减材料实体特征的操作。

操作步骤如下：

01 单击【拉伸】按钮 ，弹出【拉伸】操控板。程序默认设置为【实体】类型，在【放置】选项板单击【定义】按钮，打开【草绘】对话框。选择实体特征表面为草绘平面。程序自动将 RIGHT 平面作为参照平面，单击【草绘】按钮进入草绘环境，如图 5-19 所示。

选择实体上表面为草绘平面

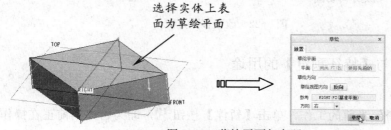

图 5-19 草绘平面与参照

02 在草绘状态界面中绘制出入图 5-20 所示的截面轮廓，验证无误后单击【确定】按钮 ✔ 完成草绘操作。

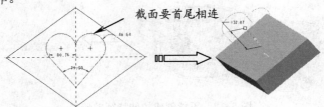

截面要首尾相连

图 5-20   绘制拉伸截面

03 绘制截面以后就可以进行拉伸方向和截面移除方向的设定了。单击操控板上【去除材料】按钮 ◿，绘图区中的图形上显示两个控制方向的箭头。垂直于草绘平面方向的箭头是截面拉伸方向，由于本例是减材料实体创建，需要单击【反向】按钮 ⤢，改变拉伸方向，预览无误后单击【确定】按钮 ✔，结束特征创建，图 5-21 所示。

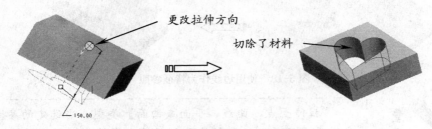

更改拉伸方向

切除了材料

图 5-21   创建减材料特征

重点

> 在移除材料的拉伸中，如果将拉伸方向指向了无材料可移除的那一侧，这是不可能进行的操作，所以特征的创建会失败。在建立切口类型的特征时，若最后程序提示有错误产生，注意查看是否缘于此因。

平行于草绘平面的箭头控制截面材料的移除方向，它的设定方法与添加材料拉伸方向的设定方法相同，使用操控板上【去除材料】按钮 ◿ 右侧的【反向】按钮 ⤢，单击它使截面材料移除方向与先前所创建特征的显示方向相反，会有不同结果显示，如图 5-22 所示。

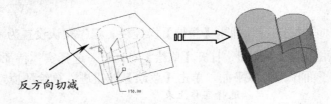

反方向切减

图 5-22   改变移除方向

5.1.6 【暂停】与【特征预览】的用途

【暂停】就是暂停当前的工作。单击【暂停】按钮 ▐▐，即为暂停当前正在操作的设计工具，该按钮为二值按钮，单击后转换为【继续使用】按钮▶，继续单击该按钮可以退出暂停模式，接着进行暂停前的工作。

　　【特征预览】是指在模型草绘图创建完成后，为了检验所创建的特征是否满足设计的需要，运用此工具可以提前预览特征设计的效果，如图 5-23 所示。

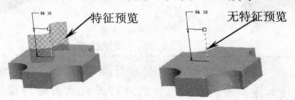

图 5-23　【特征预览】工具运用与否比较

5.1.7　薄壁特征

　　薄壁特征又称加厚草绘特征。薄壁特征为草绘截面轮廓指定一个厚度以此拉伸得到薄壁。适于创建具有相同厚度的特征。创建草绘截面后，单击操控板上的【加厚草绘】按钮▣，在右侧的文本框中输入截面加厚值，默认情况下加厚截面内侧。单击最右端的【反向】▨按钮可以更改加厚方向，加厚截面外侧，再次单击则加厚截面两侧，每侧加厚厚度各为一半，如图 5-24 所示为【拉伸】操控板上特征加厚的选项设置。

图 5-24　特征加厚的选项设置

用一个小测验讲述创建薄壁特征的基本方法。

操作步骤如下：

01 单击【模型】选项卡的【形状】面板中【拉伸工具】按钮▱，弹出操控板选项设置。在操控板的【放置】选项板上单击【定义】，打开【草绘】对话框。然后选择实体特征表面为草绘平面程序默认参照，进入草绘状态，绘制如图 5-25 所示的截面轮廓。

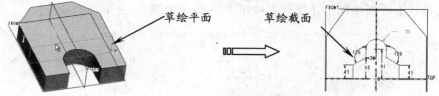

图 5-25　草绘截面轮廓

02 草绘截面绘制完并确认无误后，单击【确定】按钮✓进入操控面板。首先单击【加厚草绘】按钮▣，在拉伸深度值输入框中输入数值 115，在草绘截面加厚参数值输入框中输入数值 2，并改变草绘截面加厚方向，单击 Enter 键预览，再次单击【确定】按钮✓完成薄壁特征的创建，如图 5-26 所示。

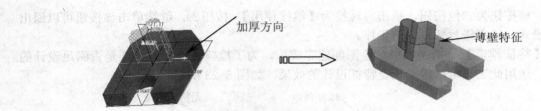

图 5-26 薄壁拉伸

在使用开放截面创建薄壁特征时，一定要先在操控板中选择【加厚草绘】按钮，才能进行开放截面的特征创建，否则程序会出现错误提示信息。

5.2 旋转特征

旋转实体特征是指将草绘截面绕指定的旋转中心线转一定的角度后所创建的实体特征。将截面绕中心线线转任意角度即可生成三维实体图形，如图 5-27 所示。

图 5-27 旋转特征

5.2.1 旋转命令操控板

旋转实体特征是将一定形状的截面绕指定中心线旋转指定角度后获得的实体特征，是创建基本特征的一种较常用的方法。创建旋转实体特征与创建拉伸实体特征的步骤基本相同。在【形状】面板中单击【旋转】按钮 ❀。弹出如图 5-28 所示的操控板。

图 5-28 【旋转】操控板

5.2.2 创建旋转特征

由于旋转特征的创建和拉伸实体基本相同，在【旋转工具】按钮后即可在操控板上设置草绘平面和参照。多数情况下创建第一次旋转实体特征用程序默认设置草绘平面和参照。

1. 旋转截面的绘制

正确设置草绘平面与参照以后，在二维草绘环境下绘制旋转截面图。旋转实体特的截面绘制与拉伸实体特征有相同的要求：旋转特征为实体时，截面必须是闭合的，当旋转特征为薄壁时截面可以是开放的，如图5-29所示。

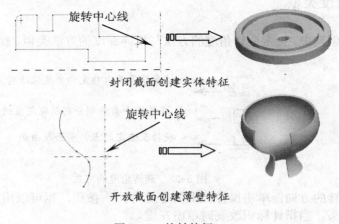

图 5-29　旋转特征

2. 确定旋转中心线

确定旋转中心线的方法有两种：在草绘平面中绘制旋转中心线、指定基准轴或实体边线。

在绘制旋转闭和截面时，允许截面的一条边线压在旋转中心线上，注意不要漏掉压在旋转中心线上的线段。另外不允许使用与旋转中心线交叉的旋转截面，否则程序无法确定旋转中心线，这时需要在截面外添加一条旋转中心线即可，如图5-30所示，图a为正确的中心线表达方法，但截面部分与中心线重合不能忽略。图b和c为错误的中心线表达。

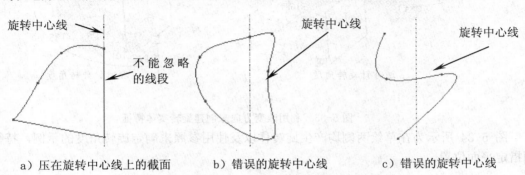

a）压在旋转中心线上的截面　　b）错误的旋转中心线　　c）错误的旋转中心线

图 5-30　3 种需要注意的图例

此外，如需要指定基准中心线或实体边线作为旋转中心线，绘制完旋转截面后直接单击【确定】按钮 ✓，当操控板上左侧文本框中显示【选取一个项目】时，在绘图区中就可以选取实体模型里的中心轴线作旋转中心线了，如图 5-31 所示。

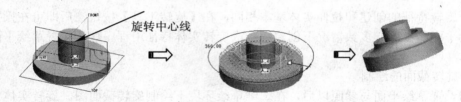

图 5-31　用实体特征的中轴线或边线作旋转轴

5.2.3　旋转角度类型

在旋转特征创建中，指定旋转角度的方法与拉伸深度的方法类似，旋转角度的方式有 3 种，如图 5-32 所示。

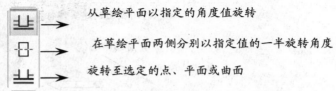

图 5-32　旋转角度的方式

◆　设定旋转的方向：单击操控板上的【反向】 ✓ 按钮，也可以用鼠标接近图形上表示方向的箭头，当指针标识改变时单击左键。

◆　设定旋转的角度：在操控板上输入数值，或者双击图形区域中的深度尺寸并在尺寸框中键入新的值进行更改；也可以用鼠标左键拖动此角度图柄调整数值。

在如图 5-33 所示的图中，默认设置情况下，特征沿逆时针方向转到指定角度。单击操控板上的【反向】按钮 ✓，可以更改特征生成方向，草绘旋转截面完成后，在角度值输入框中输入角度值。

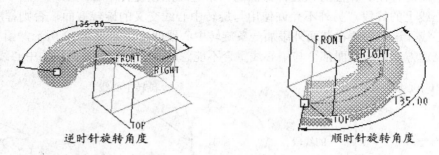

图 5-33　利用改变方向来创建旋转实体特征

图 5-34 所示为在草绘两侧均产生旋转体以及使用参照来确定旋转角度的示例，特征旋转到指定平面位置。

128

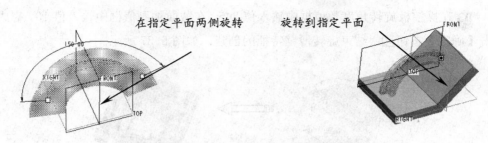

在指定平面两侧旋转　　　　旋转到指定平面

图 5-34　用两种旋转方式生成的旋转特征

5.2.4　其他设置

与拉伸实体特征类似，在创建旋转体特征时还可以用到以下几种工具，如单击【作为曲面旋转】按钮 ▭ 可以创建旋转曲面特征，单击【移除材料】按钮 ▱ 可以创建减材料旋转特征，单击【加厚草绘】按钮 ▭ 可以创建薄壁特征。由于这些工具的用法与拉伸实体类似，这里也就不再作赘述了。

5.2.5　创建旋转薄壁特征

创建旋转薄壁特征与创建实体薄壁特征类似。

操作步骤如下：

01 单击【旋转】按钮 ✣ 打开旋转操控板。操控板上默认设置特征属性类型为【实体】，在绘制草图前先单击【加厚草绘】按钮 ▭，然后在【草绘】对话框打开的情况下选择 FRONT 基准平面为草绘平面，参照为程序默认设置，单击【草绘】按钮进入草绘环境，如图 5-35 所示。

02 进入草绘环境，绘制如图 5-36 所示截面。完成后单击【确定】按钮 ✔，进入操控板设置参数。

图 5-35　设置草绘平面和参照

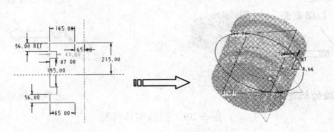

图 5-36　截面旋转预览

03 在操控板旋转角度数值框中输入值 245，在截面加厚值框中输入值 10，完成预览，单击【确定】按钮 ☑，结束旋转薄壁特征的创建，如图 5-37 所示。

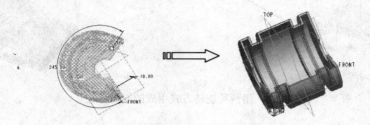

图 5-37　创建完成的旋转薄壁特征

5.3　扫描特征

扫描实体特征的创建原理比拉伸和旋转实体特征更具有一般性，它是通过将草绘截面沿着一定轨迹（导引线）作扫描处理后，由其轨迹包络线所创建的自由实体特征。

图 5-38　扫描实体特征

前面介绍的拉伸实体特征和旋转实体特征所创建的实体都是比较规则的。把扫描特征意义推广就会知道拉伸实体特征和旋转实体特征是扫描特征的特例。拉伸实体特征是将截面沿着直线轨迹扫描成实体，而旋转实体特征是将截面沿着圆周轨迹扫描成旋转实体特征的。

5.3.1　扫描特征概述

扫描实体特征是将绘制的截面轮廓沿着一定的扫描轨迹线进行扫描后所生成的实体特征。也就是说，要创建扫描特征，需要先创建扫描轨迹线，创建扫描轨迹线的方式有两种：草绘扫描轨迹线和选取扫描轨迹线，如图 5-39 所示。

图 5-39　扫描实体特征

5.3.2 扫描特征操控板

在【形状】面板中单击【扫描】按钮 ，功能区弹出【扫描】操控板，如图 5-40 所示。

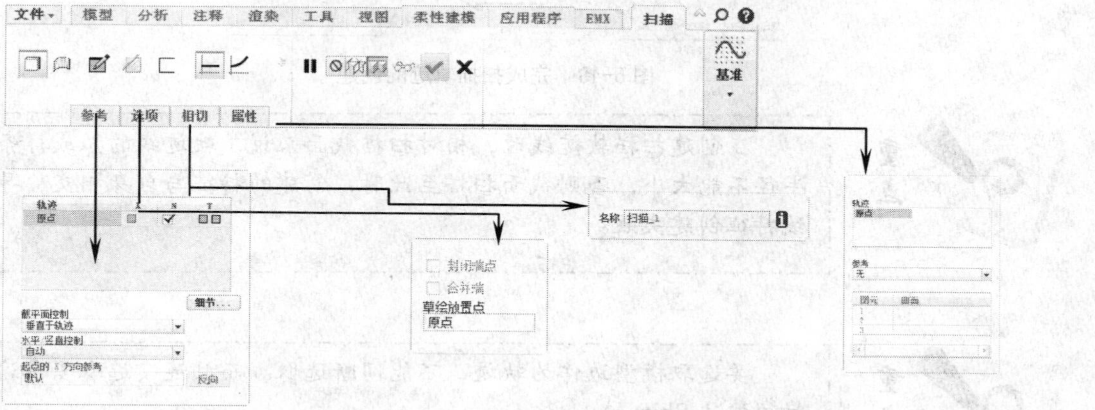

图 5-40 【扫描】操控板

5.3.3 定义扫描轨迹

创建扫描实体特征的轨迹线可以草绘，也可在已创建实体特征上选取。仅当创建了扫描轨迹后，操控板中的【创建扫描截面】、【加厚草绘】、【移除材料】等命令才被激活。

1. 草绘轨迹

Creo 提供了独特的草绘轨迹的命令方式，这不同于旧版本 Pro/E 系列中执行菜单命令的方式。

在操控板右侧的【基准】下拉菜单命令中，列出了多种扫描轨迹的创建工具，如图 5-41 所示。这里最常用的就是【草绘】工具。在菜单中单击【草绘】按钮 ，弹出【草绘】对话框，然后在图形区选择基准平面或者模型上的平面作为草绘平面后，即可进入草绘环境中绘制扫描轨迹，如图 5-42 所示。

图 5-41 草绘扫描轨迹的工具

图 5-42 选择草绘平面

绘制了扫描轨迹后退出草绘环境，随后在操控板上单击【退出暂停模式】按钮 ，返回到【扫描】操控板激活状态，然后继续后续操作，如图 5-43 所示。

2. 选取轨迹

若要选取轨迹，当弹出【扫描】操控板时即可选取已有的曲线或者模型的边作为扫描轨迹即可，如图 5-43 所示。

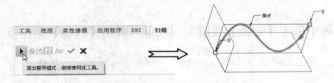

图 5-43　完成扫描轨迹的创建

重点

在创建扫描轨迹线时，相对扫描截面来说，轨迹线的弧或样条半径不能太小，否则截面扫描至此时，创建的特征与自身相交，导致特征创建失败。

重点

要选取模型边作为轨迹，不能间断选取。而且连续选取多条边时须按住 Shift 键。

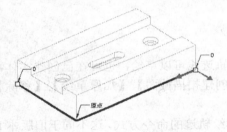

图 5-44　选取模型边作为扫描轨迹

5.3.4　绘制扫描截面

当扫描轨迹定义完成时，单击操控板上的【创建或编辑扫描截面】按钮 ，程序会自动确定草绘平面在轨迹起点，并且草绘平面与扫描轨迹垂直。

进入到草绘扫描截面的环境后，在没有旋转视图的情况下，看不清楚扫描截面与轨迹的关系，可将视图旋转。单击前导视图工具栏中的【草绘视图】按钮 ，或者在【设置】面板中单击【草绘视图】按钮 ，回到与荧幕平行的状态绘制截面，如图 5-45 所示。

图 5-45　设置草绘视图

扫描的截面可以是封闭的，也可以是开放的。创建扫描曲面或薄壁时，截面可以闭合也可开放。但是，当创建扫描实体时，截面必须是闭合的，否则不能创建特征，此时会弹出【故障排除器】对话框，如图 5-46 所示。

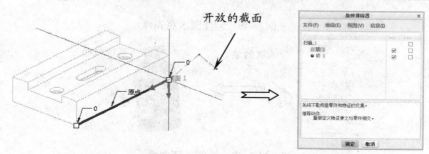

图 5-46　开放的截面不能创建扫描实体

5.3.5　创建开放轨迹扫描实体

用选取轨迹的方式创建暖水瓶的外壳。暖水瓶的外壳设计将用到前面介绍的创建旋转实体特征过程并结合本节的扫描实体特征的创建方法共同完成。

操作步骤如下：

01 选取 FRONT 基准面作为草绘平面，运用旋转特征命令创建如图 5-47 所示的草绘截面，旋转生成实体特征。

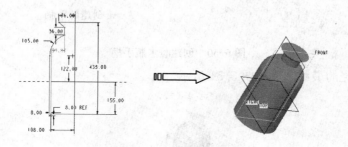

图 5-47　创建暖水瓶外形

02 选择第一次绘制截面时所选取的草绘平面作为草绘面，然后绘制如图 5-48 所示的截面并创建旋转减材料特征。（此截面是以第一次旋转实体截面为基础，向内偏移 5mm 所得）

03 在【基准】面板中单击【草绘】按钮 ，弹出【草绘】对话框，选择 FRONT 基准面为草绘平面，程序默认设置参照平面 RIGHT 进入草绘环境。单击【偏移】按钮 ，选取旋转特征上的一条边作为参照，绘制如图 5-49 所示的草绘截面，草绘截面完成后删掉选取的参照边，进入下一步操作。

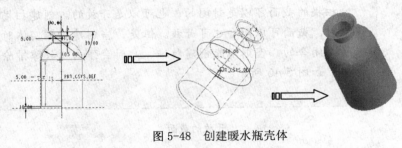

图 5-48　创建暖水瓶壳体

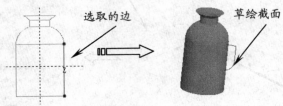

图 5-49　绘制手柄曲线

04 在【形状】面板中单击【扫描】按钮，弹出【扫描】操控板。选取手柄草图曲线作为扫描轨迹后，单击【创建或编辑扫描截面】按钮进入到草绘环境中绘制如图 5-50 所示的扫描截面，绘制完成后单击【确定】按钮退出草绘环境，在【扫描】操控板中单击【应用】按钮完成暖水瓶手柄的创建。

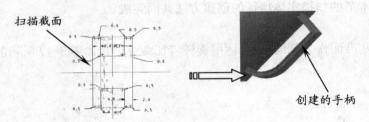

图 5-50　创建暖水瓶手柄

05 暖水瓶外壳的最终完成如图 5-51 所示。

图 5-51　暖水瓶外壳

5.3.6　其他类型的实体扫描

掌握了扫描伸出项的创建过程，其他属性类型扫描实体特征如薄壁特征、切口（移除材料）、薄壁切口、扫描曲面等的创建也就容易了。因各种类型的扫描特征创建过程大致相同，扫描轨迹的设定方法和所遵循的规则也是相同的。

5.4 螺旋扫描

螺旋扫描即一个剖面沿着一条螺旋轨迹扫描，产生螺旋状的扫描特征。特征的建立需要有旋转轴、轮廓线、螺距、扫描截面 4 要素，如图 5-52 所示。

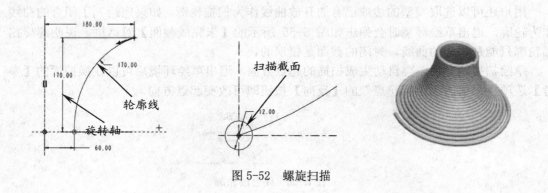

图 5-52 螺旋扫描

5.4.1 螺旋扫描命令操控板

在【形状】面板中单击【螺旋扫描】按钮 ^{螺旋扫描}，弹出【螺旋扫描】操控板，如图 5-53 所示。创建螺旋扫描特征的顺序是：草绘扫描轮廓线→指定或草绘旋转轴→草绘扫描截面→指定螺距→创建螺旋扫描特征。

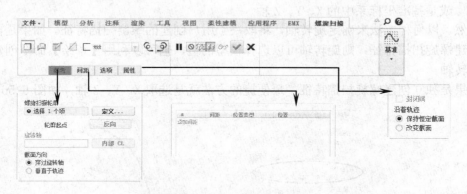

图 5-53 【螺旋扫描】操控板

5.4.2 螺旋扫描轮廓

螺旋扫描轮廓是确定外形的引导曲线。在【螺旋扫描】操控板的【参考】选项板中单击【定义】按钮，弹出【草绘】对话框。选择草绘平面后即可进入草图环境中绘制螺旋扫描轮廓。螺旋扫描轮廓一定是开放的曲线，可以是直线、圆弧或样条曲线，如图 5-54 所示。

图 5-54 螺旋扫描轮廓

用户还可以选取模型的边或已有的开放曲线作为扫描轮廓。如果您绘制了闭合的曲线作为轮廓，退出草绘环境时会弹出如图 5-55 所示的【未完成截面】对话框。说明螺旋扫描轮廓只能是开放的曲线，封闭的截面是错误的。

草绘扫描轮廓后，会自动生成扫描的起点方向。退出草绘环境后可以在操控板的【参考】选项板中单击"轮廓起点"的【反向】按钮即可改变起点方向。

图 5-55 闭合的轮廓

5.4.3 旋转轴

螺旋扫描特征的旋转轴由以下几点确定：
- ◆ 可以是模型的边
- ◆ 草绘的曲线
- ◆ 或是基准坐标系中的 X、Y、Z 轴

当然，以何种方法来确定旋转轴，将取决于用户创建的螺旋扫描特征。如果是在父特征上创建螺旋扫描特征，则旋转轴可以选择模型的边，也可以利用【草绘】命令创建直线来作旋转轴。

如果是独立创建螺旋扫描特征，最便捷的方法就是选取 X、Y、Z 轴，如图 5-56 所示。

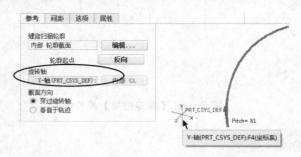

图 5-56 选取 Y 轴作为旋转轴

5.4.4 截面方向

螺旋扫描特征的截面方向有两种：

◆ 穿过旋转轴：选择此单选选项，扫描截面与旋转轴同面或平行，如图 5-57 所示。当螺旋扫描轮廓的起点没有在坐标系原点时，无论选择"穿过旋转轴"或"垂直于轨迹"，其截面方向始终是"穿过旋转轴"。

◆ 垂直于轨迹：即扫描截面与扫描轮廓垂直，如图 5-58 所示。要使用此选项，扫描轮廓的起点必须是坐标系的原点。

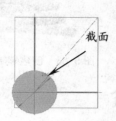 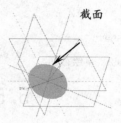

图 5-57　截面穿过旋转轴　　　　图 5-58　截面垂直于轨迹

5.4.5　螺旋扫描截面

无论创建螺旋扫描实体、曲面或薄壁特征，截面都必须是闭合的。下面作个小测验，讲述螺旋扫描特征的创建过程。

操作步骤如下：

01 在【形状】面板中单击【螺旋扫描】按钮，弹出【螺旋扫描】操控板。在操控板的【参考】选项板中单击【定义】按钮，然后指定 FRONT 基准平面为草图平面，如图 5-59 所示。

图 5-59　设置草绘平面和参照

02 进入草绘环境，绘制如图 5-60 所示截面。完成后单击【确定】按钮。

03 在图形区中选择基准坐标系的 Y 轴作为旋转轴，如图 5-61 所示。

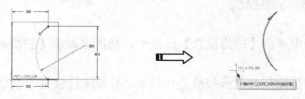

图 5-60　绘制螺旋扫描轮廓　　　　图 5-61　选择旋转轴

04 在操控板单击【创建或编辑扫描截面】按钮，进入草图环境中绘制如图 5-62 所示的扫描截面。

05 在操控板的间距文本框中输入新值 100，单击【应用】按钮完成螺旋扫描特征的创建，如图 5-63 所示。

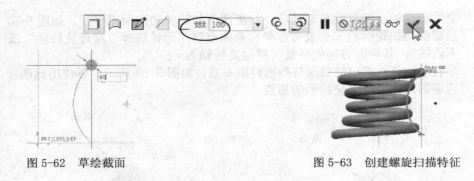

图 5-62　草绘截面　　　　　　　　　　图 5-63　创建螺旋扫描特征

5.5　扫描混合

扫描混合特征同时具备扫描和混合两种特征。在建立扫描混合特征时，需要有一条轨迹线和多个特征剖面，这条轨迹线可通过草绘曲线或选择相连的基准曲线或边来

扫描混合命令与扫描命令的共同之处：都是扫描截面沿着扫描轨迹创建出扫描特征。它们的不同之处在于，扫描命令仅仅扫描一个截面，即扫描特征的每个横截面都是相等的。而扫描混合可以扫描多个不同形状的截面，如图 5-64 所示。

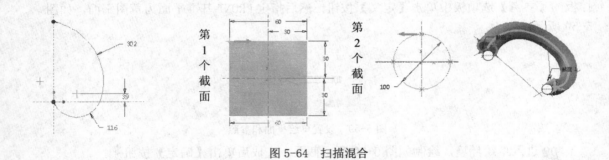

图 5-64　扫描混合

5.5.1　扫描混合命令操控板

在【形状】面板中单击【扫描混合】按钮 ✎，功能区弹出【扫描混合】操控板，如图 5-65 所示。

操控板中主要的按钮与其他操控板是相同的。另外操控板有 5 个选项板：参考、截面、相切、选项和属性。

扫描混合特征的创建过程与扫描特征的创建过程相同，这里就不再以创建过程为介绍扫描混合命令了。

下面重点介绍【扫描混合】操控板中主要的 4 个选项板。

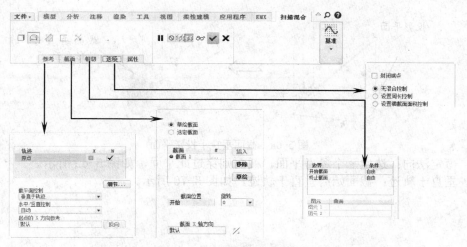

图 5-65 【扫描混合】操控板

5.5.2 【参考】选项板

1. 轨迹

打开【扫描混合】选项板时，默认情况下【参考】选项板中【轨迹】收集器处于激活状态，您可以选择已有的曲线或模型边作为扫描轨迹，也可以在操控板右侧展开下拉菜单选择【草绘】命令来草绘轨迹。

单击【细节】按钮，弹出【链】对话框，如图 5-66 所示。通过此对话框来完成轨迹线链的添加。对话框的【参考】选项卡用于链选取规则的确定：标准和基于规则。【选项】选项卡用来设置轨迹的长度、添加链或删除链，如图 5-67 所示。

图 5-66 【链】对话框

图 5-67 【选项】选项卡

2. 截平面控制

在【截平面控制】下拉列表中包含 3 种方法：垂直于轨迹、垂直于投影和恒定法向。

◆ 垂直于投影：截面垂直于轨迹投影的平面，如图 5-68 所示。

139

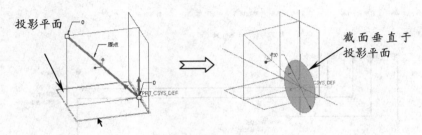

图 5-68　截面垂直于投影平面

◆ 恒定法向：选定一个参考平面，截面则穿过此平面，如图 5-69 所示。
◆ 垂直于轨迹：截面始终垂直于轨迹，如图 5-70 所示。

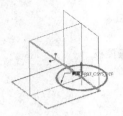

图 5-69　恒定法向

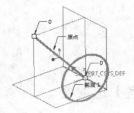

图 5-70　垂直于轨迹

3. 水平/竖直控制

此选项用于控制垂直或法向的方向参考，一般为默认。即自动选择与水平或竖直的平面参考。

5.5.3　【截面】选项板

【截面】选项板有两种定义截面的方式：草绘截面和选定截面。要草绘截面，可以在操控板右侧选择【草绘】命令进入草绘环境绘制截面。

如果已经创建了曲线或者模型，选取曲线或模型边也可以作为截面来使用。要创建扫描混合的实体，截面必须是封闭的。如果是创建扫描混合曲面或扫描薄壁特征，截面可以是开放的。

在【截面】选项板中单击【草绘】按钮，程序自动将草绘平面与轨迹垂直（这跟【参考】选项板设置有关），然后在平面中绘制截面即可，如图 5-71 所示。

扫描混合特征至少需要两个截面或更多截面。如果要绘制 3 个截面或更多，则需要在操控板右侧通过利用【域】命令在轨迹上创建多个点即可。因此，添加截面位置参考点的工作必须在绘制截面之前完成。

重点

　　第 2 个截面及后面的截面，其截面图形的段数必须相等。也就是说，若第 1 个截面是矩形，自动分 4 段，第 2 个截面是圆形，那么圆形必须用【分割】命令分割成 4 段（3 段或 5 段都不行），如图 6-72 所示。否则不能创建出扫描混合特征。

　　同理，若第 1 截面是圆形，第 2 截面是矩形或其他形状，则必须返回第 1 个截面中将圆形打断分段。

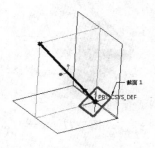

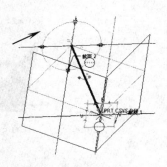

| 图 5-71　绘制第 1 个截面 | 图 5-72　将第 2 个截面分段 |

要绘制第 2 个截面，在【截面】选项板中单击【插入】按钮，再单击【草绘】按钮即可，如图 5-73 所示。再绘制截面亦是如此。

在实体造型工作中，我们时常用扫描混合工具来创建椎体特征，比例棱锥、圆锥或者是圆台、棱台等。这就需要将第 2 个截面进行设定。

◆　第 1 个截面为圆形、第 2 个截面为点，创建圆锥，如图 5-74 所示。

第 1 个截面为圆形、第 2 个截面也是圆形，则创建圆台，如图 5-75 所示。

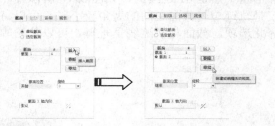

图 5-73　要绘制第 2 个截面所执行的命令

◆

重点

对于同样是圆形的多个截面，无需打断分段。

◆　第 1 个截面为多边形、第 2 个截面为点，创建多棱锥，如图 5-76 所示。
◆　第 1 个截面为三角形（多边形）、第 2 个截面也是三角形（多边形），则创建棱台，如图 5-77 所示。

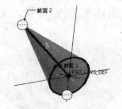

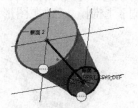

| 图 5-74　圆锥 | 图 5-75　圆台 |

绘制了截面后，可以在【截面】选项板中选择截面来更改旋转角度，使扫描混合特征产生扭曲。

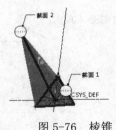

图 5-76　棱锥

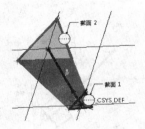

图 5-77　棱台

5.5.4　【相切】选项板

仅当完成了扫描轨迹和扫描截面的绘制后,【相切】选项板才被激活可用。主要用来控制截面的与轨迹的相切状态,如图 5-78 所示。

3 种状态的含义如下:

◆ 自由:自由状态是随着截面的形状来控制的,是 G 连续状态。例如多个截面为相同,则轮廓形状一定是 G1 连续的,如图 5-79 所示。

◆ 相切:仅仅是轨迹与与截面之间的夹角较小时,可以将截面与轨迹设置相切。

◆ 垂直:选择此选项,截面与轨迹线呈垂直,可以从轮廓来判断。

图 5-78　【相切】选项板

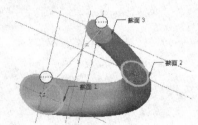

图 5-79　截面自由状态

5.5.5　【选项】选项板

此选项板用来控制截面的形态。选项板中各选项含义如下:

◆ 封闭端点:勾选此复选框,创建扫描混合曲面时将创建两端的封闭曲面。

◆ 无混合状态:表示扫描混合特征是随着截面的形状而改变,不产生扭曲。

◆ 设置周长控制,通过在图形区中拖动截面曲线来改变周长,如图 5-80 所示。

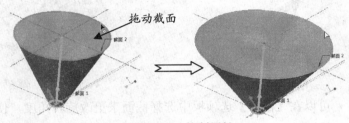

图 5-80　控制周长

◆ 设置横截面面积控制：此选项与"设置周长控制"类似，也是通过拖动截面来改变截面的面积。

5.6 混合特征

混合实体特征就是将一组草绘截面的顶点顺次相连进而创建的三维实体特征。如图 5-81 所示，依次连接截面 1、截面 2、截面 3 的相应顶点即可获得实体模型。在 Creo 中，混合特征包含有 3 种混合实体建模方法即平行混合、旋转混合、以及一般的混合特征。

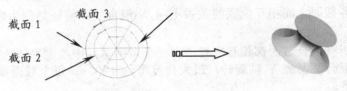

图 5-81　混合实体特征

对不同形状的物体作进一步的抽象理解不难发现：任意一个物体总可以看成是由多个不同形状和大小的截面按照一定顺序连接而成（这个过程在 Creo 中称为混合）。使用一组适当数量的截面来构建一个混合实体特征，既能够最大限度地准确表达模型的结构，又尽可能简化建模过程。

5.6.1 混合特征的概述

混合实体特征的创建方法多种多样且灵活多变。是设计非规则形状物体的有效工具。在创建混合实体特征时，首先根据模型特点选择合适的造型方法，然后设置截面参数构建一组截面图，程序将这组截面的顶点依次连接生成混合实体特征。

【形状】面板中混合特征的菜单命令如图 5-82 所示。当用户创建了混合特征与混合曲面后，菜单中的其余灰显命令变为可用。

◆ 伸出项：创建实体特征。
◆ 薄板伸出项：创建薄壁的实体特征。
◆ 切口：创建减材料实体特征。
◆ 薄板切口：：创建减材料的薄壁特征。
◆ 曲面：创建混合曲面特征。
◆ 曲面修剪：创建混合曲面来修剪其他实体或曲面。
◆ 薄曲面修剪：创建一定厚度的混合特征来修剪曲面。

在菜单中选择【伸出项】命令，弹出如图 5-83 所示的【混合选项】菜单管理器。

图 5-82　创建混合特征的菜单命令　　　　　　　　图 5-83　【混合选项】菜单管理器

　　根据建模时各截面之间相互位置的关系不同,将混合实体特征划分为以下 3 种类型,如图 5-84 所示。

- ◆　平行：所有混合截面都相互平行，在一个截面草绘中绘制完成。
- ◆　旋转：混合截面绕 Y 轴旋转，最大角度可达 120°。每个截面都单独草绘，并用截面坐标系对齐。
- ◆　常规：常规混合截面可以绕 X 轴、Y 轴和 Z 轴旋转，也可以沿这 3 个轴平移。每个截面都单独草绘，并用截面坐标系对齐。

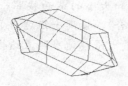
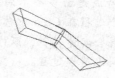
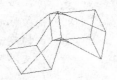

平行混合　　　　　　　　旋转混合　　　　　　　　常规混合

图 5-84　3 种类型混合特征

1.　生成截面的方式

在【混合选项】菜单管理器中可以看见，生成截面的选项有以下两种：

- ◆　规则截面：特征使用草绘平面获得混合的截面。
- ◆　投影截面：特征使用选定曲面上的截面投影。该选项只用于平行混合。

　　　　需要说明的是，【投影截面】选项只有在用户创建平行混合特征时才可用。当创建旋转混合和常规混合特征时，此选项不可用，而用户只能创建【规则截面】。

　　如果以平行的方式混合、采用规则的截面并以草绘方式生成截面，即认可图 5-85 所示菜单上的当前选项，单击【完成】按钮，弹出【模型参数对话框】和【属性】菜单。

2.　指定截面属性

在【属性】子菜单上可以看到有两种截面过渡方式：

144

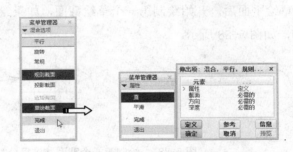

图 5-85 创建平行混合特征的执行命令

◆ 直：各混合截面之间采用直线连接。当前程序默认设置为【直的】选项。
◆ 光滑：各混合截面之间采用曲线光滑连接。

3. 设置草绘平面

完成属性设置后，再进行草绘平面的设置，选取标准基准平面中的一个平面为草绘平面，在【方向】菜单中选取【正向】，在【草绘视图】菜单中选择【默认设置】选项，一般情况下使用默认设置方式放置草绘平面。依次选取的菜单命令如图 5-86 所示。

接受程序默认设置的标注和约束参照，进入二维草绘环境，进行截面的绘制。

图 5-86 选择【平行混合】选项依次选取的菜单

4. 混合特征的创建过程与方法

（1）平行混合实体特征。在创建平行混合特征时，所有的截面绘制在一个草绘平面内，但是当第一个截面绘制完成后需使用切换工具切换到下一个截面。

操作步骤如下：

01 在【形状】面板中选择【混合】|【伸出项】命令，弹出【混合选项】菜单管理器。依次执行如图 5-87 所示的菜单命令，进入到草图环境中。

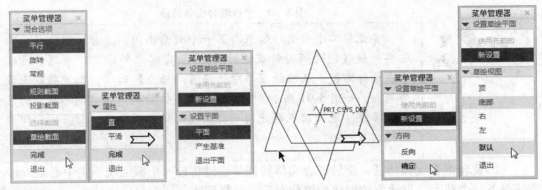

图 5-87 创建平行混合的菜单命令

145

02 正确放置草绘平面后，开始绘制第一个草绘截面，如果绘制的是 N 边形，在边与边的交点出进行图元分割，如图 5-88 所示。

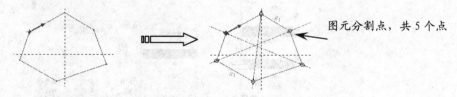

图元分割点，共 5 个点

图 5-88　绘制第一个截面并进行分割

03 绘制第 1 个截面后，单击右键，执行【切换截面】命令。切换到第二个草绘截面绘制中，第二个草绘截面绘制完成也要进行图元分割，绘制图形的起点要与第一个截面相对应，如图 5-89 所示。

04 草绘截面完成后，单击【草绘】选项卡中的【确定】按钮✔对截面进行保存并运用。在信息提示区中【输入截面深度】数值框里输入值，单击【接受值】按钮✔，最后【伸出项：混合，平行，规则】对话框中单击【确定】按钮，完成平行混合实体特征的创建，如图 5-90 所示。

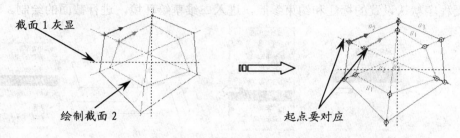

截面 1 灰显

绘制截面 2

起点要对应

图 5-89　绘制第二个截面并进行分割

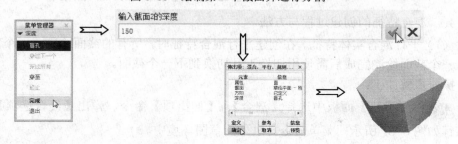

输入截面2的深度

150

图 5-90　平行混合实体特征

重点

　　要让第二个截面的起点与第一个截面相同，且箭头指示的方向也要一致（同为顺时针或逆时针）。指定起点的方法：先选择点，单击鼠标右键，从快捷菜单中选择【起始点】选项，以此将该点设为起点，如图 5-91 所示。若起点相同，但箭头所示方向不同，仍然用此方法，选择该点再使用一次切换起始点的命令，箭头方向即会切换到另一侧。

　　（2）旋转混合实体特征。旋转混合实体特征是通过将前一个截面绕指定中心线旋转一定角度后获得下一个截面，以此方法创建一组截面后，再将这些截面混合成实体特征。和平行混合实体特征对截面的要求一样，旋转混合实体特征也要求参与混合的各截面具有相同的顶点。

图 5-91　设置截面的起点

操作步骤如下：

01 在【形状】面板中选择【混合】|【伸出项】命令，弹出【混合选项】菜单管理器。依次执行如图 5-92 所示的菜单命令，进入到草图环境中。

图 5-92　创建平行混合的菜单命令

02 旋转特征与平行特征不同，由于旋转混合实体特征各截面之间不再满足相互平行条件，也就无法使用一个线形尺寸来确定截面间的距离。所以在绘制截面之前先在【草绘】面板中单击【坐标系】按钮 ⼈，然后在原点位置创建新的参照坐标系，以此进行尺寸设计，如图 5-93 所示。

03 绘制第一个截面，截面的定位尺寸由参照坐标系确定，绘制后在信息提示区【为截面 2 输入旋转角】数值框中输入旋转角 45，如图 5-94 所示。

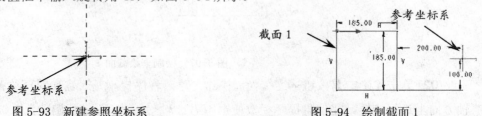

图 5-93　新建参照坐标系　　　　　　　　图 5-94　绘制截面 1

04 在随即弹出的空白绘图区中，再创建新的参照坐标系，绘制第 2 截面，按照信息提示，需要分割图元，如图 5-95 所示。

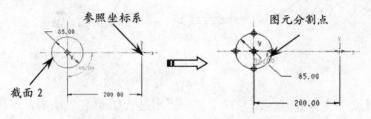

图 5-95　绘制草绘截面 2

05 如要继续绘制第3截面，在信息提示区中选择【是】按钮，不需要就选择【否】，完成当前创建，如图5-96所示。

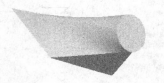

图5-96 创建的旋转混合实体特征

（3）常规混合实体特征。一般混合实体特征具有更大设计灵活性，多用于创建形状更加复杂的混合实体特征。一般混合实体特征的创建原理与旋转实体特征比较接近，依次确定各截面之间的相对位置关系后，将这些截面顺次相连生成最后的实体特征模型。

操作步骤如下：

> 属性特征和草绘平面的设置与平行混合、旋转混合实体特征一样，不同的是在【混合选项】框中选择【常规】混合类型。

01 属性特征和草绘平面的设置完成后进入草绘环境中绘制第1截面。一般混合特征和旋转混合特征一样也要新建参照坐标系，如图5-97所示。

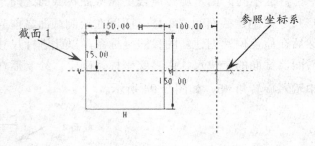

图5-97 绘制草绘截面1

02 单击【确定】按钮 ✓ 继续当前操作。这时程序提示是否需要对草绘截面在 X、Y、Z 三个轴方向上进行旋转，在信息提示栏数值框中为 X 轴输入值 45 进行旋转，Y、Z 轴不变。然后单击【接受】按钮 ✓ ，转入下一步骤，在新绘图区中新建一个参照坐标系，如图5-98所示。

图5-98 绘制草绘截面2

03 单击【确定】按钮 ✓ ，信息提示栏中提示是否绘制第3截面，单击【是】按钮，程序提示为草绘截面在 X 轴方向的旋转角度输入值，保留默认直接单击【接受值】按钮，为 Y 轴旋转方向输入值 45，单击【接受值】按钮，Z 轴方向旋转角度为 60，再次单击【接受值】按钮进入草绘环境绘制第 3 截面，在绘制草绘截面 3 之前还需要再次创建新参照坐标系，如图 5-99 所示。

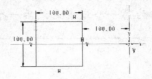

图 5-99　绘制草绘截面 3

04 草绘截面 3 绘制完成后，单击【确定】按钮，在程序操作信息提示栏可以看到提示【是否继续下一截面】，单击【否】按钮，然后在【为截面 1 与截面 2 之间输入深度值】框中输入 100，在截面 3 的深度值输入框中输入 100，再单击【接受值】按钮，完成参数设置，最后在模型对话框中单击【确定】按钮，结束一般混合实体特征的创建工作，如图 5-100 所示。

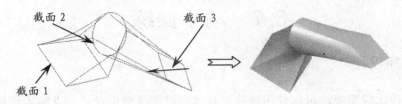

图 5-100　创建的一般混合实体特征

5.6.2　创建混合特征需要注意的事项

混合截面的绘制是创建混合特征的重要步骤，是混合特征创建成败的关键，有以下几点需要注意：

1.　各截面的起点要一致，且箭头指示的方向也要相同（同为顺时针或逆时针）

程序是依据起始点各箭头方向判断各截面上相应的点逼近的。若起始点的设置不同，得到的特征也会不同，比如使用如图 5-101 所示的混合截面上起始点的设置，得到一个扭曲的特征。

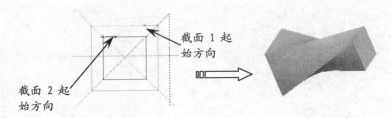

图 5-101　起始点设置不同导致扭曲

2.　各截面上图元数量要相同

有相同的顶点数，各截面才能找到对应逼近的点。如果截面是圆或者椭圆，需要将它分割，使它与其他截面的图元数相同，如图 5-102 所示，将图形中的圆分割为 4 段。

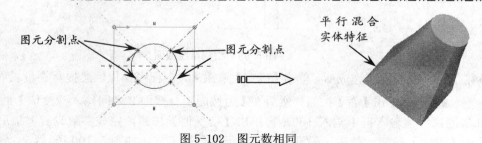

图元分割点　　　　　　　　　图元分割点

平行混合
实体特征

图 5-102　图元数相同

5.7　动手操练

5.7.1　支座设计

支座零件比较简单，可以使用拉伸工具就可以完成造型设计。支座零件如图 5-103 所示。

图 5-103　支座零件

操作步骤

01 启动 Creo，并设置工作目录。然后新建命名为"支座"的零件文件，如图 5-104 所示。

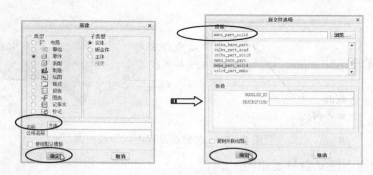

图 5-104　新建零件文件

02 在【模型】选项卡的【形状】面板中单击【拉伸】按钮打开操控面板。然后在图形区中选取标准基准平面 FRONT 作为草绘平面，如图 5-105 所示。进入二维草绘环境中绘制如图

5-106 所示的拉伸截面。

图 5-105　选取草绘平面

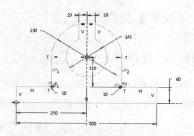

图 5-106　绘制截面

03 绘制完成后退出草绘环境，然后预览模型。在操控板的深度值文本框中输入值 220，预览无误后单击【确定】按钮完成第一个拉伸实体特征的创建，如图 5-107 所示。

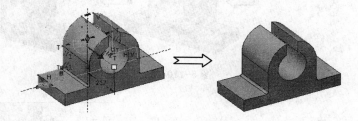

图 5-107　创建支座主体

04 单击【基准平面】按钮，打开【基准平面】对话框，选取 TOP 平面为参照平面往箭头所指定方向偏移 317.5，单击【确定】按钮，完成新基准平面的创建，如图 5-108 所示。

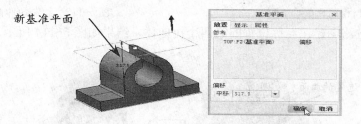

图 5-108　新建的 DTM1 基准平面

05 单击【拉伸工具】按钮，设置新创建的 DTM1 为草绘平面，使用程序默认设置参照平面与方向，进入草绘环境中。单击【偏移】按钮，选取如实体特征边线为选取的图元，再绘制如图 5-109 所示的草绘截面（大小相等且对称的两个矩形）。

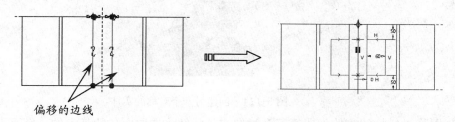

图 5-109　绘制拉伸草绘截面

06 单击【确定】按钮，在操控板上拉伸深度类型选项中选择【拉伸至下一曲面】选项。并单击【反向】按钮 ✗ ，改变拉伸方向，预览无误后单击【确定】按钮 ✓ 结束第二次实体特征拉伸创建，如图 5-110 所示。

07 使用【拉伸】工具，选择如图 5-111 所示的模型平面作为草绘平面。然后绘制如图 5-112 所示的拉伸截面。

08 在操控板拉伸深度类型中单击【拉伸至选定的点、曲线、曲面】按钮 ☷ ，在实体特征上选取一个面作为选定曲面。确认无误后单击【确定】按钮 ✓ 结束拉伸实体特征的创建，如图 5-113 所示。

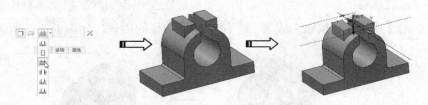

图 5-110　拉伸至支座主体

图 5-111　选择草绘平面

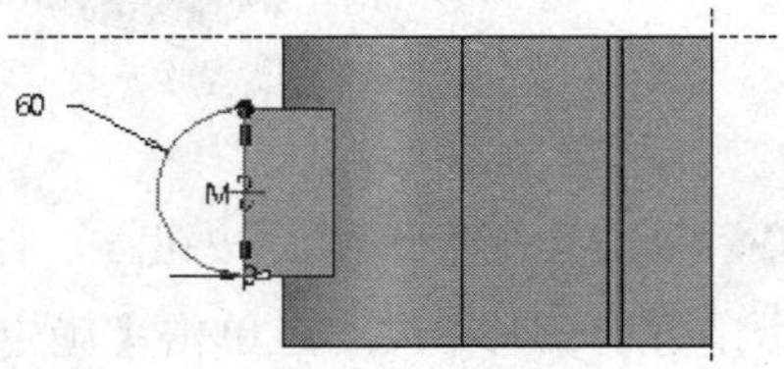

图 5-112　绘制拉伸截面

09 用类似方法创建在对称位置的第四个拉伸体，结果如图 5-114 所示。

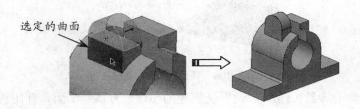

选定的曲面

图 5-113　拉伸至指定平面

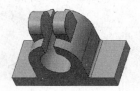

图 5-114　创建另一个对称的实体

10 用减材料拉伸实体创建第五个拉伸实体特征，选取实体特征上的一个平面作为草绘平面，使用程序默认设置参照，进入草绘环境，使用【同心圆工具】绘制如图 5-115 所示的草绘截面。

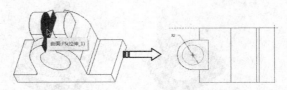

图 5-115 绘制拉伸截面

11 在操控板上单击【拉伸至与所有曲面相交】按钮 ░，单击【反向】按钮 ░，最后单击【去除材料】按钮 ░，预览无误后单击【确定】按钮 ░ 结束第五个拉伸实体特征的创建，如图 5-116 所示。

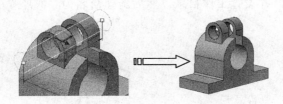

图 5-116 拉伸至与所有曲面相交

12 创建支座的 4 个固定孔同样用拉伸减材料实体特征的方法来创建。选取底座上的一个平面作为草绘平面，绘制如图 5-117 所示的草绘截面，在操控板上单击【拉伸至与所有曲面相交】按钮 ░，单击【反向】按钮 ░，最后单击【去除材料】按钮 ░。

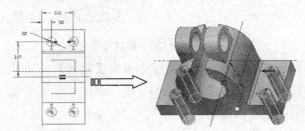

图 5-117 创建支座底部的 4 个固定孔

13 单击操控板上的【确定】按钮完成整个支座零件的创建，如图 5-118 所示。

图 5-118 支座零件

5.7.2 阀座设计

阀座零件主要使用了旋转工具和拉伸工具，如图 5-119 所示为阀座零件。

153

图 5-119　阀座零件

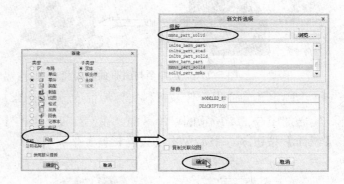

![齿轮图标] 操作步骤

01 启动 Creo，并设置工作目录。然后新建命名为"阀座"的零件文件，如图 5-120 所示。

图 5-120　新建零件文件

02 在【模型】选项卡的【形状】面板中单击【拉伸】按钮 ⬚ 打开操控面板。然后在图形区中选取标准基准平面 RIGHT 作为草绘平面，如图 5-121 所示。进入二维草绘环境中绘制如图 5-122 所示的拉伸截面。

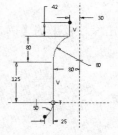

图 5-121　选取草绘平面　　　　　　　　图 5-122　绘制截面

03 截面绘制完成后单击【确定】按钮退出草绘环境。随后在图形区中选择 Z 轴作为旋转轴，并在操控板薄壁截面加厚值输入框中输入值 8.5。最后单击【确定】按钮 ✔ 结束阀座上体的创建，如图 5-123 所示。

04 单击【基准平面】按钮 ▱，弹出【草绘平面】对话框，在绘图区中直接选取阀座罩下边线为新基准平面的参照，在【草绘平面】对话框中单击【确定】完成新基准平面的

154

创建，如图 5-124 所示。

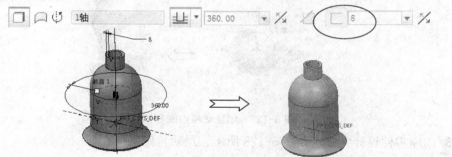

图 5-123　创建阀座主体

图 5-124　创建新基准平面

05 创建阀座底座。单击【拉伸】按钮⬜，选取新建的 DTM1 基准平面为草绘平面，然后进入草绘环境中绘制如图 5-125 所示的草绘截面。

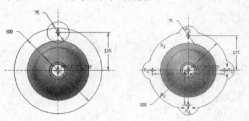

图 5-125　绘制截面

06 完成截面的绘制后退出草图环境⟹在拉伸操控板中输入拉伸深度值为 50，并单击【反向】按钮⤢更改拉伸方向。最后单击【确定】按钮✔按钮完成底座的创建，如图 5-126 所示。

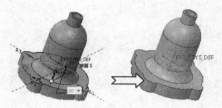

图 5-126　创建底座实体

07 单击【拉伸】按钮⬜，选取 DTM1 作为草绘平面，使用程序默认设置参照和方向，单击【草绘】进入二维草绘环境中，绘制如图 5-127 所示的草绘截面，在操控板上单击【拉伸至与所有曲面相交】按钮⬛，单击【反向】按钮⤢，再单击【去除材料】按钮⬚，预览无误后单击【确定】按钮✔完成底座内圈和销钉孔的创建。

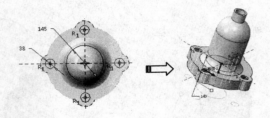

图 5-127 创建底座内圈和销钉孔

08 阀座零件设计完成,如图 5-128 所示。最后将结果保存。

图 5-128 阀座零件

Chapter

第 6 章　工程特征造型

Creo 的工程特征主要是基于父特征而创建的实体造
型。例如孔、肋、槽、拔模、抽壳等。本章将详细介绍工
程特征的功能。

学习目标：

- 常规工程特征
- 折弯特征
- 修饰特征

6.1 常规工程特征

6.1.1 孔特征

可以采用去除材料的方式从实体上创建孔，但直接创建简单孔和标准孔时不需要进入二维草绘，简化了孔的创建过程，并且孔特征采用更理想的预定义形式放置孔，可用鼠标在直接操纵确定位置和形状。

在 Creo 中可创建的孔的类型有：

◆ 简单孔：由带矩形剖面的旋转切口组成。可使用预定义矩形或标准孔轮廓作为孔轮廓，也可以为创建的孔指定埋头孔、扩孔和角度。

◆ 草绘孔：使用【草绘器】创建不规则截面的孔。

◆ 标准孔：创建符合工业标准螺纹孔。对于标准孔，会自动创建螺纹注释。

1. 孔特征操控板

单击【工程】面板中的按钮 ，打开【孔】操控板，操控板中各图标如图 6-1 所示。

图 6-1 【孔特征】操控板

在【孔】操控板中常用选项功能如下：

◆ 按钮：创建简单孔。

◆ 按钮：创建标准孔。

◆ 按钮：定义标准孔轮廓。

◆ 按钮：创建草绘孔。

◆ Ø19.00 下拉列表框：显示或修改孔的直径尺寸。

◆ 按钮：选择孔的深度定义形式。

◆ 39.14 下拉列表框：显示或修改孔的深度尺寸。

◆ 【放置】选项板：单击该菜单，显示如图 6-2 所示的对话框，在该对话框中可以指定孔特征的放置曲面、钻孔方向、定位方式和偏移参照以及设置偏置参数等内容。孔放置类型有 5 种，分别是：同轴、线性、径向、直径、在点上。

◆ 【形状】选项板：单击该菜单，显示如图 6-3 所示的选项，通过该上滑面板可以显示孔的形状，进行相关参数设置。单击该上滑面板中的孔深度文本框，即可从打开的深度下拉列表的 6 个选项中选取所需选项，进行孔深度、直径以及锥角等参数的设置，从而确定孔的形状。

图 6-2 【放置】选项板   图 6-3 【形状】选项板

◆ 【注解】选项板：可以预览正在建立或重新定义的标准孔特征的特征注释。【螺纹注释】显示在模型树和图形窗口中，而且会在打开【注解】上滑面板时出现在嵌入对话框中，如图 6-4 所示。

图 6-4 【注解】选项板

◆ 【属性】选项板：可以查看孔特征的参数信息，并且能够重命名孔特征。

2. 简单孔特征

简单孔需要设定孔的截面、位置和深度。简单孔是截面为圆的直孔，它的截面直径在操控板上或者图形区可以直接进行设定，而其位置的指定是重要的步骤，配合操控板完成孔特征的位置和深度的确定。

简单孔特征的一般创建过程如下：

（1）使用建立孔特征的命令。

（2）在操控板上选择所建孔的类型。简单孔类型的设置是程序默认的设置。

（3）选择孔特征的主参照，用于选择孔放置的曲面或者是曲面上的点、孔中心所在的轴，并设定孔定位的放置类型。

（4）选择孔定位的次参照，设定孔相对于次参照的尺寸。

（5）调整孔的直径，设定孔的深度。

（6）预览特征，完成创建。

创建孔特征时，选择不同的主参照可以配合使用的【放置类型】也不同，即孔可以选择的定位方式也不同。下面介绍选择各类主参照孔特征的建立方式。

操作步骤如下：

01 单击【孔】按钮 ，打开孔操控板。在操控板中输入孔直径 100，如图 6-5 所示。并选择孔深度类型为【钻孔至与所有曲面相交】。

图 6-5 设置孔参数

02 在模型中选择一个平面作为孔的放置平面，随后程序自动生成孔预览，如图 6-6 所示。

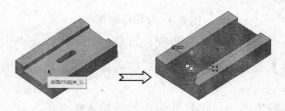

图 6-6 设置草绘平面和参照

03 在操控板的【参考】选项板中激活【偏移参考】收集器，然后按住 Ctrl 键选择

159

如图 6-7 所示的模型平面作为偏移参考。

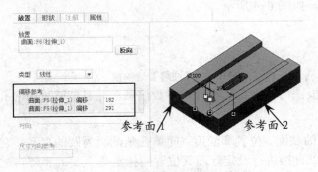

图 6-7　选择偏移参考平面

偏移参考可以是边、平面、基准平面或直线。

04 在选项板的偏移参考中修改偏移值，如图 6-8 所示。

 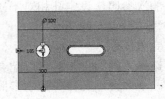

图 6-8　修改偏移值

05 在操控板中单击【应用】按钮 ✓，完成简单孔特征的创建。

3. 标准孔

标准孔是建立符合工业标准的各类装配用的螺纹孔或者不带螺纹的配合间隙孔。

操作步骤如下：

01 单击【孔】按钮 ⊡ 打开孔操控板。在操控板上单击【创建标准孔】按钮 ▒，将孔的类型切换到标准孔，如图 6-9 所示。

图 6-9　使用标准孔

02 在模型上选取一个面作为孔的放置面，如图 6-10 所示。然后打开操控板中的【放置】选项板，激活【偏移】收集器。按住 Ctrl 键后依次选取两个参照对象，用于对孔进行定位，如图 6-11 所示。

03 在【偏移参考】收集器中单击尺寸值，重新输入需要的尺寸，完成后按 Enter 键确认，如图 6-12 所示。

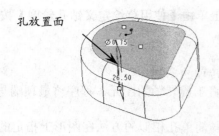
孔放置面

图 6-10　选取孔放置面

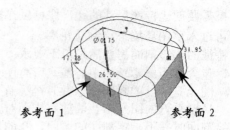
参考面 1　　　参考面 2

图 6-11　选取偏移参考平面

04 在操控板上选择螺纹标准 ISO，并修改螺纹的尺寸——从下拉列表中选取合适的螺纹值。在操控板上打开【形状】选项板，在其中设置孔的详细形状尺寸，如图 6-13 所示。

图 6-12　修改偏移参考值

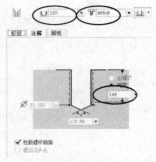

图 6-13　调整螺纹尺寸

05 在操控板上修改孔的深度，输入需要的深度值后按 Enter 键确认，如图 6-14 所示。此时可以在绘图区中观察到孔的预览图形，如图 6-15 所示。

输入深度尺寸

图 6-14　输入孔的深度

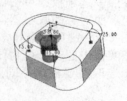

图 6-15　孔的预览图形

06 所有的参数设置完成后，在操控板上单击【应用】按钮，程序将创建一个标准孔，在孔的旁边还有其特征的说明，如图 6-16 所示。

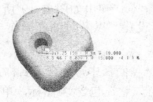

图 6-16　完成标准孔的创建

4.　草绘孔轮廓

如果需要创建特殊尺寸的孔，您可以在操控板上单击【使用草绘定义钻孔轮廓】按钮，即可进入草图环境下绘制孔轮廓。

孔特征的草绘剖面需要满足以下要求：

- 包含作为旋转轴的中心线，所有图元在旋转轴的一侧。
- 图元是单一的封闭链，并且至少有一条垂直于旋转轴的图元，程序将最顶端与旋转轴垂直的图元与孔的放置平面对齐。

草绘剖面时并不指定剖面的参照，孔的位置是与简单孔相似的方法在图形上指定的。剖面设定以后，程序会指示"选取曲面、轴或点来放置孔"。使用面板的"放置"选项卡或者图形上的图柄将孔定位即可。也可以先设定孔的位置，再进行剖面的设定。

6.1.2 壳特征

壳特征就是将实体内部掏空，变成指定壁厚的壳体，主要用于塑料和铸造零件的设计。单击【工程】面板中的按钮，打开【壳】操控板，如图 6-17 所示。

图 6-17 【壳】特征操控板

【壳】特征操控板中的选项含义如下：

- 厚度 1.96 下拉列表框：定义壳的厚度。
- 按钮：单击该按钮，可以在参照的另一侧创建壳体，其效果与输入负值的厚度相同。一般情况下，正值时常用的数值输入方式即挖空实体内部形成壳，而负值则是在实体外部加上指定的壳厚度。
- 【参照】选项板：单击该菜单，弹出如图 6-18 所示选项板。在面板中包括两个用于指定参照对象的收集器，【移除的曲面】收集器用于选取需要移除的曲面或曲面组，按住 Ctrl 键可以选择多个曲面作为移除面。如果不选择任何曲面作为移除面，则可以在实体中建立一个封闭的壳，整个实体内部呈现挖空状态。【非默认厚度】收集器用于选取需要指定不同厚度的曲面，并且可以对收集器中的每一个曲面分别指定厚度。

　　使用【非缺省厚度】创建多个壁厚时，必须选择与被去除表面邻近的曲面。

- 【选项】选项板：单击该菜单，弹出如图 6-19 所示选项板。利用该面板，可以对抽壳对象中的排除曲面进行设置，以及对抽壳操作与其他凹角或凸角特征之间的切削穿透特征进行设置。

【属性】选项板：在【属性】选项面板中，包含【名称】文本框，可在其中为壳特征键入定制名称，以替换自动生成的名称。它还包含图标，单击它可以显示关于特征的信息。

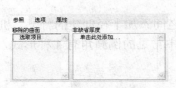

图 6-18　【参照】选项板　　　　　　　　　　　图 6-19　【选项】选项板

1.　选择实体上要移除的表面

在模型上选取要移除的曲面，当要选取多个移除曲面时需按住 Ctrl 键。选取的曲面将显示在操控板的【参照】选项板中。

当要改变某个移除面侧的壳厚度时，可以在【非默认厚度】收集器中选取该移除面，然后修改厚度值，如图 6-20 所示。

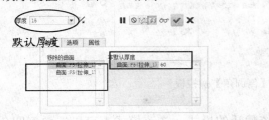

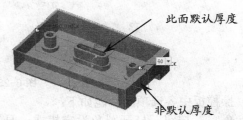

图 6-20　选取要移除的曲面

2.　薄壳操作的注意事项

◆　当模型上某处的材料厚度小于指定的壳体厚度时，薄壳特征不能建立。

◆　建立壳特征时选取要移除的曲面不可以与邻接的曲面相切。

◆　建立壳特征时选取要移除的曲面不可以有一项点是由三个曲面相交所形成的交点。

◆　若实体有一项点是由 4 个以上的实体表面所形成的交点，壳特征可能无法建立，因为 4 个相交于一点曲面在偏距后不一定会再相交于一点。

◆　所有相切的曲面都必须有相同的厚度值。

3.　其他设置

在壳操控板中还可以将厚度侧设为反向，也就是将壳的厚度加在模型的外侧。方法是厚度数值输入为负数，或者单击操控板上的【更改厚度方向】按钮。

如图 6-21 所示，深色线为实体的外轮廓线，左图为薄壳的生成侧在内侧，右图为薄壳的生成侧在外侧。

薄壳生成侧在内侧　　　　　　　　　　　　　薄壳生成侧在外侧

图 6-21　不同的薄壳生成侧

163

6.1.3 圆角特征

圆角特征是在一条或多条边、边链或在曲面之间添加半径创建的特征。机械零件中圆角用来完成表面之间的过渡，增加零件强度。在 Creo 中常见的倒圆角有 4 种形式，如图 6-22 所示。

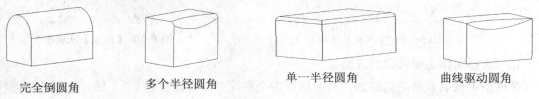

完全倒圆角　　　　　多个半径圆角　　　　　单一半径圆角　　　　曲线驱动圆角

图 6-22　圆角形式

单击【工程】面板上的【倒圆角】按钮 ，打开【倒圆角】操控板，如图 6-23 所示。

图 6-23　【倒圆角】操控板

操控板中各选项的功能如下：

◆ 按钮：打开圆角设定模式，是系统默认的模式。在该模式下可以选取倒圆角的参照、控制倒圆角的各项参数，是常用的模式。

◆ 按钮：打开圆角过渡模式。可以定义倒圆角特征的所有过渡，切换到该模式后，系统自动在模型中显示可设置的过渡区。

◆ 5.50 下拉列表框：用户可以直接输入或选择创建圆角的半径值。

◆ 【集】选项板：单击该菜单弹出如图 6-24 所示的面板，使用此面板可以选取倒圆角的参照、控制倒圆角的各项参数以及处理倒圆角的组合。【集】选项板中的【设置列表】包括所有倒圆角集，可以添加、删除倒圆角集，或者选择圆角集进行修改；【截面形状】控制圆角的截面形状；【圆锥系数】用于控制【圆锥】倒圆角的锐度，只有在截面形状选择了【圆锥】或者 D1×D2 时可用；【创建方法】控制活动圆角集的创建方法；【参照收集器】列出所选取的参照；【细节】用于修改链属性；【半径列表】列出圆角的半径值；【完全倒圆角】用于完全倒圆角，只有在有效地选择了完全倒圆角的参照后该按钮才可用。

◆ 【过渡】选项板：通过该菜单用户可以定义倒圆角特征的所有过渡，切换到该模式后，Creo 会自动在模型中显示可设置的过渡区。

◆ 【段】选项板：可以显示所有已选的圆角对象以及圆角对象所包含曲线段，如图 6-25 所示。

◆ 【选项】选项板：单击该菜单，在弹出的面板中选择创建实体圆角或曲面圆角，如图 6-26 所示。

1. 【属性】选项板

在【属性】选项板中，可以浏览圆角特征的类型、参照以及半径等参数信息，并且能够重命名圆角特征。倒圆角类型使用倒圆角命令可以创建以下类型的倒圆角：

◆ 恒定：一条边上倒圆角的半径数值为恒定常数，如图 6-27 所示。

◆ 可变：一条边的倒圆角半径是变化的，如图 6-28 所示。

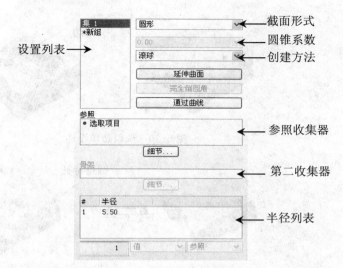

图 6-24 【集】选项板

图 6-25 【过渡】选项板　　　　　　　　　图 6-26 【选项】选项板

图 6-27 恒定倒圆角　　　　　　　　　图 6-28 可变倒圆角

◆ 曲线驱动倒圆角：由基准曲线来驱动倒圆角的半径，如图 6-29 所示。

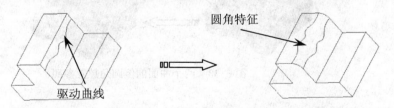

图 6-29 曲线驱动的倒圆角

2. 倒圆角参照的选取

倒圆角放置的参照有三种选取方法：

◆ 边或者边链：直接选取倒圆角放置的边或者边链（相切边组成链）。可以按住 Ctrl 键一次性选取多条边，如图 6-30 所示。

◆ 如果有多条边相切，在选取其中一条边时，与之相切的边链会同时被全部选中，进行倒圆角，如图 6-31 所示。

◆ 曲面到边：按住 Ctrl 依次选取一个曲面和一条边来放置倒圆角，创建的倒圆角通过指定的边与所选曲面相切，如图 6-32 所示。

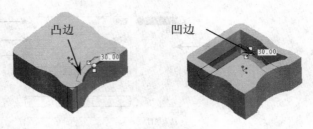

图 6-30　选取边单个边

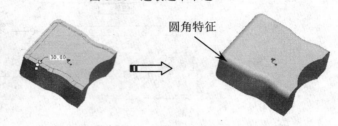

图 6-31　相切边链同时被选取

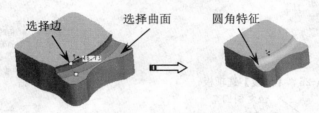

图 6-32　曲面到边的倒圆角

◆　两个曲面：按住 Ctrl 依次选取两个曲面来确定倒圆角的放置，创建的倒圆角与所选取的两个曲面相切，如图 6-33 所示。

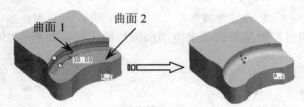

图 6-33　两个曲面的倒圆角放置参照

6.1.4　自动倒圆角

自动倒圆角工具是针对图形区中所有实体或曲面进行自动倒圆的工具。当需要对模型统一的尺寸倒圆时，此工具可以快速地创建圆角特征。在【工程】面板中单击【自动倒圆角】命令，打开【自动倒圆角】操控板，如图 6-34 所示。

图 6-34　【自动倒圆角】操控板

操控板中各选项及选项板的含义如下：

- ◆ 凸边 ⟋：勾选此复选框，将自动创建图形区中所有的凸边的圆角特征。在圆角半径值文本框中可编辑尺寸。
- ◆ 凹边 ⌐：勾选此复选框，将自动创建图形区中所有的凹边的圆角特征。在圆角半径值文本框中"相同"表示与凸边的尺寸相同。也可输入新尺寸。
- ◆ 【范围】选项板：此选项板用来指定详细的倒圆对象。包括实体、曲面或选定的边，如图 6-35 所示。选择其中一种，将只对其进行倒圆角。
- ◆ 【排除】选项板：此选项板用来排除不需要倒圆的边，如图 6-36 所示。
- ◆ 【选项】选项板：在此选项板中，可以将创建的圆角特征设定为一个组。便于管理，如图 6-37 所示。

图 6-35 【范围】选项板　　　　图 6-36 【排除】选项板　　　　图 6-37 【选项】选项板

如图 6-38 所示为对模型中所有凹边进行倒圆的范例。

图 6-38 自动倒圆的操作过程

6.1.5 倒角

倒角是处理模型周围棱角的方法之一，操作方法与倒圆角基本相同。Creo 地提供了边倒角和拐角倒角两种倒角类型，边倒角沿着所选择边创建斜面，拐角倒角在 3 条边的交点处创建斜面。

1. 边倒角

单击【工程】面板中的【倒角】按钮 ⟍，打开【边倒角】操控板，如图 6-39 所示。

图 6-39 【边倒角】特征操控板

【边倒角】操控中各选项的作用及操作方法介绍如下：

- ◆ ▦ 按钮：激活【集】模式，可用来处理倒角集，Creo 默认选取此选项。
- ◆ ▦ 按钮：打开圆角过渡模式。

◆ 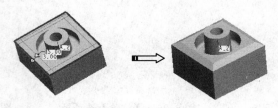 下拉列表框：指定倒角形式，包含基于几何环境的有效标注形式的列表。系统为用户提供了 4 种边倒角的创建方法。

◆ 【集】选项板、【段】选项板、【过度】菜单及【属性】选项板内容及使用方法与建立圆角特征的内容相同。

创建边倒角的主要步骤如下：

(1) 单击【工程】面板中的按钮 🔑 ，打开【边倒角】操控板。

(2) 在实体模型上选取边线，设置倒角类型并输入参数值。

(3) 单击按钮 ☑ ，完成边倒角特征的创建。

创建的倒角特征如图 6-40 所示。

图 6-40 边倒角

2. 拐角倒角

利用【拐角倒角】工具，可以从零件的拐角处去除材料，从而形成拐角处的倒角特征。拐角倒角的大小是以每条棱线上开始倒角处和顶点的距离来确定的，所以通常要输入 3 个参数。

在【工程】面板中单击【拐角倒角】命令，打开【拐角倒角】操控板，如图 6-41 所示。

操控板中 D1、D2、D3 的值用来确定拐角倒角的 3 边距离。

可以在操控板文本框中输入值，也可以在图形区中双击尺寸来修改。

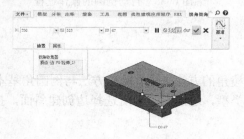

图 6-41 【拐角倒角】操控板

6.1.6 肋特征

肋在零件中起到增加刚度的作用。在 Creo 中可以创建两种形式的肋特征：直肋和旋转肋，当相邻的两个面均为平面时，生成的肋称为直肋，即肋的表面是 1 个平面；相邻的两个面中有 1 个为回转面时，草绘肋的平面必须通过回转面的中心轴，生成的肋为旋转肋，其表面为回转面。

肋特征从草绘平面的两个方向上进行拉伸，肋特征的截面草图不封闭，肋的截面只是一条链，而且链的两端必须与接触面对齐。直肋特征草绘只要线端点连接到曲面上，形成一个要填充的区域即可；而对旋转肋，必须在通过旋转曲面的旋转轴的平面上创建草绘，并且其线端点必须连接到曲面，以形成一个要填充的区域。

Creo 提供了两种肋的创建工具：轨迹肋和轮廓肋。

1. 轨迹肋

轨迹肋是沿着草绘轨迹，并且可以创建拔模、圆角的实体特征。单击【工程】面板中的【轨迹肋】特征按钮 ，打开【轨迹肋】特征操控板，如图 6-42 所示。

图 6-42 【轨迹肋】操控板

操控板上中选项作用如下：

◆ 添加拔模 🔺：单击此按钮，可以创建带有拔模角度的肋。拔模角度可以在图形区中单击尺寸进行修改，如图 6-43a 所示。

◆ 在内部边上添加倒圆角 🔺：单击此按钮，在肋与实体相交的边上创建圆角。圆角半径可以在图形区中单击尺寸进行修改，如图 6-43b 所示。

◆ 在暴露边上添加倒圆角 🔺：单击此按钮，在轨迹线上添加圆角，如图 6-43c 所示。

◆ 【参照】选项板：用于指定肋的放置平面，并进入草绘环境进行截面绘制。

◆ ⬜ 按钮：改变肋特征的生成方向，可以更改肋的两侧面相对于放置平面之间的厚度。在指定肋的厚度后，连续单击 ⬜ 按钮，可在对称、正向和反向三种厚度效果之间切换。

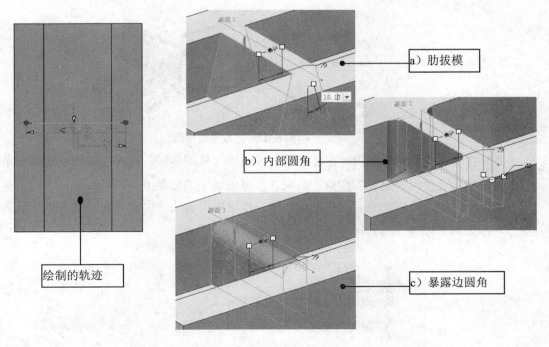

图 6-43 肋的附加特征

169

◆  文本框：设置肋特征的厚度。

◆ 【属性】选项板：在【属性】上滑面板中，可以通过单击按钮 🗓 预览肋特征的草绘平面、参照、厚度以及方向等参数信息，并且能够对肋特征进行重命名。

> **重点** 有效的筋特征草绘必须满足如下规则：单一的开放环；连续的非相交草绘图元；草绘端点必须与形成封闭区域的连接曲面对齐。

2. 轮廓肋

轮廓肋与轨迹肋不同的是，轮廓肋是通过草绘肋的形状轮廓来创建。轨迹肋则是通过草绘轨迹来创建的扫描肋。

单击【工程】面板中的【轮廓肋】特征按钮 🖋，打开【轮廓肋】特征操控板，如图 6-44 所示。

图 6-44　【轮廓肋】操控板

操作步骤如下：

01 在【轮廓肋】操控板上打开【参照】选项板，再单击【定义】按钮，然后在绘图区中选取一个基准平面作为草绘平面，程序将提示参照平面和草绘平面，如图 6-45 所示。

图 6-45　选取草绘平面

02 在【草绘】对话框中单击【草绘】按钮进入草图环境。在草绘环境中绘制一条斜线，并将斜线的端点使用"重合"约束，约束在模型的边上，如图 6-46 所示。

03 草图轮廓绘制完成后退出草图环境。程序将提示肋的生成方向，单击指示箭头可以改变方向，如图 6-47 所示。

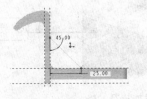

图 6-46　绘制肋的轮廓线

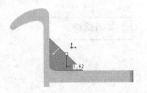

图 6-47　确定生成方向

筋轮廓需要满足以下几点：轮廓线是一个开放式的单一链，草绘端点必须与模型的边界对齐形成封闭区域；剖面上各图元之间不能交叉。

04 在操控板中输入肋的厚度值，同时可以单击"更改两个侧"按钮 ⅔，更改肋的宽度方向。最后单击"应用"按钮 ✓，程序将创建一个肋，如图 6-48 所示

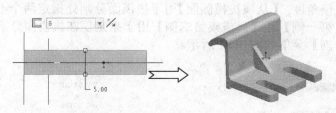

图 6-48　创建完成肋特征

6.1.7　拔模特征

在塑料拉伸件、金属铸造件和锻造件中，为了便于加工脱模，通常会在成品与模具型腔之间引入一定的倾斜角，称为【拔模角】。拔模特征就是为了解决此类问题，将单独曲面或一系列曲面中添加一个介于 -30°～30° 之间的拔模角度。可以选择的拔模曲面有平面或圆柱面，并且当曲面为圆柱面或平面时，才能进行拔模操作。曲面边的边界周围有圆角时不能拔模，但可以先拔模，再对边进行圆角操作。

1. 拔模特征基本概念
- ◆ 拔模曲面：要拔模的模型的曲面。可以拔模的曲面有平面和圆柱面。
- ◆ 拔模枢轴：曲面围绕其旋转的拔模曲面上的线或曲线（也称作中立曲线）。可通过选取平面（在此情况下拔模曲面围绕它们与此平面的交线旋转）或选取拔模曲面上的单个曲线链来定义拔模枢轴。
- ◆ 拖动方向（拔模方向）：用于测量拔模角度的方向。通常为模具开模的方向。可通过选取平面（在这种情况下拖动方向垂直于此平面）、直边、基准轴或坐标系的轴来定义它。
- ◆ 拔模角度：拔模方向与生成的拔模曲面之间的角度。如果拔模曲面被分割，则可为拔模曲面的每侧定义两个独立的角度。拔模角度必须在-30°～30° 范围内。

1. 【拔模】

在【工程】面板上单击【拔模】 按钮，打开拔模操控板，如图 6-49 所示。

图 6-49　【拔模】操控板

操控板各项含义如下：
- ◆ 　：选择拔模枢轴。
- ◆ 　：选择拔模方向。

◆ ⚒ 按钮：改变拔模方向。
◆ ∠ 1.00 文本框：输入拔模角度。
◆ ⚒：反转角度以添加或去除材料。
◆ 【参照】选项板：用于定义拔模枢轴、拔模曲面和拔模方向。【参照】选项板的内容如图 6-50 所示。
◆ 【分割】菜单：用于确定是否分割对象以及对象的分割方式。在【侧选项】中有独立拔模侧面等几个选项，其中【独立拔模侧面】用于在拔模面分割处指定两个不同的拔模角度；【从属拔模侧面】用于拔模面分割处指定两个不同的拔模角度；【只拔模第一侧】和【只拔模第二侧】用于指定仅在拔模面分割处的一侧进行拔模。【分割】菜单如图 6-51 所示。

图 6-50 【参照】选项板   图 6-51 【分割】菜单

◆ 【角度】菜单：进行拔模角度的设置，在此处单击鼠标右键，会出现一个弹出菜单，里面有【添加角度】、【反向角度】和【成为常数】3 个选项。【角度】菜单如图 6-52 所示。
◆ 【选项】选项板：【选项】选项板中的【拔模相切曲面】选项用于设定沿着切面分布拔模特征；【延伸相交曲面】选项用来设置当拔模面与一边相交时，系统自动调节拔模体，并与边相交。【选项】选项板如图 6-53 所示。

图 6-52 【角度】菜单   图 6-53 【选项】选项板

2. 创建拔模特征范例

以一个实例说明拔模操作的方法，操作步骤如下：

（1）在【工程】面板上单击 ⚒ 按钮，打开拔模操控板。

（2）打开【参照】选项板。按住 Ctrl 键，选择图 6-54 所示的拔模曲面、拔模枢轴，并定义拖拉方向。

（3）输入拔模角度 20°。

（4）单击 ✔ 按钮完成拔模操作，结果如图 6-55 所示。

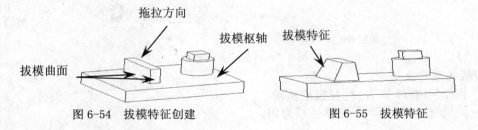

图 6-54 拔模特征创建   图 6-55 拔模特征

172

6.2 折弯特征

创建复杂特征的方法包括环形折弯、骨架折弯和管道等，本节介绍常用的复杂特征创建方法。

6.2.1 环形折弯

【环形折弯】操作将实体、曲面或基准曲线在 0.001°～360° 范围内折弯成环形，可以使用此功能从平整几何到创建汽车轮胎、瓶子等。

用于定义环形折弯特征的强制参数包括【截面轮廓】、【折弯半径】以及【折弯几何】，可选参数包括【法向曲线截面】和【非标准曲线折弯】选项，其含义分别如下：

◆ 截面轮廓：定义旋转几何的轮廓截面。
◆ 折弯半径：设置坐标系原点到折弯轴之间的距离。
◆ 法向参照截面：定义垂直于中性平面的曲面折弯后方向。平整状态下垂直于中性平面的所有曲面在折弯后都会垂直于轮廓曲面。
◆ 曲线折弯：设置曲线上的点到具有弯曲轮廓的折弯的轮廓截面平面的距离。

这些参数通过【环形折弯】操控板进行设置。在【工程】面板中单击【工程】|【环形折弯】命令，打开【环形折弯】操控板进行环形折弯操作，如图 6-56 所示。

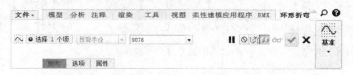

图 6-56 【环形折弯】操控板

【环形折弯】操控板中各选项及选项板的含义如下。

◆ 截面轮廓收集器：选取用于确定轮廓截面的内部草绘或外部截面。轮廓截面必须包含可旋转几何坐标系才能指示中性平面的位置。对于内部轮廓截面，只有创建了有效的坐标系，才能退出草绘器并继续操作。
◆ 折弯半径：有 3 种方式定义折弯半径，分别是折弯半径、折弯轴、360° 折弯。其中【折弯半径】用于设置坐标系原点与折弯轴之间的距离；【折弯轴】设置折弯所绕的轴；【360° 折弯】用于设置完全折弯（360º），指定两个用于定义要折弯的几何的平面，折弯半径等于两个平面间的距离除以 2π。【参照】选项板包含环形折弯特征中所使用的参照收集器，如图 6-57 所示。
◆ 【选项】选项板选项：包含用于定义曲线折弯选项，如图 6-58 所示。

图 6-57 【参照】选项板　　　　图 6-58 【选项】选项板

各选项的含义如下：

◆ 标准：根据环形折弯的标准算法对链进行折弯。
◆ 保留在角度方向的长度：选项创建另一个环形折弯，则其结果等效于使用【标准】选项创建单个环形折弯
◆ 保持平整并收缩：使曲线链保持平整并位于中性平面内。曲线上的点到轮廓截面平面的距离缩短。
◆ 曲线折弯：为曲线收集器中的所有曲线定义折弯选项。

◆ 【属性】选项面板提供环形折弯特征的名称。可以输入新名称，或接受默认名称。

操作步骤如下：

01 利用拉伸命令，创建长方体特征，然后再利用拉伸命令在其上创建小方块，如图 6-59 所示。

图 6-59　零件模型

02 创建曲面。选择图中箭头所指表面，进行复制和粘贴操作，创建一个曲面。

03 选择【环形折弯】命令，打开【环形折弯】操控板。在【参照】选项板中勾选【几何实体】复选框，然后选择上步中创建的曲面作为面组参照，并单击【定义】按钮。

04 选择零件侧面作为草绘平面，如图 6-60 所示。

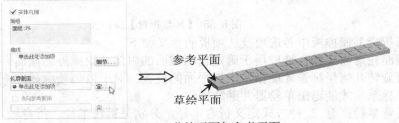

图 6-60　草绘平面与参考平面

05 绘制如图 6-61 所示的轮廓。选择基准特征工具条上的 按钮，然后创建几何坐标系。

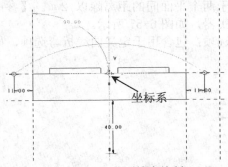

图 6-61　截面轮廓绘制

绘制轮廓截面时必须建立基准坐标系，否则不能构建折弯特征，坐标系一般位于几何图元上，否则草绘轮廓应该具有切向图元。建立坐标系的命令是【基准】面板中的【坐标系】命令，不能是【草绘】面板中的【坐标系】命令。

06 设置折弯角度为 360º 折弯，选择图 6-62 所示的两个面定义折弯长度。

07 单击☑按钮，完成绘制，结果如图 6-63 所示。

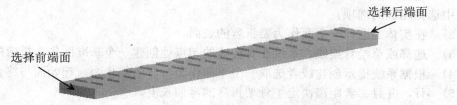

选择后端面

选择前端面

图 6-62　定义折弯长度

图 6-63　环形折弯创建结果

6.2.2　骨架折弯

骨架折弯是以具有一定形状的曲线作为参照，将创建的实体或曲面沿着曲线进行弯曲，得到所需要的造型。

在【工程】面板中选择【工程】|【骨架折弯】命令，打开【选项】菜单管理器，如图 6-64 所示。

图 6-64　【选项】选项板

【选项】选项板中的内容含义如下：

◆　选取骨架线：选取已有的曲线作为骨架线。

◆　草绘骨架线：草绘曲线作为骨架线。

◆　无属性控制：弯曲效果不受骨架线控制。

◆ 截面属性控制：弯曲效果受骨架线控制。
◆ 线性：配合截面属性控制选项，骨架线线性变化。
◆ 图形：配合截面属性控制选项，骨架线随图形变化。

骨架线与实体必须相切。

骨架折弯特征创建过程如下：

1) 选择【插入】/【高级】/【骨架折弯】命令，打开【选项】选项板。在【选项】选项板中选择相应的选项。

2) 在实体上选择一个面作为要折弯的表面。

3) 选择或草绘骨架线，系统在骨架线的起点处创建一个基准面作为折弯的起始面。

4) 根据系统提示创建或者选取一个平面作为折弯的终止面，起始面与终止面平

5) 行，并且二者距离决定了骨架折弯的弯曲长度。

6) 骨架折弯操作的效果如图 6-65 所示。

图 6-65　骨架折弯特征

6.3　修饰特征

6.3.1　修饰槽

修饰槽是一种投影修饰特征，通过草绘方式绘制图形并将其投影到曲面上，常用于制作铭牌。修饰槽特征的创建过程如下：

（1）选择【修饰槽】命令，打开【特征参考】菜单，如图 6-66 所示。其中的【添加】、【移除】、【全部移除】、【替换】选项用于选择、移除和替换修饰槽的投影曲面，确定修饰槽特征的放置曲面。

（2）选择绘制修饰槽形状的绘图平面，并在草图环境下绘制修饰槽的形状图形。

（3）完成修饰槽绘制，返回零件模式下，同时完成了修饰槽的创建。

（4）创建的修饰槽特征如图 6-67 所示。

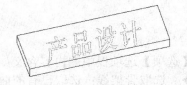

图 6-66　【特征参考】菜单　　　　　　　　　　　　图 6-67　修饰槽特征

6.3.2　指定区域

利用指定区域功能可以在一个曲面上通过封闭的曲线指定一部分特殊的区域,将整个曲面分成不同的部分,可以给不同的区域施以不同的颜色,以示区分和强调。

修饰槽特征的创建过程如下:

(1)在要创建指定区域特征的曲面上通过草绘等方法创建封闭的曲线。

(2)选择【指定区域】命令。

(3)选择所创建的封闭曲线,完成指定区域特征的创建。

创建的制定区域特征如图 6-68 所示。

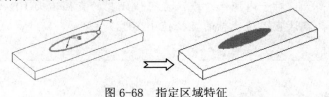

图 6-68　指定区域特征

6.3.3　修饰螺纹

添加的螺纹修饰能够在工程图中显示和打印,避免了使用螺旋扫面方法创建的螺纹特征在生成工程图时显示螺纹牙形,不符合制图标准的问题。

选择【修饰螺纹】命令,打开【螺纹】操控板,如图 6-69 所示。

图 6-69　【螺纹】操控板

修饰螺纹也分简单螺纹和标注螺纹 2 种。通过【放置】选项板和【深度】选项板来定义螺纹特征附着的圆柱曲面,以及螺纹的深度,如图 6-70 所示。

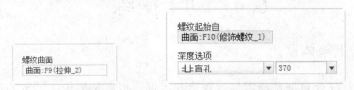

图 6-70　【放置】选项板和【深度】选项板

在操控板中,可以输入螺纹的直径和螺纹的间距。对于标准螺纹,可以选择 ISO 国际标准、美国标准等系列的螺纹。

定义螺纹修饰的主要步骤如下:

1)选择【修饰螺纹】命令,打开【螺纹】操控板。

2)选择添加螺纹修饰的曲面。

3)选择螺纹的起始面,并确定修饰螺纹的生成方向。

4)定义螺纹长度。

5)定义螺纹直径。

6）单击【应用】按钮，完成螺纹修饰的创建。

创建的螺纹修饰特征如图 6-71 所示。

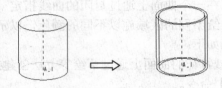

图 6-71　螺纹修饰特征

> 　　对于内螺纹，默认直径值比孔的直径值大 10%；对于外螺纹，默认直径值比轴的直径值小 10%。

6.3.4　修饰草绘

草绘特征被绘制在零件的表面上，可以为特征表面的不同区域设置不同的线型和颜色属性。选择【修饰草绘】命令，打开【修饰草绘】对话框，如图 6-72 所示。选择一个草绘平面，即可进入草图环境绘制草图。

图 6-72　【修饰草绘】对话框

6.4　动手操练

6.4.1　减速器上箱体设计

减速器的主要部件包括传动零件、箱体和附件，也就是齿轮、轴承的组合及箱体、各种附件，本练习主要介绍减速器箱体上箱体的建模过程。减速器的上箱体模型如图 6-73 所示。

图 6-73　减速器的上箱体模型

就减速器上箱体模型来看，模型中最大的特征就是中间带有大圆弧的拉伸实体，其余小特征（包括小拉伸实体、孔等）皆附于其上。也就是说，建模就从最大的主要特征开始。

操作步骤

01 启动 Creo，并设置工作目录。然后新建命名为"减速器上箱体"的零件文件，如图 6-74 所示。

图 6-74　新建零件文件

02 在【模型】选项卡的【形状】面板中单击【拉伸】按钮 打开操控板。然后在图形区中选取标准基准平面 FRONT 作为草绘平面，如图 6-75 所示。进入二维草绘环境中绘制如图 6-76 所示的拉伸截面。

图 6-75　选取草绘平面

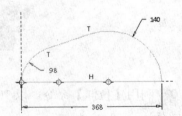

图 6-76　绘制截面

03 绘制完成后退出草绘环境，然后预览模型。在操控板选择"在各方向上以指定深度值的一般"深度类型，并在深度值文本框中输入值 102，预览无误后单击【确定】 按钮完成第一个拉伸实体特征的创建，如图 6-77 所示。

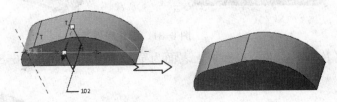

图 6-77　创建箱体主体

04 使用【壳】工具，对主体进行抽壳，壳厚度为 4. 如图 6-78 所示。

05 执行【拉伸】命令，以相同的草绘平面进入草图环境绘制如图 6-79 所示的拉伸截面。

06 在操控板选择"在各方向上以指定深度值的一般"深度类型，并在深度值文本框中输入值 13，最后单击【应用】按钮完成拉伸实体的创建，如图 6-80 所示。

图 6-78　创建壳特征

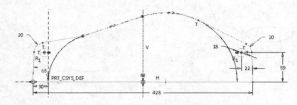

图 6-79　拉伸截面

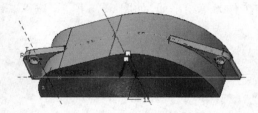

图 6-80　创建第 2 个拉伸实体

07 利用【拉伸】命令，以 TOP 基准平面为草绘平面，创建如图 6-81 所示的厚度为 12 的底板实体。

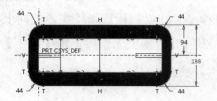

图 6-81　创建底板实体

08 利用【拉伸】命令，以底板上表面为草绘平面，创建如图 6-82 所示的厚度为 25 的底板实体。

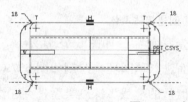

图 6-82　创建厚度 25 的实体

09 利用【拉伸】命令，以 FRONT 为草绘平面，创建如图 6-83 所示的向两边拉伸厚度为 196 的实体。

10 利用【拉伸】命令，以 FRONT 为草绘平面，创建如图 6-84 所示的减材料特征。

11 同理，在 FRONT 基准平面中再绘制草图来创建如图 6-85 所示的减材料特征。

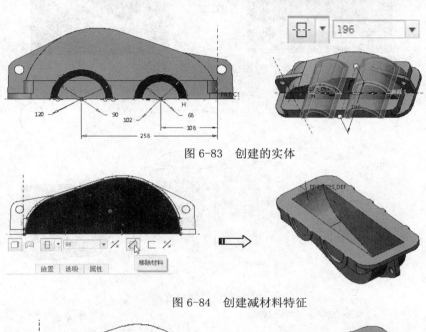

图 6-83 创建的实体

图 6-84 创建减材料特征

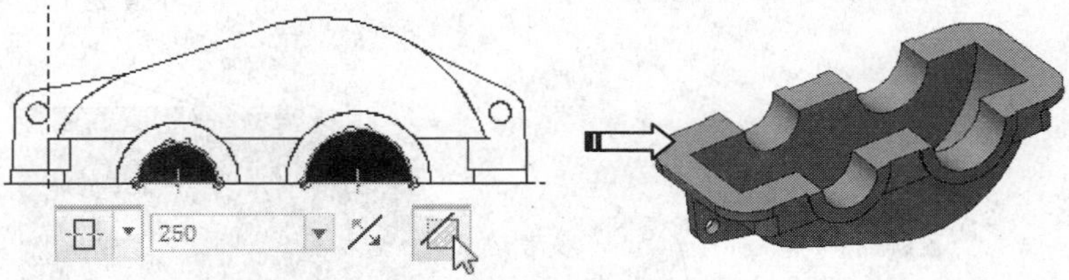

图 6-85 创建减材料特征

12 利用【拉伸】命令，在如图 6-86 所示的平面上创建拉伸实体。

13 在实体上再创建减材料特征，如图 6-87 所示。

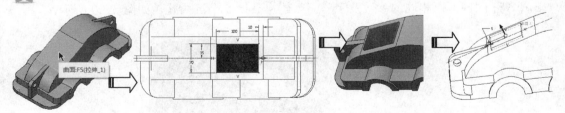

图 6-86 拉伸至指定平面

14 将视图设为 TOP。在【工程】面板中单击【孔】按钮打开【孔】操控板。在操控板中设置如图 6-88 所示的选项及参数，然后在模型中选择放置面。

15 在【放置】选项板中激活偏移参考收集器，然后选取如图 6-89 所示的两条边作为偏移参考，并输入偏移值。最后单击【应用】按钮完成沉头孔的创建。

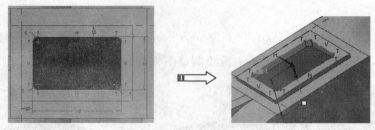

图 6-87　创建减材料特征

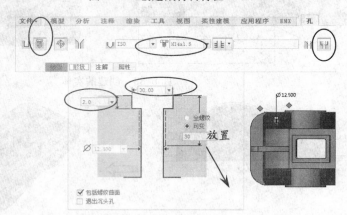

图 6-88　绘制拉伸截面

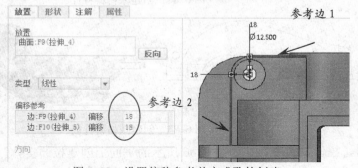

图 6-89　设置偏移参考并完成孔的创建

16 同理，以相同的参数及步骤，创建出其余 5 个沉头孔，如图 6-90 所示、

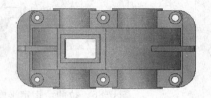

图 6-90　创建其余沉头孔

17 使用【孔】工具。创建出如图 6-91 所示的 4 个小沉头孔。

18 利用【倒圆角】命令，对上箱体零件的边倒圆，半径分别为 10 和 5. 如图 6-92 所示。

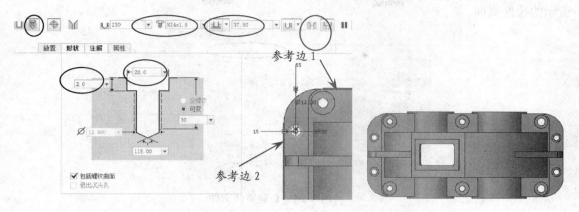

图 6-91　创建 4 个小沉头孔

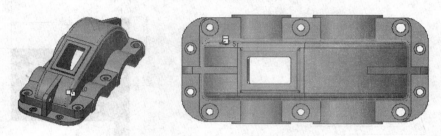

图 6-92　倒圆角处理

19 减速器上箱体设计完成，最后将结果保存在工作目录中。

6.4.2　减速器下箱体设计

下箱体的结构设计与上箱体类似，同样要使用"拉伸"、"修剪的片体"、"求和"、"求差"等工具来共同完成此项工作，图 6-93 所示为下箱体零件。

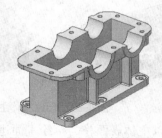

图 6-93　减速器下箱体零件

操作步骤

01 启动 Creo，并设置工作目录。然后新建命名为"减速器下箱体"的零件文件，如图 6-94 所示。

02 在【模型】选项卡的【形状】面板中单击【拉伸】按钮□打开操控板。然后在图形区中选取标准基准平面 FRONT 作为草绘平面，如图 6-95 所示。进入二维草绘环境中绘制如图 6-96

所示的拉伸截面。

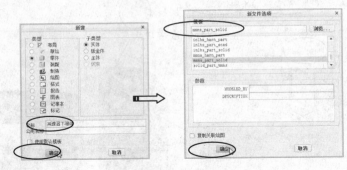

图 6-94　新建零件文件

图 6-95　选取草绘平面

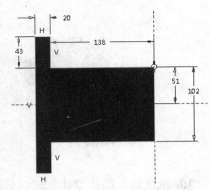

图 6-96　绘制截面

03 绘制完成后退出草绘环境，然后预览模型。在操控板选择"在各方向上以指定深度值的一般"深度类型，并在深度值文本框中输入值 368，预览无误后单击【确定】✔按钮完成第一个拉伸实体特征的创建，如图 6-97 所示。

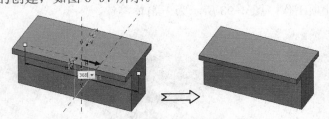

图 6-97　创建箱体主体

04 执行【拉伸】命令，以主体表面作为草绘平面进入草图环境绘制如图 6-98 所示的拉伸截面。

05 在操控板深度值文本框中输入值 12，最后单击【应用】按钮完成拉伸实体的创建，如图 6-99 所示。

06 利用【倒圆角】命令，对实体边进行倒圆。圆角半径为 18，如图 6-100 所示。

07 利用【拉伸】命令，以如图 6-101 所示的实体平面为草绘平面，绘制拉伸截面。

08 退出草图环境后，再创建出拉伸厚度为 25 的实体，如图 6-102 所示。

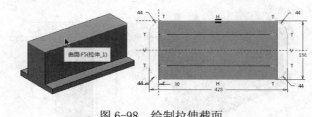

图 6-98　绘制拉伸截面

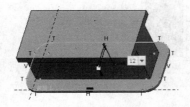

图 6-99　创建第 2 个拉伸实体

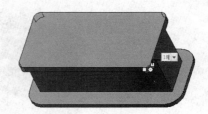

图 6-100　创建倒圆角

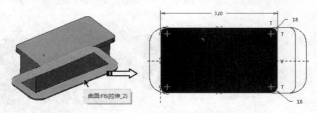

图 6-101　绘制草图截面

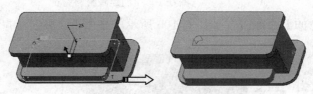

图 6-102　创建拉伸实体

09 利用【拉伸】命令，以 FRONT 为草绘平面，创建如图 6-103 所示的厚度为 196 的半圆实体。

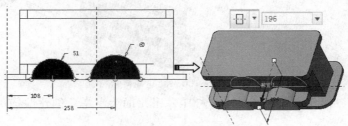

图 6-103　创建半圆实体

10 利用【拉伸】命令，以实体表面为草绘平面，创建如图 6-104 所示的拉伸厚度为 150 的减材料特征。

11 同理，在 FRONT 基准平面中再绘制草图来创建如图 6-105 所示的减材料特征。

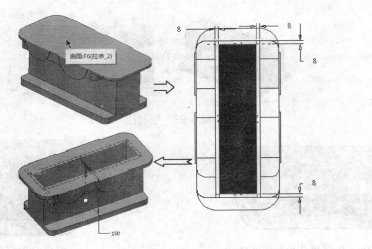

图 6-104　创建减材料特征

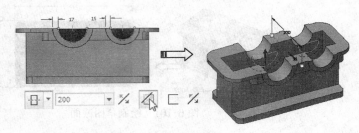

图 6-105　创建减材料特征

12 利用【拉伸】命令，在如图 6-106 所示的平面上创建拉伸减材料实体。

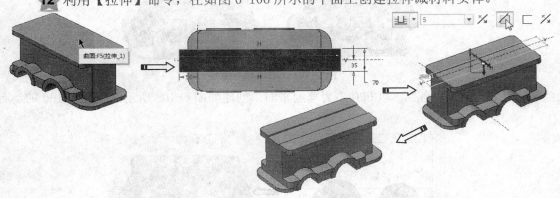

图 6-106　创建减材料特征

13 利用【基准平面】命令，以 RIGHT 基准平面为参考，创建偏移距离分别为-106 和 44，如图 6-107 所示。

14 在【工程】面板中单击【轮廓肋】按钮，打开【轮廓肋】操控板。首先选择第 1 个新基准平面作为草绘平面，绘制如图 6-108 所示的轮廓。

15 绘制轮廓后，在操控板的【参考】选项板中单击【反向】按钮，更改草绘方向以生成轮廓肋的预览。最后输入肋厚度为 10，并单击【应用】按钮完成肋的创建，如图 6-109 所示。

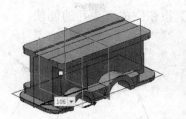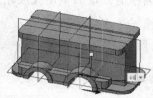

图 6-107　创建 2 个基准平面

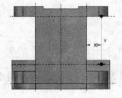

图 6-108　绘制肋轮廓　　　　　　　　　　图 6-109　创建轮廓肋

　　　　当草绘截面完成后，如果草绘是正确的，在预览不可见的情况下，更改草绘方向。也可以在图形区中单击方向箭头来更改。

16 以相同的操作步骤在另 3 个圆拱上也创建厚度为 10 的轮廓肋。结果如图 6-110 所示。

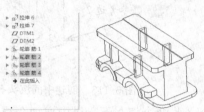

图 6-110　创建其余的轮廓肋

17 在【工程】面板中单击【孔】按钮打开【孔】操控板。在操控板中设置如图 6-111 所示的选项及参数，然后在模型中选择放置面。

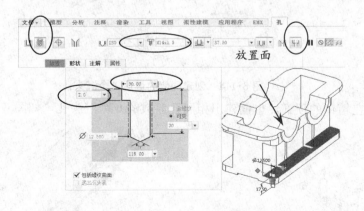

图 6-111　选择孔放置面及选择孔参数

18 在【放置】选项板中激活偏移参考收集器，然后选取如图 6-112 所示的两条边作为偏移参考，并输入偏移值。最后单击【应用】按钮完成沉头孔的创建。

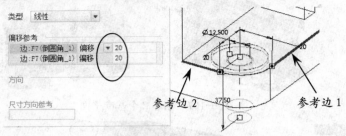

图 6-112　设置偏移参考并完成孔的创建

19 同理，以相同的参数及步骤，创建出同侧的其余两个沉头孔。中间孔的参数及偏移参考如图 6-113 所示。最后一个孔与第 1 个孔的参数及偏移参考设置是相同的，如图 6-114 所示。

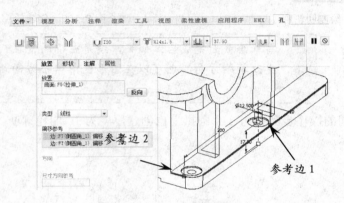

图 6-113　创建中间沉头孔

20 利用【镜像】命令（此命令将在下一讲中详细介绍）将创建的 3 个沉头孔，以 FRONT 基准平面为镜像平面，镜像至箱体的另一侧，结果如图 6-115 所示。

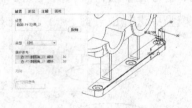

图 6-114　创建同侧的最后 1 个沉头孔

21 同理，在箱体的顶部，也创建出相同孔参数的 6 个沉头孔，如图 6-116 所示。

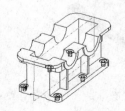

图 6-115　镜像孔特征

图 6-116　在箱体顶部创建相同参数的 6 孔

22 使用【孔】工具。创建出如图 6-117 所示的 4 个小沉头孔。

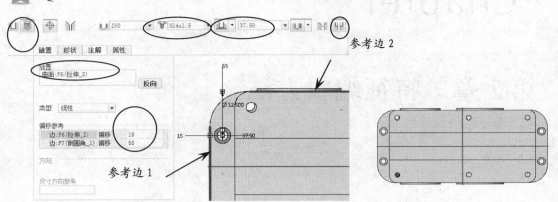

图 6-117　创建 4 个小沉头孔

23 利用【倒圆角】命令，对上箱体零件的边倒圆，半径为 3，如图 6-118 所示。

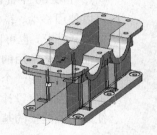

图 6-118　倒圆角处理

24 减速器下箱体设计完成，最后将结果保存在工作目录中。

Chapter

第 7 章　特征编辑方法

在 Creo 中提供了丰富的特征编辑方法,设计的时候可以使用移动、镜像、方法快速创建与模型中已有特征相似的新特征,也可以使用阵列的方法大量复制已经存在的特征。这些常用的编辑特征是对以特征为基础的 Creo 实体建模技术的一个极大补充,合理地使用特征编辑操作,可以大大简化设计过程、提高效率,掌握这些常用编辑特征是完成建模的基本要求。

学习目标:

- 掌握常用编辑特征指令
- 掌握复杂编辑特征的一般用法
- 掌握高级编辑特征操作方法
- 掌握实体编辑特征与曲面编辑特征的不同用法

7.1 常用编辑特征

特征是 Creo 中模型的基本单元。在创建模型时，按照一定的顺序，将特征组成拼装起来，就可以得到模型；而在对模型进行修改时也只是修改需要修改的特征。

7.1.1 镜像

利用特征镜像工具，可以产生一个相对于对称平面对称的特征。在该操作之前，必须首先选中所要镜像的特征，然后在【模型】选项卡中【编辑】面板上单击【镜像】按钮 👿，弹出如图 7-1 所示的特征【镜像】操控板，其各项含义如下：

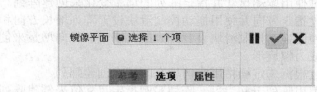

图 7-1 【镜像】特征操控板

◆ 镜像平面 ◉ 选择 1 个项 按钮：显示镜像平面状态。

◆ 【参照】下滑面板：定义镜像平面。

◆ 【选项】下滑面板：选择镜像的特征与原特征间的关系，即独立或从属关系。

操作步骤如下：

01 打开模型，选中整个模型，如图 7-2 所示。

02 在【编辑】面板上单击【镜像】按钮 👿，弹出【阵列】特征操控板，随后选择一个基准面作为"镜像平面"，如图 7-3 所示。

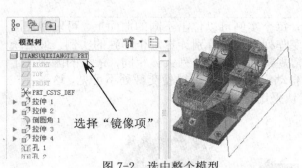

图 7-2 选中整个模型

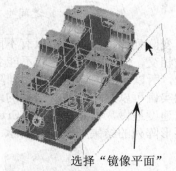

图 7-3 选择镜像面

03 单击【确定】按钮，完成镜像操作，完成结果如图 7-4 所示。

图 7-4 镜像特征

7.1.2　阵列

阵列是一种特殊的特征复制方法，可以通过某个特征来创建与其相似的多个特征，适用于"规则性重复"造型，且数量较大的情况下使用。阵列是对排列复制原特征后的一组特征（含原特征）总称。阵列可以是矩形阵列，也可以是环形阵列，在阵列时，各个特征的大小也可以递增编号。在【模型】选项卡中【编辑】面板上单击【阵列】按钮，弹出【阵列】操控面板，如图 7-5 所示。

图 7-5　【阵列】特征操控板

其中，下拉列表框用于选择阵列类型，主要包括以下类型：

◆ 【尺寸】：通过使用驱动尺寸并指定阵列的增量变化来创建阵列。
◆ 【方向】：通过指定方向并使用拖动控制滑块设置阵列增长方向和增量创建阵列。
◆ 【轴】：通过使用拖动控制滑块设置阵列的角增量和径向增量来创建径向阵列，也可将阵列拖动成为螺旋形。
◆ 【填充】：通过根据选定栅格用实例填充区域来创建阵列。
◆ 【表】：通过使用阵列表并为每一阵列实例指定尺寸值来创建阵列。
◆ 【参照】：通过参照另一阵列来创建阵列。
◆ 【曲线】：通过指定阵列成员的数目或阵列成员间的距离来沿草绘曲线创建阵列。

在操控面板中单击【选项】菜单，其面板中的内容随着阵列类型的不同而略有不同，但均包括"相同"、"可变"和"常规" 3 个阵列再生选项。

相同阵列是最简单的一种类型，使用这种阵列方式建立的全部实例都具有完全相同的尺寸，使用相同阵列系统的计算速度是 3 种类型中最快的。

在进行相同阵列时必须位于同一个表面，且此面必须是一个平面，阵列的实例不能和平面的任何一边相交，实例彼此之间也不能有相交。

可变阵列的每个实例可以有不同的尺寸，每个实例可以位于不同的曲面上，可以和曲面的边线相交，但实例彼此之间不能交裁。可变阵列系统先分别计算每个单独的实例，最后统一再生，所以它的运算速度比相同阵列慢。常规阵列和可变阵列大体相同，最大的区别在于阵列的实例可以互相交裁且交裁的地方系统自动实行交裁处理以使交裁处不可见，这种方式的再生速度最慢，但是最可靠，Creo 系统默认采用这种方式。

矩形阵列的结果如图 7-6 所示。

阵列前的模型　　　　　　　　　　　　阵列后的模型

图 7-6　矩形阵列

一次只能选取一个特征进行阵列，如果要同时阵列多个特征，必须先把这些特征组成一个"组"

192

环形阵列的结果如图 7-7 所示。

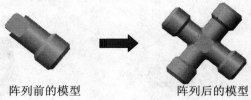

阵列前的模型　　　　　　　　阵列后的模型

图 7-7　环形阵列

7.1.3　填充

使用填充特征工具可创建和重定义平整曲面特征，填充特征只是通过其边界定义的一种平整曲面封闭环特征，多用于加厚曲面。

在【模型】选项卡中【曲面】面板上单击【填充】按钮，弹出如图 7-8 所示的【填充】特征操控板，利用其中的【参照】下滑面板可以打开【草绘图形】对话框，可以对草绘图形进行绘制或编辑。

图 7-8　【填充】特征操控板

◆　草绘 内部 S2D0002　草绘收集器：显示草绘图形状态。
◆　【参照】下滑面板：对草绘图形进行绘制或编辑。

> 　　在使用该项功能时，通常利用已创建的草绘图形创建填充特征。首先在图形窗口或模型树中选取平整的封闭环草绘特征（草绘基准曲线），此时 Creo 加亮该选取项，如果有效的草绘特征不可用，可使用草绘器创建一个。然后，在【模型】工具栏中【曲面】工具条上单击【填充】按钮，此时 Creo 创建填充特征。

使用草绘图形创建填充特征的例子如图 7-9 所示。

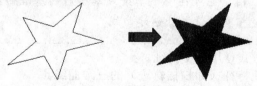

图 7-9　填充特征

7.1.4　合并

合并可以对两个相邻或相交的曲面或面组进行合并。合并后的面组是一个单独的特征，"主面组"变成"合并"特征的父项，在【模型】选项卡中【编辑】面板上单击【合并】按钮，弹出如图 7-10 所示的【合并】特征操控板。

◆　【参照】下滑面板：调整选中的曲面。
◆　【选项】下滑面板：设置曲面合并方式为相交或连接。
操作步骤如下：

01 打开光盘实例文件"hebing.prt",如图 7-11 所示。

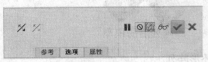

图 7-10 【合并】特征操控板

图 7-11 打开合并模型

02 在\模型树列表中选中两个拉伸曲面。

03 在【编辑】面板上单击【合并】按钮☐,弹出【合并】特征操控板。

04 选取合并方法,在【选项】下滑面板中选择【相交】或【连接】。

05 单击✗改变要包括的面组的侧,其预览如图 7-11a 所示。

06 单击✓按钮,即产生新的曲面,如图 7-11b 所示。

a)预览合并

b)生成曲面合并

图 7-12

> 如果删除"合并"特征,原始面组仍然保留着。在"组件"模式中,只有属于相同元件的曲面,才可以用曲面合并

7.1.5 相交

可使用相交工具创建曲线,在该曲线处,曲面与其他曲面或基准平面相交。

> 相交也可在两个草绘或草绘后的基准曲线(被拉伸后成为曲面)相交的位置处创建曲线。

通常可以通过下列方式使用相交特征。

◆ 创建可用于其他特征(如扫描轨迹)的三维曲线。

◆ 显示两个曲面是否相交,以避免可能的间隙。

◆ 诊断不成功的剖面和切口。

选取两个面,在【模型】选项卡中【编辑】面板上单击【相交】按钮☐,弹出如图 7-13 所示的【相交】特征操控板。

图 7-13 【相交】特征操控板

两个曲面进行相交创建曲线操作的例子如图7-14所示。

相交曲面　　　　　　　　　　　　　　　相交曲线

图7-14　曲面相交

7.1.6　反向法向

反向法向特征主要用于对已创建的曲面进行操作,用以改变曲面的法向。该指令在结构设计中应用较少,主要用于结构分析中,例如壳体表面添加载荷时,可以通过对曲面进行反向法向改变载荷方向。

在操作过程中,首先选取曲面,然后在【模型】工具栏中【编辑】工具条上单击【反向法向】,即可以改变该曲面的法向。

7.2　复杂编辑特征

曲面建模在 Creo 的建模中占有非常重要地位,利用常用的一些编辑特征,可以完成一些基本建模工作,而通过灵活运用一些复杂编辑特征则可以创建较为复杂的特

7.2.1　偏移

使用偏移工具,可以通过将实体上的曲面或曲线偏移恒定的距离或可变的距离来创建一个新特征。可以使用偏移后的曲面构建几何或创建阵列几何,也可使用偏移曲线构建一组可在以后用来构建曲面的曲线。

偏移特征同样用于曲线特征操作,曲线偏移操作相对较为简单。

在【模型】选项卡中【编辑】面板上单击【偏移】按钮，系统将打开如图7-15所示的【偏移】特征操控板。

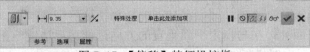

图7-15　【偏移】特征操控板

偏移工具中提供了各种选项,使操作者可以创建多种偏移类型。

◆ 标准偏移:偏移一个面组、曲面或实体面。此为默认偏移类型,所选曲面以平行于参照曲面的方式进行偏移,如图7-16所示。

◆ 拔模偏移:偏移包括在草绘内部的面组或曲面区域,并拔模侧曲面,拔模角度范围为 0°~60°,还可使用此选项来创建相切侧曲面轮廓。拔模偏移效果如图

195

7-17 所示。

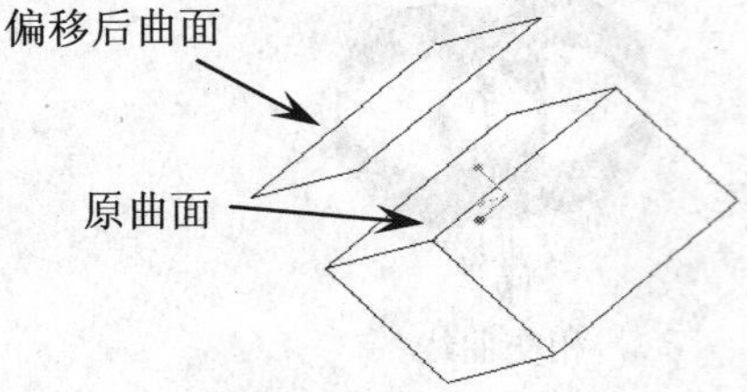

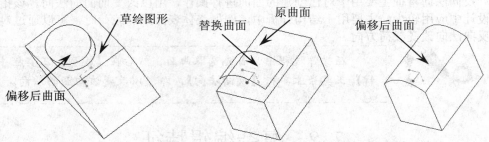

图 7-16　标准偏移 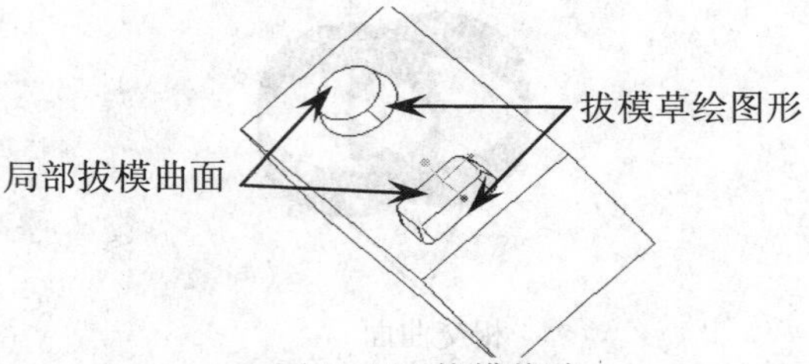　　　　　　　　　　　图 7-17　拔模偏移

◆　展开：在封闭面组或实体草绘的选定面之间创建一个连续体积块，当使用【草绘区域】选项时，将在开放面组或实体曲面的选定面之间创建连续的体积块。偏移后曲面与周边的曲面相连，偏移效果如图 7-18 所示

图 7-18　展开曲面偏移　　　　　　　　　图 7-19　替换曲面偏移

◆　替换曲面：用面组或基准平面替换实体面，常用于切除超过边界的多余特征，偏移效果如图 7-19 所示

7.2.2　延伸

延伸操作同样主要用于曲面的延伸，延伸曲面可以将曲面所有或特定的边延伸指定的距离，或者延伸到所选参照。当所创建的曲面的边界不够长时，通过延伸曲面的边界，让曲面的边界更长。如在两个需要合并的曲面中两个边界都没有超出对方边界时，就需要将边界延长。

要延伸曲面，必须先选取要延伸的边界边，然后在【模型】选项卡中【编辑】面板上单击【延伸】按钮，系统弹出【曲面延伸】特征操控板，如图 7-20 所示。

图 7-20　【曲面延伸】特征操控板

系统提供了两种延伸曲面的方法。

◆　（沿曲面）：沿原始曲面延伸曲面边界边链。
◆　（到平面）：在与指定平面垂直的方向延伸边界边链至指定平面。

使用（沿曲面）创建延伸特征时，可以选取的延伸选项有如下 3 种：

◆　相同：（默认）创建相同类型的延伸作为原始曲面（例如，平面、圆柱、圆锥或样条曲面）。通过其选定边界边链延伸原始曲面。
◆　相切：创建延伸作为与原始曲面相切的直纹曲面。
◆　逼近：创建延伸作为原始曲面的边界边与延伸的边之间的边界混合。当将曲面延伸至不在一条直边上的顶点时，此方法是很有用的。

延伸面组时主要应考虑以下情况：

◆ 可表明是要沿延伸曲面还是沿选定基准平面测量延伸距离。

◆ 可将测量点添加到选定边，从而更改沿边界边的不同点处的延伸距离。

◆ 延伸距离可输入正值或负值。如果配置选项 show_dim_sign 设置为 no，则输入负值会反转延伸的方向。否则，输入负值会使延伸方向指向边界边链的内侧。

◆ 输入负值会导致曲面被修剪。

曲面的延伸操作步骤如下：

01 打开光盘实例文件"yanshen.prt"，并选择要进行延伸的曲面的边，如图 7-21 所示。

选择的边线

图 7-21　选择曲面边线

02 在【模型】选项卡中【编辑】面板上单击【延伸】按钮 ，系统弹出【曲面延伸】特征操控板。

03 根据需要选择延伸类型为"沿曲面"或"到平面"。

04 在图形窗口中拖动尺寸手柄设置延伸距离，或在延伸特征操控板的数值文本框中输入延伸距离值。如果选择"到平面"方式进行延伸，则应选择一平面，使曲面延伸至该平面。

05 预览创建的延伸特征，完成曲面延伸特征的创建。两种不同曲面延伸方式的例子分别如图 7-22、图 7-23 所示。

图 7-22　沿曲面延伸

图 7-23　延伸到平面

7.2.3　修剪

使用修剪工具可以完成对曲面的剪切或分割，可通过在曲线与曲面、其他曲线或基准平面相交处修剪或分割曲线来修剪该曲线。可通过以下方式修剪面组。

◆ 在与其他面组或基准平面相交处进行修剪。

◆ 使用面组上的基准曲线修剪。

要修剪面组或曲线，可选取要修剪的面组或曲线，在【模型】选项卡中【编辑】面板上单击【修剪】按钮 ，弹出【修剪】特征操控板，激活【曲面修剪】工具，如图 7-24 所示。然后指定修剪对象，并可在创建或重定义期间指定和更改修剪对象。

图 7-24　【修剪】特征操控板

> 在修剪过程中，可指定被修剪曲面或曲线中要保留的部分。另外，在使用其它面组修剪面组时，可使用【薄修剪】，允许指定修剪厚度尺寸及控制曲面拟合要求。

操作步骤如下：

01 打开光盘实例文件"xiujian.prt"并选择要进行修剪的曲面，如图 7-25 所示。

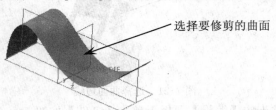

选择要修剪的曲面

图 7-25　选择要修剪的曲面

02 在【模型】选项卡中【编辑】面板上单击【修剪】按钮，系统弹出【曲面修剪】特征操控板。

03 选择 RIGHT 基准平面作为修剪曲面的平面，单击【方向】按钮，确定要保留的一侧。

04 单击【确定】按钮，完成曲面修剪，其结果如图 7-26

图 7-26　修剪曲面

7.2.4　投影

使用投影工具可在实体上和非实体曲面、面组或基准平面上创建投影基准曲线，所创建的投影基准曲线，可用于修剪曲面、作为扫描轨迹等。

投影曲线的方法有两种。

◆　投影草绘：创建草绘或将现有草绘复制到模型中以进行投影。

◆　投影链：选取要投影的曲线或链。

要投影面组或曲线，可选取要投影的面组或曲线，在【模型】选项卡中【编辑】面板上单击【投影】按钮，弹出【投影】特征操控板，如图 7-27 所示。在该操控板中，可以选取投影曲面、指定或绘制投影曲线并指定投影方向，即可完成曲线在曲面上的投影。

图 7-27　【投影】特征操控板

操作步骤如下：

01 打开光盘实例文件"touying.prt"，在【模型】选项卡中【编辑】面板上单击【投影】按钮≈，弹出【投影】特征操控板。

02 在【参照】面板中，选择投影类型为【投影草绘】或【投影链】。

03 在图形窗口中选取草图曲线，如图 7-28 所示。

04 选取要向其中投影曲线的投影曲面。

05 预览投影曲线，单击【确定】按钮✔完成投影特征创建，其结果如图 7-29 所示。

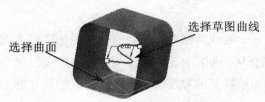

图 7-28　选择草图曲面和曲面　　　　　　图 7-29　创建投影特征

7.2.5　加厚

曲面在理论上是没有厚度的，曲面加厚就是以曲面作为参照，生成薄壁实体的过程。在 Creo 中，不仅可以利用曲面加厚生成薄壁实体，还可以通过该命令切除实体。

加厚特征使用预定的曲面特征或面组几何将薄材料部分添加到设计中，或从其中移除薄材料部分。设计时，曲面特征或面组几何可提供非常大的灵活性，并允许对该几何进行变换，以更好地满足设计需求。通常，加厚特征被用来创建复杂的薄几何，如果可能，使用常规的实体特征创建这些几何会更为困难。

重点

要进入加厚工具，必须已选取了一个曲面特征或面组，并且只能选取有效的几何。

进入该工具时，系统会检查曲面特征选取。设计加厚特征要求执行以下操作：

◆　选取一个开放的或闭合的面组作为参照。

◆　确定使用参照几何的方法：添加或移除薄材料部分。

◆　定义加厚特征几何的厚度方向。

选中需要加厚的曲面，在【模型】选项卡中【编辑】面板上单击【加厚】按钮▢，弹出【加厚】特征操控板，如图 7-30 所示。在该操控板里可以选择加厚方式，调节加厚生成实体的方向、设定加厚厚度。

操作步骤如下：

图 7-30　【加厚】特征操控板

01 打开本测验的光盘实例文件"jiahou.prt"，选取要加厚的面组和曲面几何，如图 7-31 所示。

02 在【模型】选项卡中【编辑】面板上单击【加厚】按钮▢，在图形窗口中出现默认预览几何。

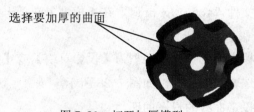

选择要加厚的曲面

图 7-31　打开加厚模型

03 定义要创建的几何类型。默认选项是添加实体材料的薄部分。如果要去除材料的薄部分，可单击操控板中的⊿按钮。

04 定义要加厚的面组或曲面几何：一侧或两侧对称。要改变材料侧，可右键单击预览几何，然后单击【反向方向】按钮，将会从一侧循环到对称，然后到另一侧。

05 通过拖动厚度控制滑块来设置加厚特征的厚度。也可在操控板的尺寸框中或直接在图形窗口中输入厚度。

06 单击✔按钮，完成加厚操作，其结果如图 7-32 所示。

图 7-32　创建加厚实体

7.2.6　实体化

实体化特征使用预定的曲面特征或面组几何并将其转换为实体几何。在设计中，可使用实体化特征添加、移除或替换实体材料。设计时，面组几何可提供更大的灵活性，而实体化特征允许对几何进行转换以满足设计需求。

通常，实体化特征被用来创建复杂的几何，如果可能，使用常规的实体特征创建这些几何会较困难。曲面实体化包括封闭曲面模型转化成实体和用曲面裁剪切割实体两种功能。转化成实体的曲面必须封闭，用来修剪实体的曲面必须相交。

设计实体化特征主要执行以下操作：

◆　选取一个曲面特征或面组作为参照。

◆　确定使用参照几何的方法：添加实体材料，移除实体材料或修补曲面。

◆　定义几何的材料方向。

可使用的实体化特征类型主要包括以下几种。

◆　使用曲面特征或面组几何作为边界来添加实体材料（始终可用），如图 7-33 所示。

图 7-33　创建加厚剪切实体特征

◆　使用曲面特征或面组几何作为边界来移除实体材料（始终可用），如图 7-34 所示。

◆　使用曲面特征或面组几何替换指定的曲面部分（只有当选定的曲面或面组边界位于实体几何上时才可用），如图 7-35 所示。

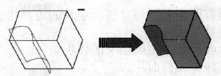

图 7-34　创建加厚剪切实体特征

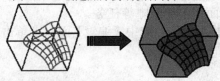

图 7-35　创建加厚剪切实体特征

选择一个曲面，在【模型】选项卡中【编辑】面板上单击【实体化】按钮 ⚏，弹出【实体化】特征操控板，如图 7-36 所示。在该操控板中，可以选取实体化曲面、实体化方式等。

图 7-36　【实体化】特征操控板

　曲面转化成实体化要求曲面必须为封闭曲面，该曲面不能有任何缺口，否则不能通过该命令来生成实体。

操作步骤如下：

⭐ 01　打开光盘实例文件"shitihua.prt"，如图 7-37 所示。

图 7-37　打开实体化模型

图 7-38　加亮显示要实体化的面组

⭐ 02　在【模型】选项卡中【编辑】面板上单击【实体化】按钮 ⚏，打开【实体化】特征操控板，此时在图形窗口中默认预览几何加亮显示，如图 7-38 所示。

⭐ 03　检查参照，单击 ✓ 按钮，即完成实体化特征，如图 7-39 所示。

图 7-39　生成实体化特征

7.2.7　移除

移除特征可以移除一些特征，而不需改变特征的历史记录，也不需重新定义参照或重新定义一些其他特征。移除几何特征时，会延伸或修剪邻近的曲面，以收敛和封闭空白区域。

创建移除特征的一般规则。

◆ 欲延伸或修剪的所有曲面必须与参照所定义的边界相邻。

◆ 欲延伸的曲面必须是可延伸的。

◆ 延伸后的曲面必须收敛才能构成定义的体积块。

◆ 延伸曲面时不会创建新的曲面片。

移除曲面工具可创建通过延伸一组相邻曲面而定义的几何,主要可以完成从实体或面组中移除曲面以及移除封闭面组中的间隙等任务。

选择一个曲面,在【模型】选项卡中【编辑】面板上单击【移除】按钮□,弹出【移除】特征操控板,如图 7-40 所示。

图 7-40　【曲面移除】特征操控板

操作步骤如下:

01 打开本测验的光盘实例文件"yichu.prt",并选中一个曲面,如图 7-41 所示。

02 在【模型】选项卡中【编辑】面板上单击【移除】按钮□,打开【移除】特征操控板。

03 检查参照,单击 ✓ 按钮,即完成实体化特征,如图 7-42 所示。

图 7-41　打开移除模型

图 7-42　生成移除特征

7.2.8　包络

使用包络工具可在目标上创建成形的基准曲线。然后可使用这些成形的基准曲线模拟一些项目,如标签或螺纹。

重点

成形的基准曲线将在可能的情况下保留原草绘曲线的长度。包络基准曲线的原点是参照点,在其周围草绘被包络到目标上。此点必须能够被投影到目标上。否则,包络特征失败。可选取草绘的几何中心或草绘中的任意坐标系作为原点。包络曲线的目标必须是可展开的,即直纹曲面的某些类型。

要访问包络特征工具,在【模型】选项卡中【编辑】面板上单击【包络】按钮 ⬚,打开【包络】特征操控板,如图 7-43 所示。

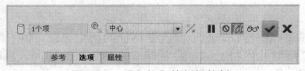

图 7-43　【包络】特征操控板

操作步骤如下：

01 打开光盘实例文件"baoluo.prt"，如图7-44所示。

02 在【模型】选项卡中【编辑】面板上单击【包络】按钮，打开【实体化】特征操控板，此时在模型上选择一个面为参考面，绘制包络草图，如图7-45所示。

03 检查参照，单击 ✓ 按钮，即完成包络曲线，如图7-46所示。

图7-44　打开包络模型　　　　图7-45　绘制包络草图　　　　图7-46　生成包络曲线

7.3　高级编辑特征

灵活运用前面所述的常用编辑特征以及复杂编辑特征，可以创建较为复杂的模型，但在一些工业设计中，有时需要为模型增加一些艺术效果，则会用到一些高级编辑特征。以下内容对几种高级编辑征进行介绍。

7.3.1　扭曲

使用扭曲特征，可改变实体、面组、小平面和曲线的形式和形状。此特征为参数化特征，并会记录应用于模型的扭曲操作的历史。

> 通常情况下，此类操作集中在一个编辑框中，可以从整体上调整编辑框，对整个实体进行调整，极大增强了集合建模的灵活性，从而使设计者可以按照自己的思想任意修改和变换实体造型。

可在零件模式下使用扭曲特征执行以下操作：

◆　在概念性设计阶段研究模型的设计变化。

◆　使从其他造型应用程序导入的数据适合特定工程需要。

◆　使用扭曲操作可对Creo中的几何进行变换、缩放、旋转、拉伸、扭曲、折弯、扭转、骨架变形或雕刻等操作，不需与其他应用程序进行数据交换就能使用其扭曲工具。

在【模型】选项卡中【编辑】面板上单击【扭曲】按钮，打开【包络】特征操控板，此时面板处于未激活状态，打开【参照】上滑面板，并选取欲扭曲实体，并确定。单击【方向】收集器，然后选择一个平面或基准坐标系，可以全部激活【扭曲】操控面板，如图7-47所示。

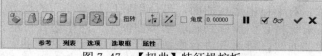

图7-47　【扭曲】特征操控板

在【扭曲】操控面板中同时提供了多种变形工具：
- ◆ ▨（变换工具）：平移、旋转和缩放特征。
- ◆ ▨（扭曲工具）：使用"扭曲"操作可进行多种形状改变操作。其中包括：使对象的顶部或底部成为锥形；将对象的重心向对象的底部或顶部移动；将对象的拐角或边背向中心或朝向中心拖动。
- ◆ ▨（骨架工具）：选择曲线作为骨架线，通过调整骨架线上的点（可以拖动、增加和删除），来使对象做相应变动。
- ◆ ▨（拉伸工具）：可以对特征进行拉伸操作。
- ◆ ▨（折弯工具）：可以对特征进行折弯操作。
- ◆ ▨（扭转工具）：可以对特征进行扭转操作。
- ◆ ▨（雕刻工具）：通过调整网络上的点来对对象进行调整。

重点　　对于以上变形工具，在操作中一次只能选择一个工具，选择后操控面板下方会出现与该变形工具相对应的控制选项。对于同一个特征，可使用多种变换工具进行操作。

操作步骤如下：

01 打开光盘实例文件"niuqu.prt"，如图 7-48 所示。在【模型】选项卡中【编辑】面板上单击【扭曲】按钮▨，打开【扭曲】特征操控板，此时【几何】收集器默认情况下处于活动状态。

图 7-48　打开扭曲模型

02 选取扭曲特征。选取要执行扭曲操作的实体、小平面、一组面组或者一组曲线。在图形窗口中单击任意位置并拖动，在需要选取的几何周围画一个边界框。将选取边界框里的几何。

03 单击【扭转】按钮▨，单击【转换到下一个轴】按钮▨，输入角度值 45，单击【确定】▨按钮，其完成结果如图 7-49 所示。

图 7-49　创建扭曲特征

7.3.2 实体自由形状

在创建实体后，实体自由形状编辑特征可以通过对实体上的曲面或面组，进行"推"或"拉"，交互地更改其形状，可创建新曲面特征或修改实体或面组。只要底层曲面改变形状，自由形状特征也相应改变形状。对于自由形状曲面，可使用底层基本曲面的边界。另外，可草绘自由形状曲面的边界；然后系统将它们投影到底层基本曲面上。网格边界可能延伸到底层基本曲面之外。在创建自由形状曲面时，可对其进行修剪或延伸，以适应底层曲面边界。

在【模型】选项卡中【编辑】面板上单击【实体自由形状】按钮，在弹出的菜单中选择【选出曲面】选项，打开【曲面自由形状】对话框，如图 7-50 所示。

图 7-50 【曲面自由形状】对话框

该对话框中有 3 个选项，各选项意义如下。

◆ 基准曲面：选择进行自由构建曲面的基本曲面。

◆ 网格：控制基本曲面上经、纬方向的网格数。

◆ 操作：进行一系列的自由构建曲面操作，如移动曲面、限定曲面自由构建区域等。

操作步骤如下：

01 打开要创建实体自由特征的模型，如图 7-51 所示。在【模型】选项卡中【编辑】面板上单击【实体自由形状】，在弹出的菜单中选择【选出曲面】选项，打开【曲面自由形状】对话框。

02 选择要进行自由构建的基本曲面，如图 7-52 所示。选取现有曲面，为自由形状曲面的定义提供实体或面组参照（基本）曲面。系统在第一方向显示红色等值线栅格，如图 7-53 所示。

图 7-51 打开实体自由形状模型

图 7-52 选择变形曲面

03 输入经、纬方向的曲线数。在弹出的对话框中，输入相应的曲线数。设定变形属性。根据设计要求，选择在第一方向、第二方向以及垂直方向对曲面进行整体或局部拉伸。

04 调整曲面形状。可以在【滑块】面板中，拖动滑块动态调整曲面形状。对曲面进行诊断分析。分析曲面的相关属性，如高斯曲率分析、斜率分析等。

05 分析好之后单击【确定】按钮，完成实体自由形状的创建，其结果如图 7-54 所示。

图 7-53 变形控制网格点

图 7-54 创建实体自由形状

重点

　　创建实体自由形状的主要过程即为通过控制网格点创建自由形状的曲面，其操作方法基本相同，只是前者构建的结果是实体而非曲面，而后者创建的为曲面

7.4 动手操练

以下内容包括 3 个实例，分别椅子、花键轴以及支架的建模。通过这些实例进一步熟悉建模过程的一般流程以及常用的特征建模、编辑特征指令的应用。

7.4.1 椅子设计

椅子是常用的家具产品，外形多样。本例讲述椅子的创建过程，在建模过程中，首先创建椅子曲面的边界曲线，利用所创建的边界曲线通过边界混合的方式创建椅子曲面，最后完成椅子腿的创建，在建模过程中主要涉及到截面混合、曲面合并及加厚、实体化、特征镜像等操作，椅子设计的最后结果如图 7-55 所示。

图 7-55 椅子造型

操作步骤

01 新建零件文件。单击工具栏中的【新建】按钮 □，建立一新零件。在【新建】对话框的【类型】分组框中选择【零件】选项，在【子类型】分组框中默认选中【实体】选项，在【名称】文本框中输入文件名"椅子，并去掉【使用默认模板】前的【√】。单击 **确定** 按钮，在弹出的【新文件选项】对话框中选取模板为【mmns_part_solid】，其各项操作如图 7-56、图 7-57 所示，单击 **确定** 按钮后，进入系统的零件模块。

图 7-56 新建文件

图 7-57 新建文件选项

02 在【模型】选项卡中【基准】面板上单击【平面】按钮 □，打开【基准平面】对话框，选择"TOP"基准平面作为参考，创建"DTM4"基准平面，采用平面偏移的方式，偏距值分别为 40、45 和 50，并调整平面的偏移方向，使 3 个基准平面在 TOP 平面的同侧，其操作过程如图 7-58 所示。

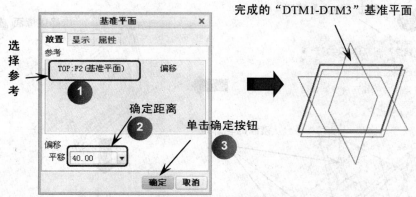

图 7-58　创建基准平面

03 在【模型】选项卡中【基准】面板上单击【草绘】按钮，选择"DTM1"作为草绘平面，绘制草图，其操作过程如图 7-59 所示。

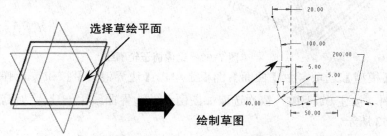

图 7-59　绘第一条轮廓线

04 用同样的方法在"DTM2"和"DTM3"基准平面上绘制第二条和第三条轮廓线，完成结果如图 7-60 和图 7-61 所示。

05 在按住 Ctrl 键，在左侧模型树中选取以上绘制的 3 条轮廓线，在【模型】选项卡中【编辑】面板上单击【镜像】按钮，选取 TOP 平面作为镜像平面，进行镜像操作，其操作过程如图 7-62 所示。

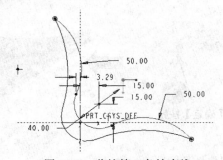

图 7-60　草绘第二条轮廓线

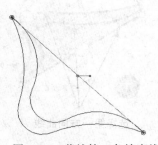

图 7-61　草绘第三条轮廓线

> 草绘过程中，涉及到圆弧绘制时，尽量采用整圆绘制指令，并通过添加各种约束关系来限制图元相互位置关系。绘制过程中，为了保证后续草图的绘制能够捕捉到正确位置，应该采用设置草绘参照的方式来完成草图绘制（在主菜单中单击【草绘】/【参照】，设置相应草绘参照）。

重点

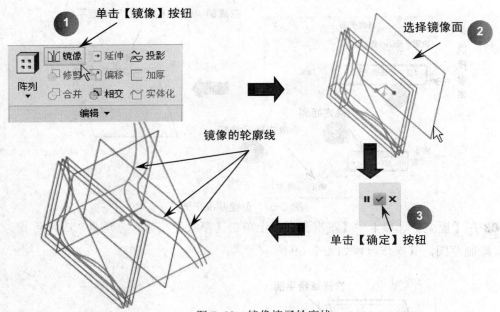

图 7-62 镜像椅子轮廓线

06 在【模型】选项卡中【曲面】面板上单击【边界混合】按钮，弹出【边界混合】特征操控板中，按住 Ctrl 键，依次选取如图所示的边界曲线，创建"边界混合 1"，其操作过程如图 7-63 所示。

07 在【模型】选项卡中【曲面】面板上单击【边界混合】按钮，弹出【边界混合】特征操控板中，按住 Ctrl 键，依次选取如图所示的边界曲线，创建"边界混合 2"，其操作过程如图 7-64 所示。

08 在【模型】选项卡中【曲面】面板上单击【边界混合】按钮，弹出【边界混合】特征操控板中，按住 Ctrl 键，依次选取如图所示的边界曲线，创建"边界混合 3"，其操作过程如图 7-65 所示。

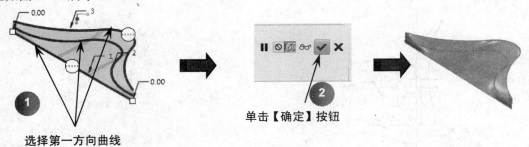

图 7-63 创建"边界混合 1"

09 在"模型树"内选中"边界混合 1"和"边界混合 2"，在【模型】选项卡中【编辑】面板上单击【合并】按钮，创建"合并 1"，如图 7-66 所示。同样步骤完成上述合并后曲面与椅子右侧曲面的合并，如图 7-67 所示。

10 选中"合并 2"，在【模型】选项卡中【编辑】面板上单击【加厚】按钮，创建"加厚 1"，其操作过程如图 7-68 所示。

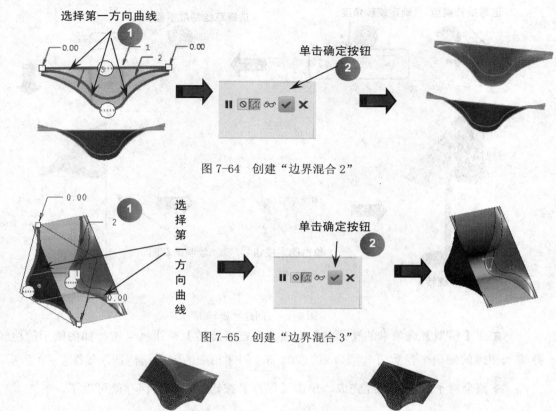

图 7-64　创建"边界混合 2"

图 7-65　创建"边界混合 3"

图 7-66　合并椅子左侧与中部曲面　　　　图 7-67　与右侧曲面合并

11 在【模型】选项卡中【形状】面板上单击【旋转】按钮 ⬦，弹出旋转特征操作操控板，选择【作为实体旋转】按钮 ⬛，选 TOP 平面作为草绘平面，创建"旋转 1"，其操作过程如图 7-69 所示。

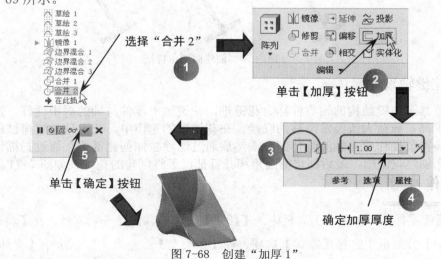

图 7-68　创建"加厚 1"

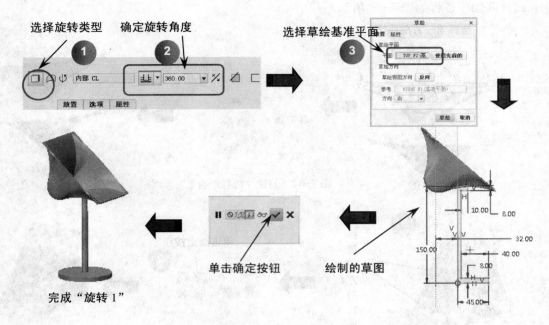

选择旋转类型　确定旋转角度　　　　　　　选择草绘基准平面

① ② ③

单击确定按钮　　　　绘制的草图

完成"旋转1"

图 7-69　创建"旋转1"

12 在【模型】选项卡的【形状】面板上单击【旋转】按钮 ，选择如图所示的边线，并输入相应的圆角半径数值分别为 20、20、5，创建相应的倒圆角特征，如图 7-70 所示。

13 整个椅子的设计已经完成，单击【保存】按钮 ，将其保存就可以了。

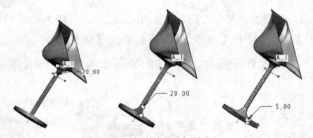

图 7-70　创建倒圆角特征

7.4.2　花键轴设计

通常将具有花键结构的轴零件称为花键轴，花键轴上零件与轴的对中性好，适用于定心精度要求高、载荷大或经常滑移的联接。在花键轴的建模中，花键轴的建模过程中，首先通过旋转特征操作建立轴的基体部分，然后通过切除拉伸创建键槽，通过扫描切除及特征阵列操作创建花键槽，最后创建倒圆角和孔特征，最终创建的花键轴如图 7-71 所示。

操作步骤

01 新建零件文件。单击工具栏中的【新建】按钮 ，建立一新零件。在【新建】对话框的【类型】分组框中选择【零件】选项，在【子类型】分组框中默认选中【实体】选项，在【名称】文本框中输入文件名"花键轴"，并去掉【使用默认模板】前的【√】。单击 确定按钮，在弹出的【新文件选项】对话框中选取模板为【mmns_part_solid】，其各项操作如图 7-72、图 7-73 所示，单击 <u>确定</u> 按钮钮后，进入系统的零件模块。

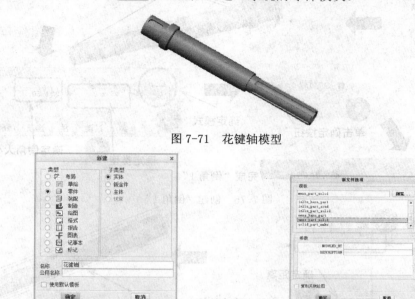

图 7-71　花键轴模型

图 7-72　新建文件　　　　　　　　　图 7-73　新建文件选项

02 在【模型】选项卡中【形状】面板上单击【旋转】按钮 ，弹出旋转特征操作操控板，选择【作为实体旋转】按钮 ，选 FRONT 平面为草绘平面，创建"旋转 1"，其操作过程如图 7-74 所示。

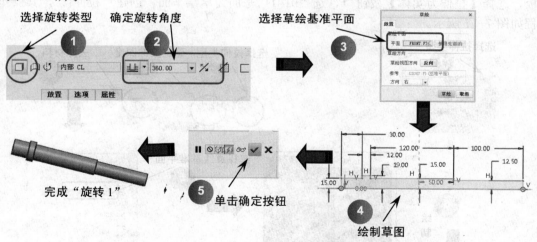

图 7-74　创建"旋转 1"

03 在【模型】选项卡中【工程】面板上单击【倒角】按钮 ，弹出倒角特征操控板创建"倒角 1"，其操作过程如图 7-75 所示。

04 在【模型】选项卡中【基准】面板上单击【平面】按钮 ，打开【基准平面】对话框，选择"TOP"基准平面作为参考，创建"DTM1"基准平面，其操作过程如图 7-76 所示。

211

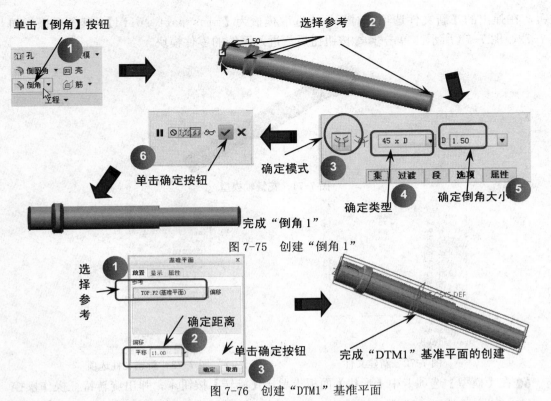

单击【倒角】按钮
①

选择参考 ②

确定模式

45 x D   D 1.50

集 过渡 段 选项 属性

③   ④   ⑤

确定类型   确定倒角大小

⑥

单击确定按钮

完成"倒角 1"

图 7-75　创建"倒角 1"

选择参考 ①

基准平面

放置 显示 属性

参考

TOP:F2 (基准平面)   偏移

确定距离 ②

偏移

平移 11.00

确定 取消

单击确定按钮 ③

完成"DTM1"基准平面的创建

图 7-76　创建"DTM1"基准平面

05 在【模型】选项卡中【形状】面板上单击【拉伸】按钮，弹出拉伸特征操作操控板，选择【拉伸为实体】按钮，选"DTM1"平面为草绘平面，创建"拉伸 1"，其操作过程如图 7-77 所示。

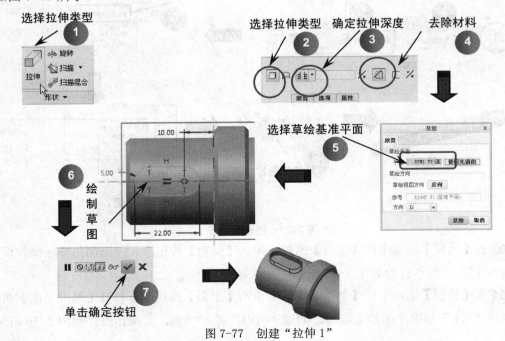

选择拉伸类型 ①

旋转
拉伸 扫描
扫描混合

形状

选择拉伸类型 ② 确定拉伸深度 ③ 去除材料 ④

放置 选项 属性

10.00

5.00

22.00

选择草绘基准平面 ⑤

草绘

放置

草绘平面

草绘方向

草绘视图方向 反向

参考

方向 右

草绘 取消

⑥

绘制草图

单击确定按钮 ⑦

图 7-77　创建"拉伸 1"

06 在【模型】选项卡中【形状】面板上单击【拉伸】按钮 ⬚，弹出拉伸特征操作操控板，选择【拉伸为实体】按钮 ⬚，选 "DTM1" 平面为草绘平面，创建 "拉伸 2"，其操作过程如图 7-78 所示。

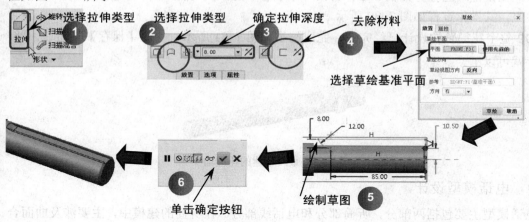

图 7-78 创建 "拉伸 2"

07 选中 "拉伸 2"，在【模型】选项卡中【编辑】面板上单击【阵列】按钮 ⬚，创建 "阵列 1"，其操作过程如图 7-79 所示。

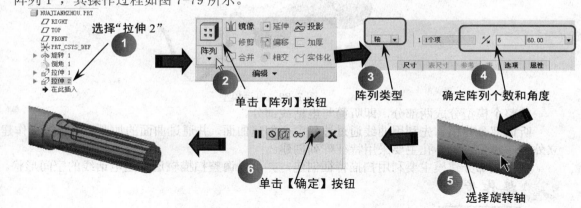

图 7-79 创建 "阵列 1"

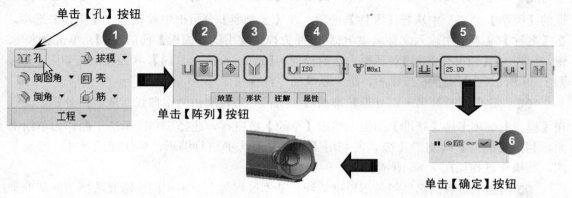

图 7-80 创建螺纹孔

213

08 在【模型】选项卡中【工程】面板上单击【孔】按钮 ，打开孔特征操控板，选择孔类型为 ，创建标准螺纹孔，螺钉尺寸及钻孔深度如图 7-80 所示。孔定位时，单击放置菜单，在模型中选择特征轴 A_1 作为第一个放置参照，同时住 Ctrl 键选择端面作为另一放置参照，其操作过程如图 7-80 所示。

09 整个花键轴的设计已经完成，完成结果如图 7-81 所示，单击【保存】按钮 ，将其保存就可以了。

图 7-81　最终创建的花键轴

7.4.3　电话模型设计

电话模型主要包括两部分，听筒部分和电话线部分。在听筒的建模中，主要涉及曲面合并、加厚、偏移以及阵列等特征操作；而对于电话线部分采用扫描特征建立即可。创建的电话模型如图 7-82 所示。

图 7-82　电话模型

将整个模型分成两部分，即听筒与电话线部分。

听筒部分建模首先利用曲线通过边界混合创建曲面，并通过曲面的加厚、偏移等操作建立外形，对于听筒小孔主要采用特征阵列创建。

电话线部分建模主要利用扫描特征创建，并可以调整扫描轨迹创建电话线的空间形状。

操作步骤

01 新建零件文件。单击工具栏中的【新建】按钮 ，建立一新零件。在【新建】对话框的【类型】分组框中选择【零件】选项，在【子类型】分组框中默认选中【实体】选项，在【名称】文本框中输入文件名"电话"，并去掉【使用默认模板】前的【√】。单击 确定 按钮，在弹出的【新文件选项】对话框中选取模板为【mmns_part_solid】，其各项操作如图 7-83、图 7-84 所示，单击 确定 按钮后，进入系统的零件模块。

02 创建电话听筒第一组外形轮廓曲线。听筒外形轮廓由两组曲线组成，需分别创建。在【模型】选项卡中【基准】面板上单击【草绘】按钮 ，选择 RIGHT 基准平面作为草绘平面，利用【椭圆】绘制工具 ，并利用【修剪】工具 进行编辑，标注相应尺寸，绘制草图，其操作过程如图 7-85 所示。

03 创建电话听筒第二组外形轮廓曲线。基本过程与上一步相同，需要选择 TOP 基准平面作为草绘平面，绘制两条椭圆曲线并进行编辑，标注相应尺寸，绘制如图 7-86 所示的包括草绘曲线。

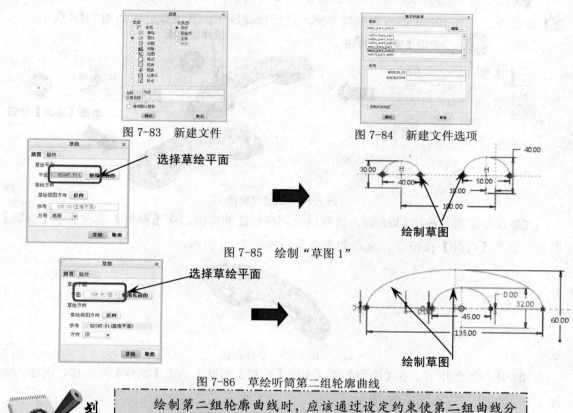

图 7-83　新建文件　　　　　　　　图 7-84　新建文件选项

选择草绘平面

图 7-85　绘制"草图 1"

选择草绘平面

绘制草图

绘制草图

图 7-86　草绘听筒第二组轮廓曲线

> **划重点**
>
> 绘制第二组轮廓曲线时，应该通过设定约束使第二组曲线分别捕捉到第一组轮廓曲线的端点，以保证在后续创建曲面时不易出错。

04 在【模型】选项卡中【曲面】面板上单击【边界混合】按钮，弹出【边界混合】特征操控板中，按住 Ctrl 键，依次选取如图所示的边界曲线，创建"边界混合 1"，其操作过程如图 7-87 所示。

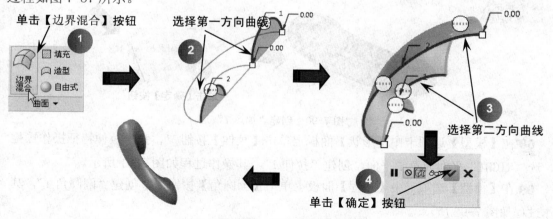

单击【边界混合】按钮

选择第一方向曲线

选择第二方向曲线

单击【确定】按钮

图 7-87　创建"边界混合 1"

05 在左侧模型树中选择"边界混合1",在【模型】选项卡中【编辑】面板上单击【镜像】按钮⛓,选取 TOP 平面作为镜像平面,进行镜像操作,其操作过程如图 7-88 所示。

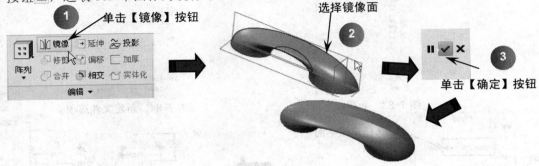

图 7-88　创建"镜像1"

06 合并曲面。按住 Ctrl 键,选取以上两步创建的曲面,在【模型】选项卡中【编辑】面板上单击【合并】按钮⊖,完成曲面合并,如图 7-89 所示。

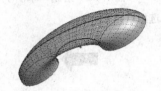

图 7-89　合并曲面

07 选中"合并1",在【模型】选项卡中【编辑】面板上单击【加厚】按钮▭,创建"加厚1",其操作过程如图 7-90 所示。

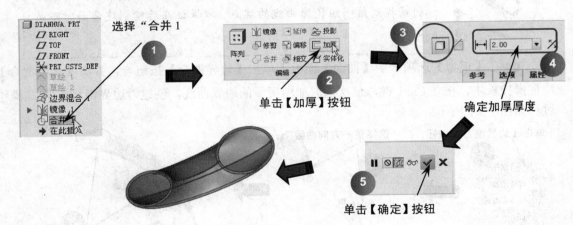

图 7-90　创建"加厚1"

08 在【模型】选项卡中【形状】面板上单击【拉伸】按钮▱,弹出拉伸特征操作操控板,选"RIGHT"平面为草绘平面,创建"拉伸1",其操作过程如图 7-91 所示。

09 在【模型】选项卡中【工程】面板上单击【倒圆角】按钮⎘,创建"倒圆角1",其操作过程如图 7-92 所示。

10 选中一个曲面,在【模型】选项卡中【编辑】面板上单击【偏移】按钮⎘,创建"偏移 1"，其操作过程如图 7-93 所示。

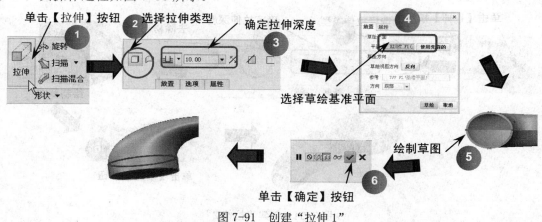

图 7-91 创建"拉伸 1"

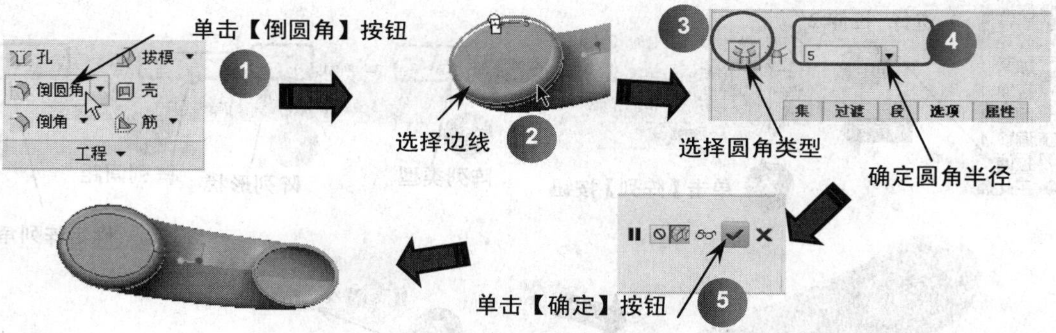

图 7-92 创建"倒圆角 1"

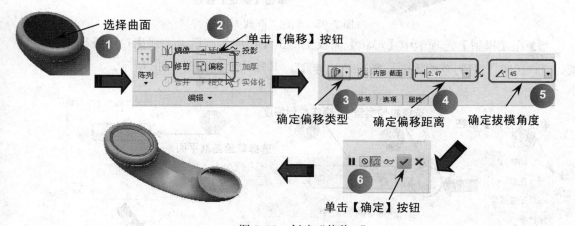

图 7-93 创建"偏移 1"

11 在【模型】选项卡中【形状】面板上单击【拉伸】按钮，弹出拉伸特征操作操控板，选中【去除材料选项】按钮，以上一步偏移后椭圆端面为草绘平面，绘制直径为 4 的小圆作为草绘图形，创建"拉伸 2"，其操作过程如图 7-94 所示。

12 选中"拉伸 2"，在【模型】选项卡中【编辑】面板上单击【阵列】按钮，创建"阵列 1"，其操作过程如图 7-95 所示。

217

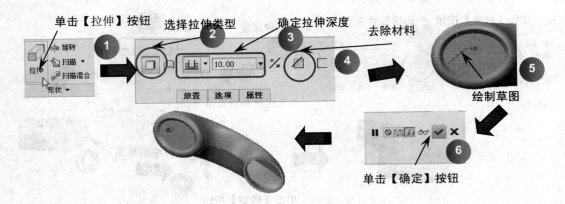

图 7-94　创建"拉伸 2"

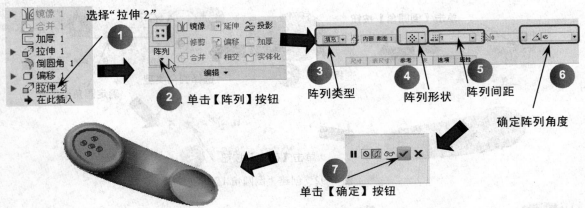

图 7-95　创建"阵列 1"

13 在【模型】选项卡中【形状】面板上单击【拉伸】按钮，弹出拉伸特征操作操控板，选 RIGHT 平面为草绘平面，创建"拉伸 3"，其操作过程如图 7-96 所示。

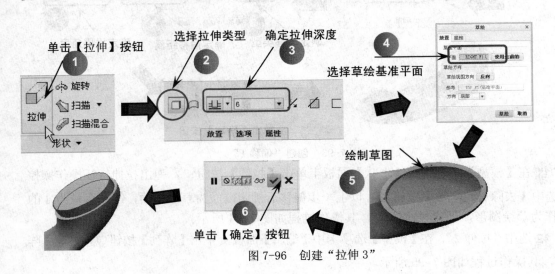

图 7-96　创建"拉伸 3"

14 在【模型】选项卡中【形状】面板上单击【拉伸】按钮 ，弹出拉伸特征操作操控板，选 RIGHT 平面为草绘平面，创建"拉伸4"，其操作过程如图 7-97 所示。

15 在【模型】选项卡中【形状】面板上单击【拉伸】按钮 ，在上一步创建的拉伸特征基础上，创建"拉伸5"，其操作过程如图 7-98 所示。

16 在【模型】选项卡中【工程】面板上单击【倒圆角】按钮 ，创建"倒圆角2"，其操作过程如图 7-99 所示。

17 整个电话的设计已经完成，完成结果如图 7-100 所示，单击【保存】按钮 ，将其保存就可以了。

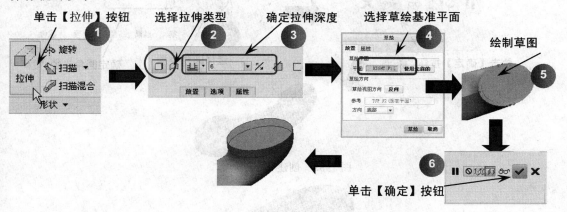

图 7-97　创建"拉伸4"

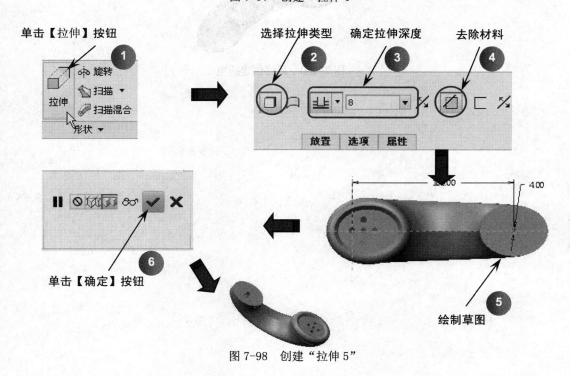

图 7-98　创建"拉伸5"

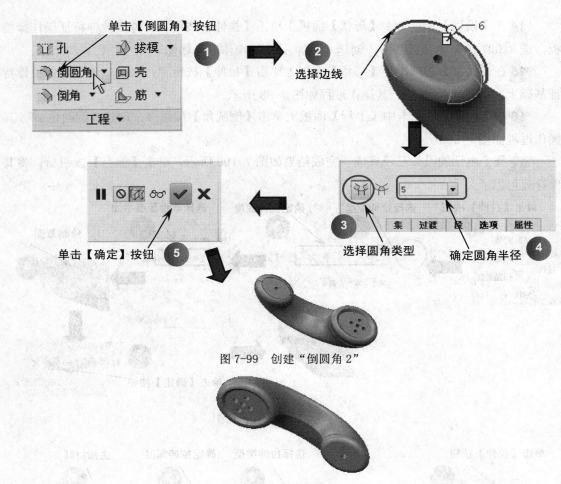

单击【倒圆角】按钮

① 选择边线 ②

③ 选择圆角类型   确定圆角半径 ④

单击【确定】按钮 ⑤

图 7-99 创建"倒圆角 2"

图 7-100 最终创建的电话

220

Chapter

第 8 章　曲面特征

Creo 提供了强大而灵活的曲面建模功能，通常在建模过程中，从设计单个曲面开始，逐步对曲面进行合并、修改、延伸等各种操作，最终将其组合为一个封闭的面组。通过对曲面进行适当的操作之后，就能将曲面特征融入实体特征而获得满意的设计结果。

学习目标：

● 掌握曲面建模一般流程
● 掌握通过边界创建曲面的建模方法
● 掌握常用曲面编辑方法
● 掌握曲面转换为实体的常用方法
● 重新造型方法
● 基准带

8.1 边界混合

边界混合曲面是所有三维 CAD 软件中应用最为广泛的通用曲面构造功能，也是在通常的造型中使用频率最高的指令之一。

利用边界混合工具，可以通过定义边界的方式产生曲面，在参照实体（它们在一个或两个方向上定义曲面）之间创建边界混合的特征。在每个方向上选定的第一个和最后一个图元定义曲面的边界。添加更多的参照图元（如控制点和边界条件）能使用户更完整地定义曲面形状。

 　　根据混合方向的多少，边界混合可以分为单向边界混合和双向边界混合两种。两者操作过程基本相同，首先选取一个方向的混合曲线，然后完成特征构建。

在【模型】选项卡中【曲面】面板上单击【边界混合】按钮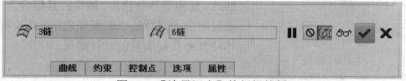

图 8-1 【边界混合】特征操控板

在该特征操控板中主要内容如下：

◆ 【曲线】：用在第一方向和第二方向选取的曲线创建混合曲面，并控制选取顺序。选中【封闭的混合】复选框，通过将最后一条曲线与第一条曲线混合来形成封闭环曲面。

◆ 【约束】：控制边界条件，包括边对齐的相切条件。可能的条件为【自由】、【相切】、【曲率】和【法向】。

◆ 【控制点】：通过在输入曲线上映射位置来添加控制点并形成曲面。

◆ 【选项】：选取曲线链来影响用户界面中混合曲面的形状或逼近方向。

在【约束】选项面板中，控制边界条件可对混合边界应用，将新曲面特征约束到现有曲面或面组的条件。定义边界约束时，Creo 会根据指定的边界来选取默认参照，此时可接受系统默认选取的参照，也可自行选取参照。主要包括以下约束边界条件：

◆ 【自由】：沿边界没有设置相切条件，为默认条件。

◆ 【相切】：混合曲面沿边界与参照曲面相切。

◆ 【曲率】：混合曲面沿边界具有曲率连续性。

◆ 【法向】：混合曲面与参照曲面或基准平面垂直。

在上述约束条件中，如果指定了【相切】或【曲率】，并且边界由单侧边的一条链或单侧边上的一条曲线组成，则被参照的图元将被设置为默认值，同时边界自动具有与单侧边相同的参照曲面。如果指定了【法向】，并且边界由草绘曲线组成，则参照图元被设置为草绘平面，且边界自动具有与曲线相同的参照平面。如果指定了【法向】，并且边界由单侧边的一条链或单侧边上的一条曲线组成，则使用默认参照图元，并且边界自动具有与单侧边相同的参照曲面。

【控制点】选项面板通过在输入曲线上映射位置来添加控制点并形成曲面，主要包含以下预定义的控制选项：

◆ 【自然】：使用一般混合例程混合，并使用相同例程来重置输入曲线的参数，可获得最逼近的曲面。

◆ 【弧长】：对原始曲线进行的最小调整。使用一般混合例程来混合曲线，被分成相等的曲线段并逐段混合的曲线除外。

◆ 【点至点】：逐点混合。第一条曲线中的点 1 连接到第二条曲线中的点 1，依此类推。

◆ 【段至段】：逐段混合。曲线链或复合曲线被连接。

◆ 【可延展】：如果选取了一个方向上的两条相切曲线，则可进行切换，以确定是否需要可延展选项。

【选项】选项面板中的各选项用来选取影响用户界面中混合曲面形状或逼近方向的曲线，主要包括以下控制选项：

◆ 【细节】：打开【链】对话框以修改链组属性。

◆ 【平滑度】：控制曲面的表面粗糙度、不规则性或投影。

◆ 【在方向上的曲面片】：控制用于形成结果曲面的沿 u 和 v 方向的曲面片数。

操作步骤如下：

01 打开光盘实例文件 "bianjiehunhe.prt"，如图 8-2 所示。

图 8-2　打开边界混合模型

02 在【模型】选项卡中【曲面】面板上单击【边界混合】按钮 ，打开【边界混合】特征操控板，单击【第一方向链收集器】按钮，收集边界，如图 8-3 所示。

03 单击【第二方向链收集器】按钮，收集边界，如图 8-4 所示。

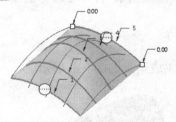

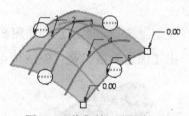

图 8-3　收集第一方向边界　　　　　　　　图 8-4　收集第二方向边界

04 单击【确定】按钮 ，完成边界混合操作，完成结果如图 8-5 所示。

图 8-5　创建边界混合特征

223

 在创建边界混合特征时，在选择曲线时要注意选取顺序。另外，以两个方向定义的混合曲面，外部边界必须构成一封闭环，否则不能创建曲面。

8.2　高级曲面特征

Creo 提供了一些高级曲面特征，包括圆锥曲面、N 侧曲面、曲面自由形状等，这些高级曲面特征在产品造型中得到了广泛应用。

8.2.1　顶点倒圆角

顶点倒圆角操作起始是对曲面进行特殊修剪的操作，可以在曲面的端点处进行倒圆角操作。

在【模型】选项卡中【曲面】面板上单击【顶点倒圆角】，打开如图 8-6 所示的【顶点倒圆角】特征操控板。

操作步骤如下：

01 打开光盘实例文件"dingdiandaoyuanjiao.prt"，如图 8-7 所示。

图 8-6　【顶点倒圆角】特征操控板　　　　　　　图 8-7　打开顶点倒圆角模型

02 在【模型】选项卡中【曲面】面板上单击【顶点倒圆角】，打开【顶点倒圆角】特征操控板。

03 在模型上选择一个顶点，如图 8-8 所示。

04 单击【确定】按钮 ✔，完成顶点倒圆角操作，完成结果如图 8-9 所示。

图 8-8　选择顶点　　　　　　　　　　　图 8-9　创建顶点倒圆角特征

8.2.2　曲面自由形状

创建曲面后，可以对它进行"推"或"拉"，创建一个自由形状特征，作为实体扭曲特征或作为高级曲面特征。利用这种方式，通过对曲面或面组，交互地更改其形状，可创建新曲面特征。只要底层曲面改变形状，自由形状特征也相应改变形状。

对于自由形状曲面，可使用底层基本曲面的边界。另外，可草绘自由形状曲面的边界，然后系统将它们投影到底层基本曲面上。如果网格边界延伸到底层基本曲面之外，在创建自由形状曲面时，可对其进行修剪或延伸，以适应底层曲面边界。

在【模型】选项卡中【曲面】面板上单击【顶点倒圆角】，打开【曲面自由形状】对话框，如图 8-10 所示。

图 8-10 【曲面自由形状】对话框

该对话框中有 3 个选项，各选项意义如下：

◆ 基准曲面：选择进行自由构建曲面的基本曲面。

◆ 网格：控制基本曲面上经、纬方向的网格数。

◆ 操作：进行一系列的自由构建曲面操作，如移动曲面、限定曲面自由构建区域。

操作步骤如下：

01 打开光盘实例文件 "qumianziyouxingzhuang.prt"，如图 8-11 所示。

02 在【模型】选项卡中【曲面】面板上单击【曲面自由形状】，打开【曲面自由形状】对话框，在模型上选择一个曲面作为基准曲面，如图 8-12 所示。

图 8-11 打开曲面自由形状模型　　　　图 8-12 选择基准曲面

03 输入经、纬方向的曲线数。在弹出的对话框中，输入相应的控制曲线号值：9，如图 8-13 所示。

图 8-13 输入控制曲线号

04 设定变形属性。根据设计要求，选择在第一方向、第二方向以及垂直方向对曲面进行整体或局部拉伸，如图 8-14 所示。

04 单击【确定】按钮✔，完成曲面自由形状操作，完成结果如图 8-15 所示。

图 8-14 调整曲面　　　　图 8-15 创建曲面自由形状特征

8.2.3　将切面混合到曲面

将切面混合到曲面功能可以由指定的曲线或边链，沿实体表面或曲面的切线方向混合生成一个曲面。

在【模型】选项卡中【曲面】面板上单击【将切面混合到曲面】，系统打开【曲面：相切曲面】对话框，如图8-16所示。

将切面混合到曲面的混合形式主要有三种基本类型。

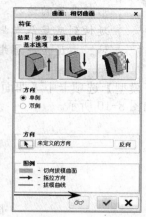

图8-16　【曲面：相切曲面】对话框

◆ （曲线驱动相切拔模曲面）：在参照曲线（诸如分型曲线或草绘曲线）和与上述曲面相切的选定参照零件曲面之间的分型面一侧或两侧创建曲面。此参照曲线必须位于参照零件之外。

◆ （拔模曲面外部的恒定角度相切拔模）：通过沿参照曲线的轨迹并与拖动方向成指定恒定角度创建曲面的方式创建曲面。使用该特征为无法利用常规拔模特征进行拔模的曲面添加相切拔模。还可使用该特征将相切拔模添加至具有倒圆角边的肋中，并保持与参照零件相切。

◆ （在拔模曲面内部的恒定角度相切拔模）：创建拔模曲面内部的、具有恒定拔模角度的曲面。该曲面在参照曲线（如拔模线或侧面影像曲线）一侧或两侧上以相对于参照零件曲面的指定角度进行创建，并在拔模曲面和参照零件的相邻曲面之间提供倒圆角过渡。

创建上述相切拔模时，必须选取拔模类型、拔模方向，并指定拖动方向或接受默认拔模方向。然后，选取参照曲线，并依据相切拔模类型定义其他拔模参照，如相切曲面、拔模角及半径。相切拔模的可选元素为：

◆ 闭合曲面：允许修剪，或在某些情况下延伸相切拔模直到选定曲面。当相邻曲面处在相对于被拔模曲面的某个角度上时，使用该元素。

◆ 骨架曲线：允许指定附加曲线，该曲线控制与截面平面垂直的定向。如果单独使用参照曲线导致几何自交，可使用该元素。

◆ 顶角：对单侧曲线驱动的相切拔模。当拔模线没有延伸至曲面边界并且尚未指定闭合曲面时，用于控制自动创建的附加平面的拔模角。如果没有指定值，则Creo使用零度角。

重点　　闭合曲面必须始终为实体曲面。基准平面或曲面几何不能为封闭曲面。

最后，可使用【曲面：相切曲面】对话框中的【曲线】选项卡编辑参照曲线，选取要包括在拔模线中或从中排除的参照曲线段。

操作步骤如下：

01 打开光盘实例文件"jiangqiemianhunhedaoqumian.prt"，如图8-17所示。

02 在【模型】选项卡中【曲面】面板上单击【将切面混合到曲面】按钮，打开【曲面：相切到到曲面】对话框。

图 8-17 打开顶点倒圆角模型

03 在图形区域内选择"RIGHT"基准面作为拖拉方向，如图 8-18 所示。

04 在【曲面：相切到到曲面】对话框中展开【参考】选项，选择直线作为拔模线，如图 8-19 所示。

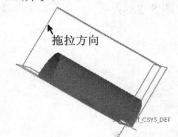

图 8-18 选择拖拉方向

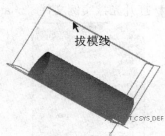

图 8-19 选择拔模线

05 选择圆弧面作为相切曲面，如图 8-20 所示。

06 单击【确定】按钮 ✓，完成将切面混合到曲面操作，完成结果如图 8-21 所示。

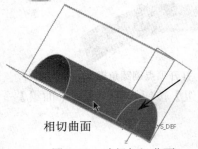

图 8-20 选择相切曲面

图 8-21 创建将切面混合到曲面特征

8.2.4 展平面组

使用展平面组功能，可以将选择的曲面展平。要展开面组，系统会创建统一的曲面参数化方式，然后将其展开，同时保留原始面组的参数化方式。系统使用逼近并封闭源面组的参照曲面，来创建源面组的参数化方式。系统可在内部定义参照曲面，或者也可创建曲面，然后将其用于参数化。

曲面展平时应选择一个明确的原点，系统相对于所选定的固定原点展开该面组。默认情况下，系统在与原始面组相切于原点的平面上，放置展平面组。也可随意指定其他的放置平面，并按需要定向该面组。要放置该面组，需选取一个坐标系，将其 XY 平面作为放置平面。要定向该面组，在该面组上选取一个基准点。系统会创建从原点到指定基准点的向量，并使该向量与坐标系 X 轴对齐。

在【模型】选项卡中【曲面】面板上单击【将切面混合到曲面】，系统打开【展平面组】对话框，如图 8-22 所示。在【参数化方法】栏中，系统提供了 3 种定义曲面参数化的方法：

◆ 【自动】：系统默认的参数化方式。选择该项，系统自动定义曲面的参数化方式。

◆ 【有辅助】：通过选择曲面边界上的 4 个点（顶点或基准点），来创建一个用于曲面参数化的参照曲面。

◆ 【手动】：选择一个用于曲面参数化的参照曲面。

原点和 X 方向的点必须位于原始曲面上，原始曲面上存在多个表面时，各表面必须彼此相切。

操作步骤如下：

01 打开光盘实例文件 "zhanpingmianzu.prt"，如图 8-23 所示。

图 8-22　【展平面组】对话框　　　　　　　图 8-23　打开顶点倒圆角模型

02 在【模型】选项卡中【曲面】面板上单击【展平面组】按钮，打开【展平面组】对话框。

03 在图形区域内选择曲面作为源曲面，如图 8-24 所示。

04 在图形区域内选择一点作为原点，如图 8-25 所示。

源曲面

原点

图 8-24　选择拖拉方向　　　　　　　　　图 8-25　选择拔模线

05 在【参数化方向】内选择【自动】类型，在【步数 1】和【步数 2】内分别输入值 50。

06 单击【确定】按钮 ✓ ，完成展平面组操作成结果如图 8-26 所示。

图 8-26　创建展平面组特征

8.3　重新造型

重新造型是一个逆向工程环境，主要用来处理小平面特征数据，并建立相关曲面特征。

逆向工程就是根据已经有的实物进行逆向的重新三维造型，俗称"抄数"，是指利用三维激光扫描技术或使用三坐标测量仪对实体模型进行测量，以获得物体的点云数据（三维点数据），再利用一定的工程软件对获得的点云数据进行整理、编辑，并获取所需的三维特征曲线，最终通过三维曲面表达出物体的外形，从而重构实物的 CAD 模型。逆向工程最通常的应用是根据汽车的外观油泥模型通过扫描数据后进行重新的造型。

Creo 提供了相关模块来辅助逆向工程的进行：

◆　小平面特征。用于对扫描点云进行点处理，通过去除杂点、光滑化、取样等一系列处理生成更高质量的点云，并生成最终的小平面特征以方便下一步的造型。

◆　重新造型特征。用于在小平面特征的基础上创建曲线曲面参考，甚至是直接生成可以使用的曲面。

◆　独立几何特征。可以根据已经有的曲线或曲面重新拟合出一个更高质量的曲线和曲面。

在 Creo 中，逆向工程的实现方法主要包括用于点云数据前期处理的小平面特征和利用点云数据进行曲面构建和数据利用的造型和重新造型功能。小平面特征是用来处理扫描点云的专用特征，通过小平面特征的处理，把输入的点云或多边形处理成有序的多边面模型以供后续处理。

重新造型即是一个逆向工程环境，在该环境中可以在多面（三角形化）数据的顶部重建曲面 CAD 模型，可直接输入多面数据或使用 Creo 的小平面建模功能通过转换点云数据进行创建。在【模型】选项卡中【曲面】面板上单击【重新造型】，即可进入逆向工程环境，在主菜单中增加了【重新造型】菜单，如图 8-27 所示。该环境是一个直接建模环境，提供一整套的自动、半自动和手动工具，利用这些工具可用来执行以下任务：

◆　创建和修改曲线，包括在多面数据上的曲线。

◆　对多面数据使用曲面分析以创建特性曲线。这些曲线表示具有类似曲率的（在等值线分析时）模型区域，或者曲率突变（在极值分析时）区域，如模型的锐边。

◆　使用多面数据创建并编辑解析曲面、拉伸曲面和旋转曲面。

◆　使用多面数据和曲线创建、编辑和处理自由形式的多项式曲面，包括高次 B 样条和 Bezier 曲面。

◆　对多面数据拟合自由形式曲面。

◆　管理曲面间的连接和相切约束。

◆　执行基本的曲面建模操作，包括曲面外推与合并。

在逆向工程中，利用重新造型功能创建模型的一般工作流程如下：

（1）在 Creo 中打开或插入所需的小平面特征。

图 8-27　【重新造型】菜单

（2）在主菜单中，单击【插入】/【重新造型】，进入逆向工程环境。

（3）分析曲面。利用各种曲面分析工具(如最大曲率分析、高斯曲率分析、三阶导数分析、斜率分析等)进行分析并了解所需曲面模型的结构。

（4）构建较简单、较大的曲面。这些曲面可用作更复杂的程序化曲面和曲面分析的方向参照。

（5）创建其他曲面。使用不同的曲面创建工具创建曲面，例如，在小平面上创建曲线、由分析、由与平面相交或三维曲线创建曲面。对于自由形状的曲面，还可使用【拟合】与【投影】工具。如果曲面必须彼此相交，则可能需要延伸曲面。

（6）使用【诊断】工具实现曲面和曲线特性的动态可视化。

（7）使用【重新造型树】工具显示重新造型特征元件的层级列表。选取所需的树元件以编辑和解决设计问题。

（8）完成模型创建。在以后的建模过程中，可使用所创建的几何创建常规的 Creo 特征。

利用重新造型功能，对点云进行处理并创建模型的例子如图 8-28 所示，其中左图为着色后点云，右图为处理后曲面模型。

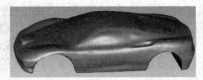

图 8-28　重新造型

8.4　基准带

> 基准带主要用于创建一个带曲面，带曲面是一个基准，表示沿基础曲线创建的一个相切区域，带曲面相切于与基础曲线相交的参照曲线。

Creo 在设计中可以使用带曲面在两个曲面特征之间施加相切条件。使用带曲面可以定义曲面片结构，以使相邻曲面彼此相切，而无须将其中一个曲面用作相切参照。这样，带曲面就起到相切参照的作用。要使用这种方法，首先要创建带曲面。然后，可以创建每个曲面，并使其与带曲面相切。在两个相邻曲面之间建立起相切关系后，可以将带曲面置于一个层中并将其遮蔽。可以为带平面预定义一个层。为此，使用 def_layer (LAYER_RIBBON _FEAT) 配置选项为该层指定名称。每次创建带曲面时，系统会自动将其添加到该层中。

在【模型】选项卡中【基准】工具条上单击【带】命令，系统打开【基准：带】对话框，如图 8-29 所示，在对话框中主要可以设置基础曲线与参照曲线等。

图 8-29　【基准：带】对话框

【基准：带】对话框中主要选项含义如下：

◆ 【基础曲线】：系统将基础曲线用作带状曲面的轨迹。可以只选一条曲线，也可以选取由多条曲线构成的链。

◆ 【参照曲线】：曲面相切参照，带曲面相切于与基础曲线相交的参照曲线。

创建带曲面的主要步骤如下：

（1）在主菜单中单击【插入】/【模型基准】/【带】，系统打开【基准：带】对话框。

（2）选取基础曲线。在菜单管理器中，选取基础曲线。可以只选一条曲线，也可以选取由多条曲线构成的链，系统将基础曲线用作带状曲面的轨迹。

（3）选取参照曲线。首先选取第一条参照曲线，并根据要求继续选取另外的参照曲线。

（4）定义带曲面的宽度。系统以默认宽度创建带曲面，也可以自行定义曲面宽度。

（5）完成带曲面创建。预览特征，完成带曲面特征创建。

使用带曲面的例子如图 8-30 所示。示例显示在中间曲线的两侧创建两个彼此相切的边界混合。其中中间直线为基础曲线，两侧曲线为参照曲线。为使两个边界混合之间相切，沿中间曲线创建一个带曲面。其中为带曲面定义参照曲线时，在中间曲线的两侧都选择三条内部曲线。

图 8-30 创建带曲面

8.5 动手操练

Creo 提供了强大而灵活的曲面功能，从设计单个曲面开始，逐步将曲面组合为一个封闭的面组，然后再添加材料形成实体。以下内容通过几个实例操作，主要介绍如何利用相应方法创建曲面特征，并根据需要对其进行合并、修改、延伸等各种曲面操作。通过对曲面进行适当的操作之后，就能将曲面特征融入实体特征而获得满意的设计结果。

8.5.1 U盘设计

U盘是电脑使用中最常用的移动存贮设备，其外观漂亮，造型精致。本实例讲述 U 盘主体的一般设计过程。U盘主体设计综合运用到扫描曲面的创建、边界曲面的创建、曲面的合并和曲面实体化等建模方法，U盘主体的设计结果如图 8-31 所示。

图 8-31 U 盘模型

🌸🌸 操作步骤

01 新建零件文件。单击工具栏中的【新建】按钮 □，建立一新零件。在【新建】对话框的【类型】分组框中选择【零件】选项，在【子类型】分组框中默认选中【实体】选项，在【名称】文本框中输入文件名"upan"，并去掉【使用默认模板】前的【√】。单击 确定 按

钮，在弹出的【新文件选项】对话框中选取模板为【mmns_part_solid】，其各项操作如图
8-32、图 8-33 所示，单击 确定 按钮后，进入系统的零件模块。

图 8-32　新建文件

图 8-33　新建文件选项

02 在【模型】选项卡中【基准】工具条上单击【草绘】按钮，选择"TOP"平面作
为草绘平面作为草绘平面，绘制草图，其操作过程如图 8-34 所示。

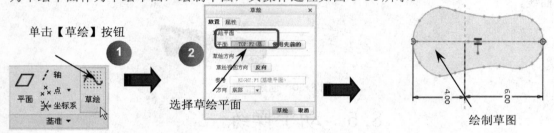

图 8-34　绘制"草图 1"

03 在【模型】选项卡中【形状】工具条上单击【扫描】按钮，打开扫描操控面板，
创建"扫描 1"，其操作过程如图 8-35 所示。

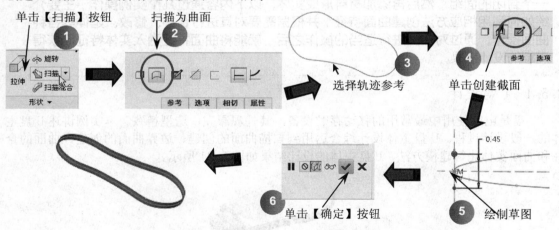

图 8-35　绘制"草图 1"

04 在【模型】选项卡中【基准】工具条上单击【草绘】按钮，选择"RIGHT"平面
作为草绘平面，绘制草图，其操作过程如图 8-36 所示。

05 在【模型】选项卡中【曲面】面板上单击【边界混合】按钮，弹出【边界混合】
特征操控板中，按住 Ctrl 键，依次选取边界曲线，创建"边界混合 1"，其操作过程如图
8-37 所示。

图 8-36 绘制"草图 2"

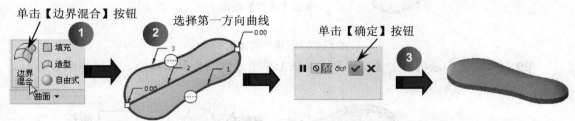

图 8-37 创建"边界混合 1"

06 在按住 Ctrl 键，在左侧模型树中选取以上绘制的 3 条轮廓线，在【模型】选项卡中【编辑】工具条上单击【镜像】按钮 ，选取 TOP 平面作为镜像平面，进行镜像操作，其操作过程如图 8-38 所示。

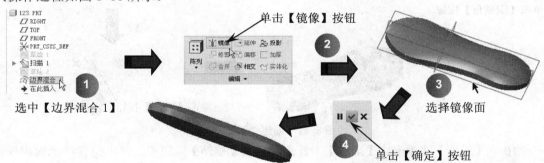

图 8-38 创建"镜像 1"

07 打开选择过滤器中的 面组 ▼ 选项，选取所有曲面特征，在【模型】选项卡中【编辑】工具条上单击【合并】按钮 ，创建"合并 1"，如图 8-39 所示。

图 8-39 创建"合并 1"

08 在"模型树"内选中"合并 1"，在【模型】选项卡中【编辑】工具条上单击【实体化】按钮 ，创建"实体化 1"，其操作过程如图 8-40 所示。

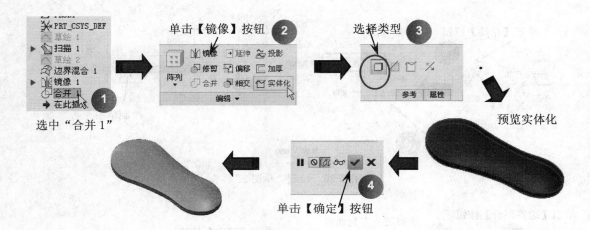

图 8-40 创建"实体化 1"

09 在【模型】选项卡中【工程】工具条上单击【倒圆角】按钮，创建"倒圆角 1"，其操作过程如图 8-41 所示。

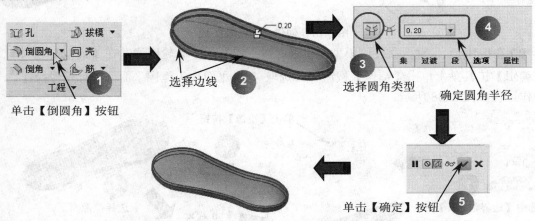

图 8-41 创建"倒圆角 1"

10 在【模型】选项卡中【形状】工具条上单击【拉伸】按钮，弹出拉伸特征操控板，选"TOP"平面为草绘平面，创建"拉伸 1"，其操作过程如图 8-42 所示。

11 在"模型树"内选中"拉伸 1"，在【模型】选项卡中【编辑】工具条上单击【实体化】按钮，打开【实体化】操控板，单击去除材料按钮，并利用按钮调节方向，创建"实体化 1"，其操作过程如图 8-43 所示。

12 在【模型】选项卡中【形状】工具条上单击【拉伸】按钮，弹出拉伸特征操控板，创建"拉伸 2"，其操作过程如图 8-44 所示。

13 在【模型】选项卡中【形状】工具条上单击【拉伸】按钮，弹出拉伸特征操控板，创建"拉伸 3"，其操作过程如图 8-45 所示。

14 在【模型】选项卡中【形状】工具条上单击【拉伸】按钮，弹出拉伸特征操控板，创建"拉伸 4"，其操作过程如图 8-46 所示。

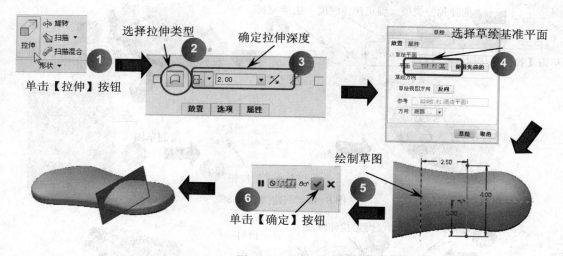

图 8-42　创建"拉伸 1"

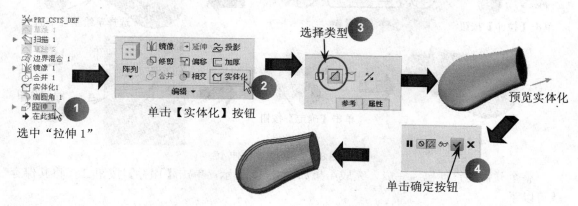

图 8-43　创建"实体化 2"

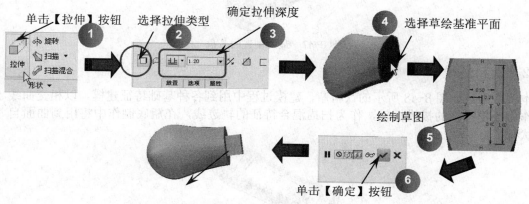

图 8-44　创建"拉伸 2"

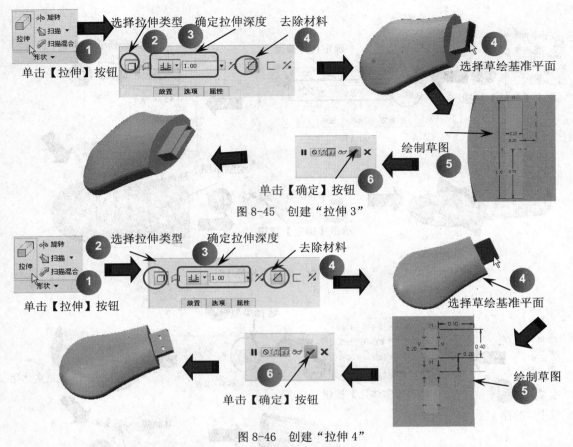

图 8-45　创建"拉伸 3"

图 8-46　创建"拉伸 4"

整个 U 盘的设计已经完成，完成结果如图 8-47 所示，单击【保存】按钮 ，将其保存就可以了。

图 8-47　最终创建的 U 盘

8.5.2　饮料瓶设计

本例将创建如图 8-48 所示的饮料瓶，建模过程中用到各种基础特征建模，以相交曲线特征作为拔模特征的拔模枢轴，作为扫描混合特征的轨迹线，在瓶底制作中将用到曲面自由形状特征。

图 8-48　饮料瓶

![操作步骤]

01 新建零件文件。单击工具栏中的【新建】按钮 □，建立一新零件。在【新建】对话框的【类型】分组框中选择【零件】选项，在【子类型】分组框中默认选中【实体】选项，在【名称】文本框中输入文件名"yinliaoping"，并去掉【使用默认模板】前的【√】。单击 确定 按钮，在弹出的【新文件选项】对话框中选取模板为【mmns_part_solid】，其各项操作如图 8-49、图 8-50 所示，单击 确定 按钮后，进入系统的零件模块。

图 8-49 新建文件　　　　　　　　　图 8-50 新建文件选项

02 在【模型】选项卡中【形状】工具条上单击【拉伸】按钮 ☑，弹出拉伸特征操控板，选"FRONT"平面为草绘平面，创建"拉伸 1"，其操作过程如图 8-51 所示。

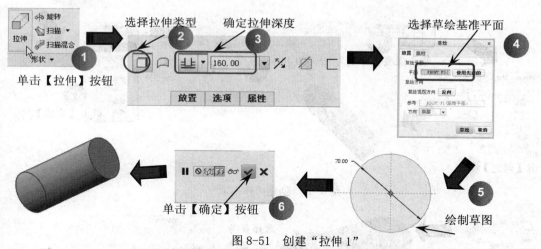

图 8-51 创建"拉伸 1"

03 在【模型】选项卡中【形状】工具条上执行【混合】命令，打开下拉菜单，选择【伸出项】，创建"伸出项"，其操作过程如图 8-52 所示。

04 在【模型】选项卡中【基准】工具条上单击【平面】按钮 ☑，打开【基准平面】对话框，选择"FIGHT"基准平面作为参考，创建"DTM1"基准平面，其操作过程如图 8-53 所示。

05 创建交截曲线。选取上一步创建的基准平面 DTM1 和圆柱面，在【模型】选项卡中【编辑】工具条上单击【相交】按钮 ☑，得到交截曲线，如图 8-54 所示。

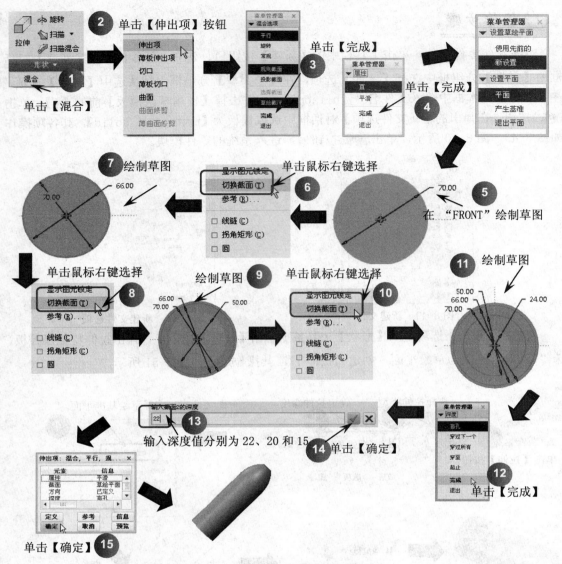

图 8-52 创建"伸出项"

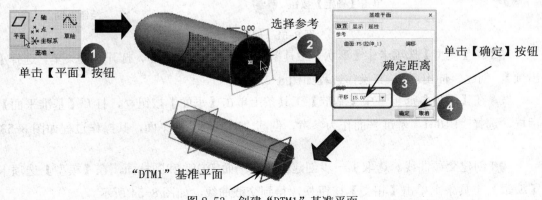

图 8-53 创建"DTM1"基准平面

图 8-54　创建交截曲线

06 创建拔模特征。以上一步创建的交截曲线作为拔模枢轴，在上下侧分别创建 15°与 0°拔模曲面，在【模型】选项卡中【工程】工具条上单击【拔模】按钮，主要过程如图 8-55 所示。

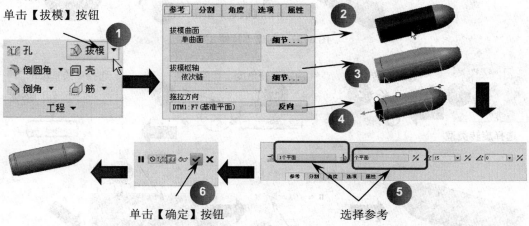

图 8-55　创建"拔模斜度 1"

07 在【模型】选项卡中【形状】工具条上单击【旋转】按钮，弹出旋转特征操控板，选择【移除材料】按钮，选"RIGHT"平面为草绘平面，创建"旋转 1"，其操作过程如图 8-56 所示。

08 在【模型】选项卡中【形状】工具条上单击【拉伸】按钮，弹出拉伸特征操控板，创建"拉伸 2"，其操作过程如图 8-57 所示。

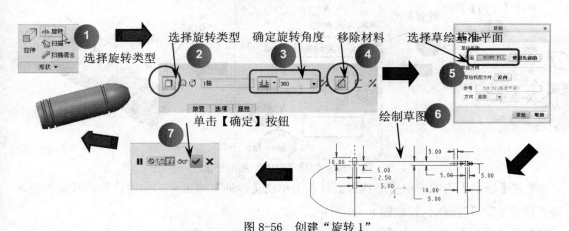

图 8-56　创建"旋转 1"

09 在【模型】选项卡中【形状】工具条上单击【旋转】按钮，弹出旋转特征操控板，选择【移除材料】按钮，选"TOP"平面为草绘平面，创建"旋转 2"，其操作过程如图 8-58

所示。

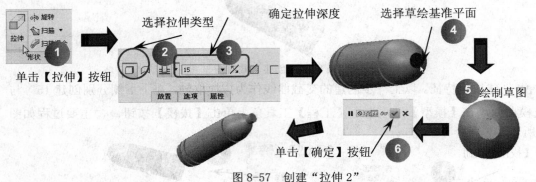

旋转
扫描
拉伸
形状
单击【拉伸】按钮
选择拉伸类型
确定拉伸深度
15
放置
选项
属性
选择草绘基准平面
绘制草图
单击【确定】按钮

图 8-57 创建“拉伸 2”

拉伸
旋转
扫描
形状
选择旋转类型
选择旋转类型
确定旋转角度
移除材料
1轴
360
放置
选项
属性
选择草绘基准平面
绘制草图
10.00
2.00
10.00
单击【确定】按钮

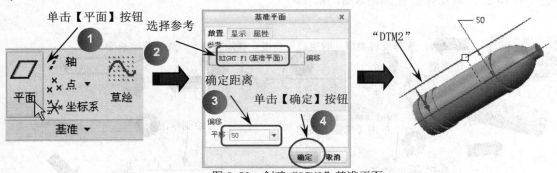

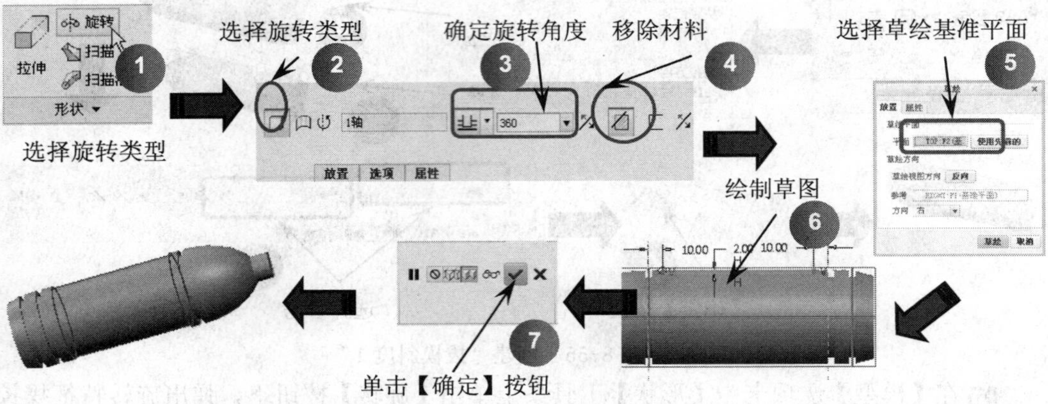

图 8-58 创建“旋转 2”

10 在【模型】选项卡中【基准】工具条上单击【平面】按钮，打开【基准平面】对话框，选择“FIGHT”基准平面作为参考，创建“DTM2”基准平面，其操作过程如图 8-59 所示。

单击【平面】按钮
平面
轴
点
坐标系
草绘
基准
选择参考
基准平面
放置
显示
属性
参考
RIGHT:F1(基准平面)
偏移
确定距离
单击【确定】按钮
偏移
平移
50
确定
取消
“DTM2”
50

图 8-59 创建“DTM2”基准平面

11 在【模型】选项卡中【形状】工具条上单击【拉伸】按钮，弹出拉伸特征操控板，创建“拉伸 3”，其操作过程如图 8-60 所示。

12 在【模型】选项卡中【工程】工具条上单击【倒圆角】按钮，创建“倒圆角 1”，其操作过程如图 8-61 所示。

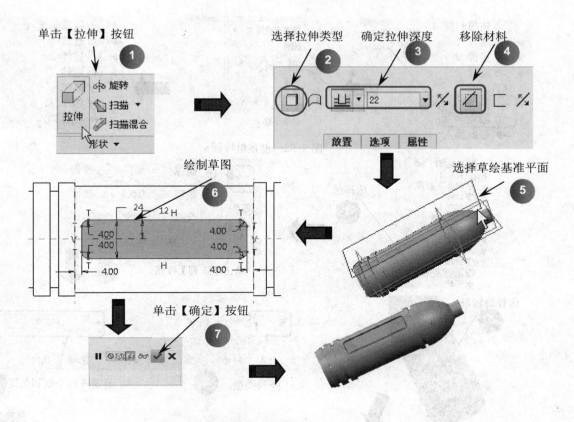

图 8-60 创建 "拉伸 3"

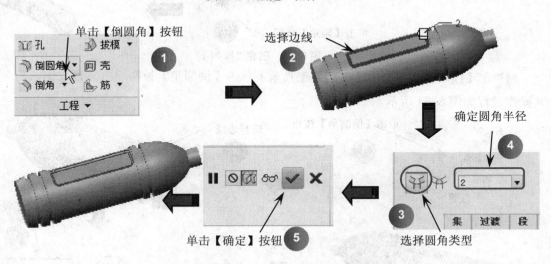

图 8-61 创建 "倒圆角 1"

13 创建组特征。选取以上两步创建的拉伸切除实体特征和倒圆角特征,单击鼠标右键,在弹出的菜单中选择【组】选项,创建组特征,如图 8-62 所示。

14 选中 "组",在【模型】选项卡中【编辑】工具条上单击【阵列】按钮⊞,创建 "阵列 1",其操作过程如图 8-63 所示。

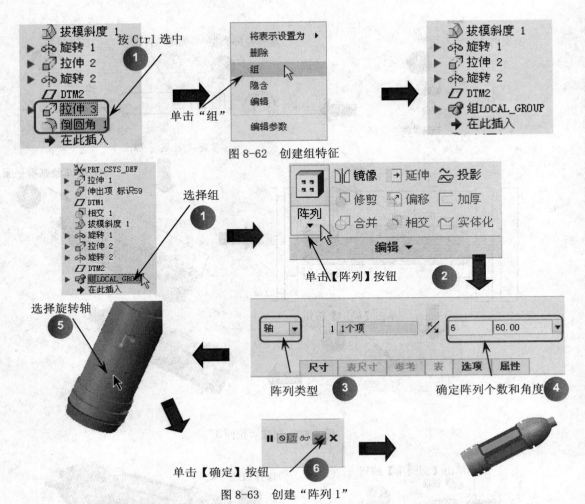

图 8-62 创建组特征

图 8-63 创建"阵列 1"

15 在【模型】选项卡中【工程】工具条上单击【倒圆角】按钮 ，创建"倒圆角 7"，其操作过程如图 8-64 所示。

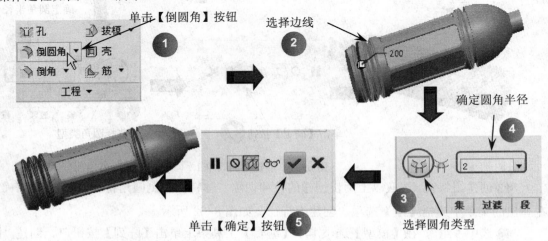

图 8-64 创建"倒圆角 7"

16 在【模型】选项卡中【曲面】面板上单击【曲面自由形状】命令，创建自由曲面，其操作过程如图 8-65 所示。

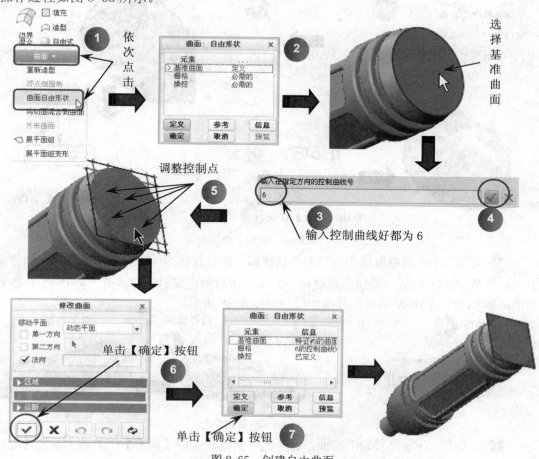

图 8-65　创建自由曲面

17 选中"自由曲面"，在【模型】选项卡中【编辑】工具条上单击【实体化】按钮 ⬜，创建"实体化 1"，其操作过程如图 8-66 所示。

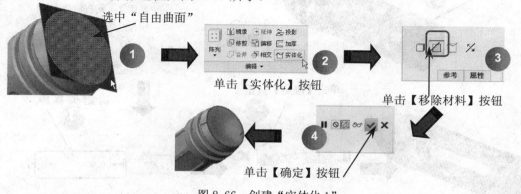

图 8-66　创建"实体化 1"

18 在【模型】选项卡中【工程】工具条上单击【倒圆角】按钮 ⬛，创建"倒圆角 8"，其操作过程如图 8-67 所示。

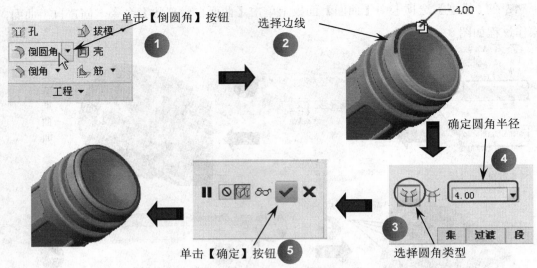

图 8-67　创建"倒圆角 8"

19 复制曲面。选取瓶底面的自由形状曲面，然后按住 Shift 键，选取瓶口曲面作为边界面，释放 Shift 键后，系统会选取种子组面至边界曲面间的所有曲面，按 Ctrl+C 键复制曲面，按 Ctrl+V 键粘贴曲面，其操作过程如图 8-68 所示。

图 8-68　复制曲面

20 选中上一步粘贴得到的曲面，在【模型】选项卡中【编辑】工具条上单击【偏移】按钮，创建"偏移 1"，其操作过程如图 8-69 所示。

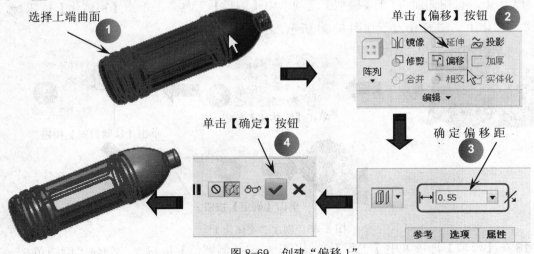

图 8-69　创建"偏移 1"

21 选中"偏移 4"，在【模型】选项卡中【编辑】工具条上单击【实体化】按钮，创建"实体化1",其操作过程如图8-70所示。

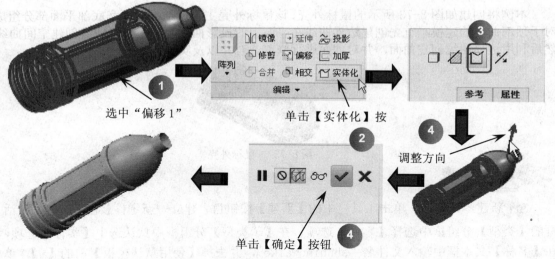

图8-70 创建"实体化1"

22 在【模型】选项卡中【形状】工具条上单击【旋转】按钮，弹出旋转特征操控板，选"RIGHT"平面为草绘平面，创建"旋转3"，其操作过程如图8-71所示。

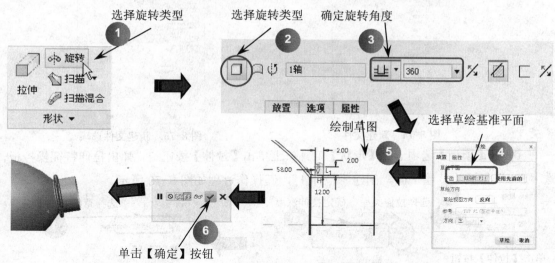

图8-71 创建"旋转3"

整个饮料瓶的设计已经完成，完成结果如图8-72所示，单击【保存】按钮，将其保存就可以了。

图8-72 最终创建的饮料瓶

8.5.3　鼠标外壳设计

本例将创建如图 8-73 所示的鼠标外壳，该鼠标外壳主要由顶部曲面和底部平面部分组成，对于顶部曲面的建模，首先创建边界曲线在平面上的投影曲线，利用投影曲线创建空间曲线，然后利用边界曲线创建曲面，并对曲面进行修剪、合并以及实体化等操作。

图 8-73　鼠标外壳

操作步骤

01 新建零件文件。单击工具栏中的【新建】按钮 □，建立一新零件。在【新建】对话框的【类型】分组框中选择【零件】选项，在【子类型】分组框中默认选中【实体】选项，在【名称】文本框中输入文件名 "shubiaowaike"，并去掉【使用默认模板】前的【√】。单击 确定 按钮，在弹出的【新文件选项】对话框中选取模板为【mmns_part_solid】，其各项操作如图 8-74、图 8-75 所示，单击 确定 按钮后，进入系统的零件模块。

图 8-74　新建文件

图 8-75　新建文件选项

02 在【模型】选项卡中【形状】工具条上单击【拉伸】按钮 🗗，弹出拉伸特征操控板，选 "TOP" 平面为草绘平面，创建 "拉伸 1"，其操作过程如图 8-76 所示。

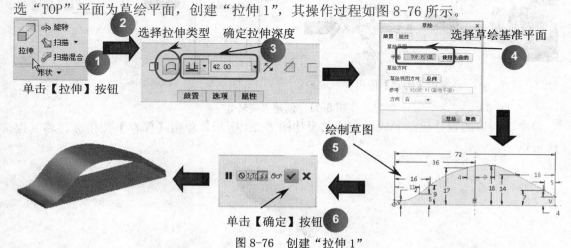

图 8-76　创建 "拉伸 1"

03 在【模型】选项卡中【形状】工具条上单击【拉伸】按钮 🗗，弹出拉伸特征操控板，

246

选"RIGHT"平面为草绘平面,创建"拉伸2",其操作过程如图8-77所示。

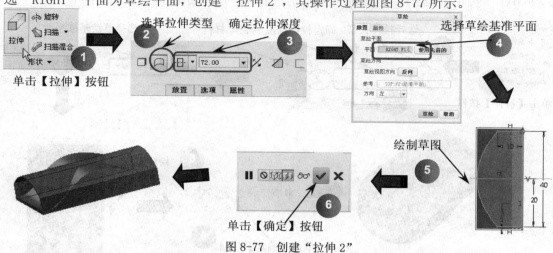

图 8-77 创建"拉伸 2"

04 在"模型树"中选择"拉伸 1"和"拉伸 2",在【模型】选项卡中【编辑】工具条上单击【合并】按钮⊡,创建"合并 1",其操作过程如图8-78所示。

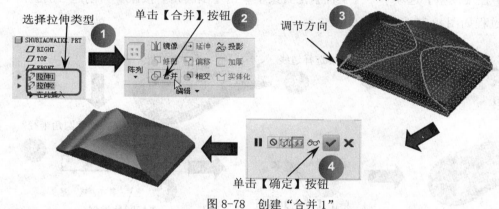

图 8-78 创建"合并 1"

05 在"模型树"内选中"合并 1",在【模型】选项卡中【编辑】工具条上单击【实体化】按钮⊡,创建"实体化 1",其操作过程如图8-79所示。

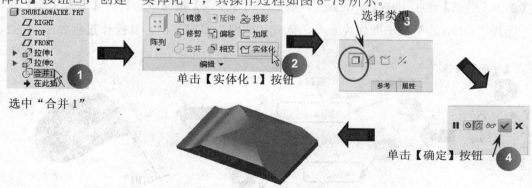

图 8-79 创建"实体化 1"

06 在【模型】选项卡中【形状】工具条上单击【拉伸】按钮⊡,弹出拉伸特征操控板,

247

选"FRONT"平面为草绘平面,创建"拉伸3",其操作过程如图 8-80 所示。

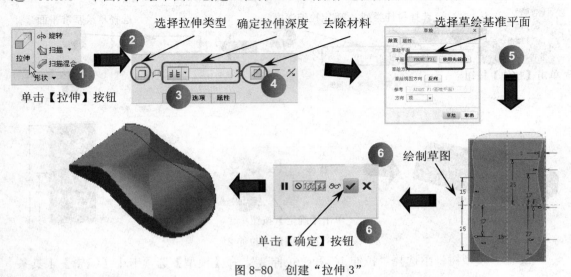

图 8-80 创建"拉伸3"

07 在【模型】选项卡中【工程】工具条上单击【倒圆角】按钮 ,创建"倒圆角1",其操作过程如图 8-81 所示。

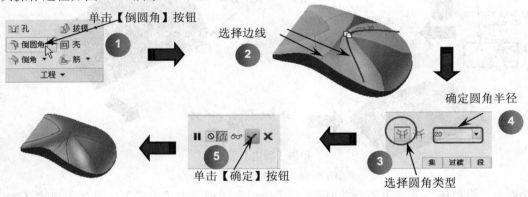

图 8-81 创建"倒圆角1"

08 在【模型】选项卡中【基准】工具条上单击【平面】按钮 ,打开【基准平面】对话框,选择"FIGHT"基准平面作为参考,创建"DTM1"基准平面,其操作过程如图 8-82 所示。

图 8-82 创建"DTM1"基准平面

09 在【模型】选项卡中【形状】工具条上单击【拉伸】按钮，弹出拉伸特征操控板，选"DTM1"平面为草绘平面，创建"拉伸 4"，其操作过程如图 8-83 所示。

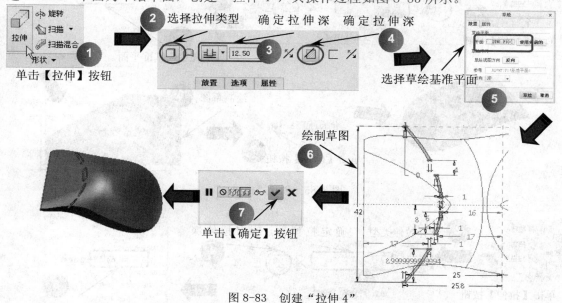

图 8-83 创建"拉伸 4"

10 在【模型】选项卡中【形状】工具条上单击【拉伸】按钮，弹出拉伸特征操控板，选"DTM1"平面为草绘平面，创建"拉伸 5"，其操作过程如图 8-84 所示。

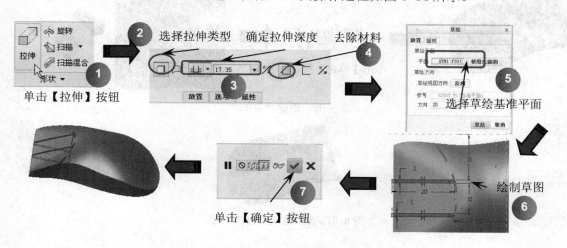

图 8-84 创建"拉伸 5"

11 在【模型】选项卡中【形状】工具条上单击【拉伸】按钮，弹出拉伸特征操控板，选"TOP"平面为草绘平面，创建"拉伸 6"，其操作过程如图 8-85 所示。

12 在【模型】选项卡中【形状】工具条上单击【拉伸】按钮，弹出拉伸特征操控板，选"DTM1"平面为草绘平面，创建"拉伸 7"，其操作过程如图 8-86 所示。

13 整个鼠标外壳的设计已经完成，完成结果如图 8-87 所示，单击【保存】按钮，将其保存就可以了。

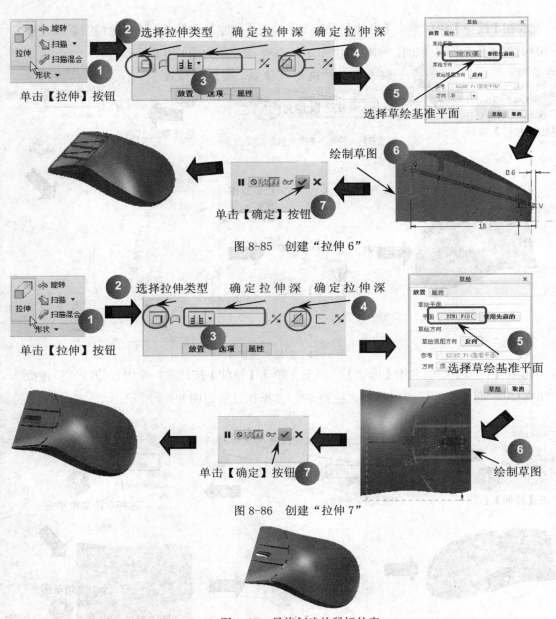

选择拉伸类型　确定拉伸深　确定拉伸深

单击【拉伸】按钮

选择草绘基准平面

绘制草图

单击【确定】按钮

图 8-85　创建"拉伸 6"

选择拉伸类型　确定拉伸深　确定拉伸深

单击【拉伸】按钮

选择草绘基准平面

绘制草图

单击【确定】按钮

图 8-86　创建"拉伸 7"

图 8-87　最终创建的鼠标外壳

Chapter

第 9 章　造型设计方法

本章内容包括造型环境介绍、造型曲线创建及编辑、造型曲面创建及编辑等知识。掌握了专业曲面和造型曲面知识，便可以灵活地设计许多具有流线形曲面的产品了。

学习目标：

- 掌握造型设计的特点
- 掌握常用造型曲线种类
- 掌握常用造型曲面种类
- 掌握常用造型曲面连接方式
- 曲面分析

9.1 造型工作台介绍

在 Creo 零件设计模式下，集成了一个功能强大、建模直观的造型环境。在该设计环境中，可以非常直观地创建具有高度弹性化的造型曲线和曲面。在造型环境中创建的各种特征，可以统称为造型特征，它没有节点数目和曲线数目的特别限制，并且可以具有自身内部的父子关系，还可以与其他 Creo 特征具有参照关系或关联。

前面介绍的曲面知识属于业界常说的专业曲面范畴，另外还有一种概念性极强、艺术性和技术性相对完美结合的曲面特征——造型曲面，也称自由形式曲面，简称 ISDX。造型曲面特别适应于设计曲面特别复杂的曲面，如汽车车身曲面、摩托艇或其他船体曲面等。巧用造型曲面，可以灵活地解决外观设计与零部件结构设计之间可能存在的脱节问题。

ISDX 是交互式曲面设计扩展包（Interactive Surface Design eXtension）的缩写，也称"交互式曲面设计"，其指令名称为造型。ISDX 起初是 CDRS 中用于工业设计和概念设计的模块，通常用于创建非正规几何曲面和雕刻曲面的软件，PTC 在收购 CDRS 后通过技术的消化和吸收整合形成一个构建自由曲面的模块。新的 ISDX 模块曲线曲面功能齐全，操作简单而直观，不管是用户设计概念性外观曲面还是在普通建模中的曲面造型都是一个非常强有力的造型工具。

造型建模以边界曲线为曲面的基本元素，通过对边界曲线的编辑来改变曲面的外形，还可以通过编辑曲面，改变曲面的连接方式来改变曲面的光顺程度，以获得设计者需要的曲面。造型曲面设计可以不设置尺寸参数，这样设计者可以随心所欲地直接调整曲线的外观，高效率地创建边界曲线。当曲面需要尺寸参数约束时，也可以通过设置基准点、基准平面等基准参数来建立参数联系，以便进行参数化设计。

9.1.1 进入造型工作台

造型曲面模块完全并入了 Creo 的零件设计模块，在【模型】选项卡中【曲面】面板上单击【造型】按钮，即可进入造型曲面设计的模块，界面如图 9-1 所示。

图 9-1　造型环境界面

在默认状态下，系统只全屏显示一个视图，单击【显示所有视图】按钮，则可以切换到显示所有视图（四视图布局）的操作界面，如图 9-2 所示。在采用四视图布局时，允许用户适当调整各窗格大小。若再次单击【显示所有视图】按钮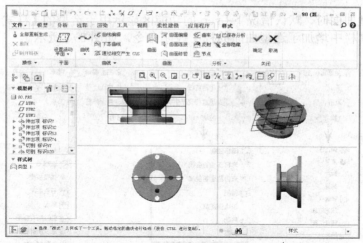，则切换回单视图界面。

图 9-2 多视图显示模式

退出造型环境的操作方法有两种：

方法一：在【样式】选项卡中【关闭】面板上单击【确定】按钮✔，完成造型特征并退出造型环境。

方法二：在【样式】选项卡中【关闭】面板上单击【确定】按钮✖，取消对造型特征的所有更改，并退出造型环境。

9.1.2 造型环境设置

在造型环境的【样式】选项卡中【操作】面板上单击【首选项】按钮，打开【造型首选项】对话框，如图 9-3 所示。利用该对话框，可以设置显示、自动再生、栅格、曲面网格等项目的优先选项。

【造型首选项】对话框中各选项的功能如下：

◆ 【曲面】：选中【默认连接】，表示在创建曲面时自动建立连接。

◆ 【栅格】：可切换栅格的打开和关闭状态，其中【间距】定义栅格间距。

◆ 【自动重新生成】：选中相应的选项框时，自动再生曲线、曲面和着色曲面。

◆ 【曲面网格】：设置以下显示选项之一。【打开】表示始终显示曲面网格；【关闭】表示从不显示曲面网格；【着色时关闭】表示当选择着色显示模式时，曲面网格不可见。

◆ 【质量】：根据滑块位置定义曲面网格的精细度。

图 9-3 【造型首选项】对话框

重点

　　如果特征包含多个曲面，并且在进行曲线编辑进需要许多交互控制，建议关闭"自动重新生成"框中的"曲面"和"着色曲面"两个选项。

9.1.3　工具栏介绍

设计造型曲面时，默认情况下 Creo 的功能区显示用于造型的【样式】选项卡，而且在前导视图工具栏中增加了造型曲面的视图控制命令，如图 9-4 所示。

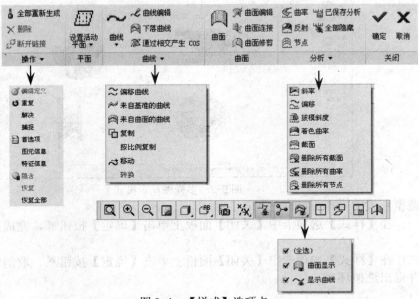

图 9-4　【样式】选项卡

各选项含义如下：

曲面显示：样式曲面打开/关闭。

显示曲线：样式曲线打开/关闭。

视图显示：在全屏一个视图显示与四视图显示之间切换。

曲率：曲率分析，包括曲线的曲率、半径、相切选项；曲面的曲率、垂直选项。

截面：横截面分析，包括界面的曲率、半径、相切、位置选项和加亮位置。

偏移：显示曲面或曲线的偏移量。

着色曲率：为曲面上的点计算并显示最小和最大法向曲率值。

反射：显示直线光源照射时曲面所反射的曲线。

拔模：分析确定曲面的拔模角度。

斜率：用色彩显示零件上曲面相对于参照平面的倾斜程度。

曲面节点：曲面节点分析。

已保存分析：显示已保存的集合信息。

全部隐藏：隐藏所有已保存的分析。

删除全部曲率：删除所有已保存的曲率分析。

删除全部截面：删除所有已保存的截面分析。

删除全部曲面节点：删除所有已保存的曲面节点分析。

设定活动平面：用来设置活动基准平面，以创建和编辑几何对象。

创建内部基准平面：创建造型特征的内部基准平面。

曲线：显示使用插值点或控制点来创建造型曲线的选项。

254

⌐弧：显示创建圆弧的各选项。

⌀圆：显示创建圆的各选项。

⌁曲线编辑：通过拖动点或切线等方式来编辑曲线。

⌂下落曲线：使曲线投影到曲面上以创建曲线。

⌐通过相交产生 COS：通过与一个或多个曲面相交来创建位于曲面上的曲线。

⌐曲面：利用边界曲线创建曲面。

⌐曲面编辑：使用直接操作编辑曲面形状。

⌐曲面连接：定义曲面间连接。

⌐曲面修剪：修剪所选面组。

⌐确定：完成造型特征并退出造型环境。

⌐取消：取消对造型特征的所有更改。

9.1.4 造型组合键

在操作期间，可以使用的组合键见表 9-1。

表 9-1 可用于造型模块中的组合键

组合键	适用命令	动作
鼠标右键	所有命令	出现快捷选单
鼠标左键	所有命令	选择
Ctrl+鼠标左键	选择	取消之前选择图素的选择 选择多个图素
鼠标中键	所有命令	完成当前的操作 重复（Repeat）
双击	选择	重新定义
Shift 键	创建曲线 编辑曲线	捕捉现有几何。当按住 Shift 键并单击鼠标左键时，将有捕捉光标跟随指针。不按住 Shift 键时，就会禁用捕捉。
Ctrl 键	选择	复制几何然后移动
Ctrl+Shift 键	选择	移动几何而不复制
Alt 键	曲线创建和编辑	垂直拖拉捕捉
Shift+Alt 键	编辑曲线	延伸点
Ctrl+Alt 键	曲线创建和编辑	水平/垂直拖拉捕捉
Alt 键	编辑曲线	当相切矢量可见进，约束切线角度
Ctrl+Alt 键	编辑曲线	当相切矢量可见进，约束切线长度

9.2 设置活动平面和内部平面

活动平面是造型环境中的一个非常重要的参考平面，在许多情况下，造型曲线的创建和编辑必须考虑到当前所设置的活动平面。

1. 设置活动平面

在造型环境中，以网格形式表示的平面便是活动平面，如图 9-5 所示。允许用户根据设计意图，重新设置活动平面。设置活动平面的方法及步骤如下：

（1）造型环境的【样式】选项卡中【平面】面板上单击【设置活动平面】按钮，系统提示选取一个基准平面。

（2）选择一个基准平面，或选择平整的零件表面，便完成了活动平面的设置。

有时，为了使创建和编辑造型特征更方便，在设置活动平面后，在造型环境的【样式】选项卡中【平面】面板上单击【设置活动平面】按钮，从而使当前活动平面以平行于屏幕的形式显示，如图9-6所示。

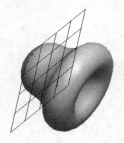
图9-5　活动平面

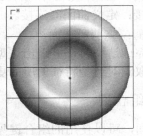
图9-6　调整视图方向

2．创建内部平面

在创建或定义造型特征时，可以创建合适的内部基准平面来辅助设计。使用内部基准平面的好处在于可以在当前的造型特征中含有其他图元的参照。创建内部基准平面的方法及步骤如下：

（1）在造型环境的【样式】选项卡中【平面】面板上单击【内部平面】按钮，打开【基准平面】对话框，如图9-7所示。

（2）利用【放置】选项卡，以通过参照现有平面、曲面、边、点、坐标系、轴、顶点或曲线来放置新的基准平面，也可选取基准坐标系或非圆柱曲面作为创建基准平面的放置参照。必要时，利用【平移】选项，自选定参照的偏移位置放置新基准平面，如图9-8所示。

图9-7　【基准平面】对话框

图9-8　放置新基准平面

> **重点**　只有选择已有的基准面面，才能利用【平移】选项，选其他的曲面或曲线【平移】选项则成灰色显示。

（3）如果需要，可以进入【显示】选项卡和【属性】选项卡，进行相关设置操作。一般情况下，接受默认设置即可。

（4）单击【确定】按钮，完成内部基准平面的创建。默认情况下此基准平面处于活动状态，并且带有栅格显示，还会显示内部基准平面的水平和竖直方向。

9.3 创建曲线

造型曲面是由曲线定义的，创建高质量的造型曲线是创建高质量造型曲面的关键。

造型曲线是通过两个以上的定义点光滑连接而成的。一组内部插值点和端点定义了曲线的几何。曲线上每一点都有自己的位置，切线和曲率。切线确定曲线穿过的点的方向，切线由造型创建和维护，不能人为改动，但可以调整端点切线的角度和长度。曲线可以被认为是由无数微小圆弧合并而成，每个圆弧半径就是曲线在该位置的曲率半径，曲线的曲率是曲线方向改变速度的度量。

造型曲线的类型：

◆ 自由曲线。自由曲线就是三维空间曲线，也称 3D 曲线，它可位于三维空间中的任何地方。通常绘制在活动工作平面上，并可以通过曲线编辑功能，拖曳插值点使其成为 3D 曲线。

◆ 平面曲线。位于活动平面上的曲线，编辑平面曲线时不能将曲线点移出平面，也称为 2D 曲线。

◆ COS 曲线。自由曲面造型中的 COS(Curve On Surface, COS)曲线指的是曲面上的曲线。COS 曲线永远置放于所选定的曲面上，如果曲面的形状发生了变化，曲线也随曲面的外形变化而变化。

◆ 下落曲线。下落曲线是将指定的曲线投影到选定的曲面上所得到的曲线，投影方向是某个选定平面的法向。选定的曲线、选定的曲面以及取其法向为投影方向的平面都是父特征，最后得到的下落曲线为子特征，无论修改哪个父特征，都会导致下落曲线改变。从本质上来讲，下落曲线是一种特殊的 COS 曲线。

9.3.1 曲线上的点类型

在造型曲面中，创建和编辑曲线的模式有两种：插值点和控制点。

◆ 插值点：默认情况下，在创建或编辑曲线的同时，造型曲面显示曲线的插值点，如图 9-9 所示。单击并拖动实际位于曲线上的点即可编辑曲线。

◆ 控制点：在【造型曲面】的操控面板中选取【控制点】选项，显示曲线的控制点，如图 9-10 所示。可通过单击和拖动这些点来编辑曲线，只有曲线上的第一个和最后一个控制点可以成为软点。

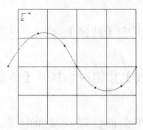

图 9-9　曲线上的插值点

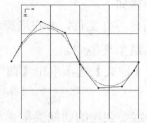

图 9-10　曲线上的控制点

9.3.2 创建自由曲线

自由曲线是造型曲线中最常用的曲线，它可位于三维空间的任何地方。可以通过制定插值点或控制点的方式来建立自由曲线。

在造型环境的【样式】选项卡中【曲线】面板上单击【创建曲线】按钮～，打开如图

9-11 所示的【造型：曲线】特征操控板。

图 9-11 【造型：曲线】特征操控板

各选项含义如下：

∼自由曲线：创建位于三维空间中的曲线，不受任何几何图元约束。

平面曲线：创建位于指定平面上的曲线。

曲面曲线：创建被约束于指定单一曲面上的曲线。

控制点：以控制点方式创建曲线。

【按比例更新】：选中该复选框，按比例更新的曲线允许曲线上的自由点与软点成比例移动。在曲线编辑过程中，曲线按比例保持其形状。没有按比例更新的曲线，在编辑过程中只能更改软点处的形状。

 创建空间任意自由曲线时，可以借助于多视图方式，便于调整空间点的位置，以完成图形绘制。

单击其中的【参照】选项，弹出【参照】上滑面板，如图 9-12 所示，主要用来指定绘制曲线所选用的参照以及径向平面。

图 9-12 【参照】上滑面板

操作步骤如下：

01 新建零件文件，并在造型环境的【模型】选项卡中【曲面】面板上单击【造型】按钮，进入造型环境中。

02 在【样式】选项卡中【曲线】面板上单击【曲线】按钮∼，打开【造型：曲线】特征操控板。

03 指定要创建的曲线类型。可以选择自由曲线、平面曲线以及曲面曲线。

04 定义曲线点。可以使用控制点和插值点来创建自由曲线。

05 如果需要，可单击【按比例更新】复选框，使曲线按比例更新。

06 单击✓按钮，即产生曲线，如图 9-13 所示。

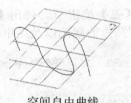
空间自由曲线

平面自由曲线

曲面上自由曲线

图9-13　自由曲线

9.3.3　创建圆

在造型环境中，创建圆的过程较为简单。在造型环境的【样式】选项卡中【曲线】面板上单击【圆】按钮○，弹出【造型：圆】特征操控板，如图9-14所示。利用该操控板，可以创建自由曲线或平面曲线，单击一点为圆心，并指定圆半径。

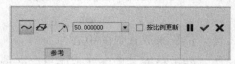

图9-14　【造型：圆】特征操控板

该特征操控板主要选项含义如下：

〜自由：该项将被默认选中。可自由移动圆，而不受任何几何图元的约束。

〜平面：圆位于指定平面上。默认情况下，活动平面为参照平面。

操作步骤如下：

01 新建零件文件，并在造型环境的【模型】选项卡中【曲面】面板上单击【造型】按钮○，进入造型环境中。

02 在【样式】选项卡中【曲线】面板上单击【圆】按钮○，打开【造型：圆】特征操控板。

03 指定要创建的圆类型。选择造型圆的类型。在【创建圆】特征操控板中，单击〜按钮，创建自由形式圆；单击〜按钮，创建平面形式圆。

04 在图形窗口中单击任一位置来放置圆的中心。

05 设定圆半径。拖动圆上所显示的控制滑块可更改其半径，或在操控板的【半径】中指定新的半径值。

06 单击✓按钮，即产生圆，如图9-15所示。

图9-15　创建圆

9.3.4　创建弧

在造型环境中，创建圆弧与创建圆的过程基本相同，另外需要指定圆弧的起点及终点。

在造型环境的【样式】选项卡中【曲线】面板上单击【弧】按钮 ⌐，弹出【造型：弧】特征操控板，如图 9-16 所示。在该操控板中，需要指定圆弧的起始以及结束弧度。

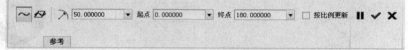

图 9-16　【造型：弧】特征操控板

操作步骤如下：

01 新建零件文件，并在造型环境的【模型】选项卡中【曲面】面板上单击【造型】按钮 ⌐，进入造型环境中。

02 在【样式】选项卡中【曲线】面板上单击单击【弧】按钮 ⌐，打开【造型：弧】特征操控板。

03 选择造型圆弧的类型。在【创建圆弧】特征操控板中，可设定创建自由形式或平面形式圆弧。

04 在图形窗口中单击任一位置来放置弧的中心。

05 设定圆弧半径及起始、结束角度。拖动弧上所显示的控制滑块以更改弧的半径以及起点和终点；或者在操控板的【半径】、【起点】和【终点】框中分别指定新的半径值、起点值和终点值。

06 单击 ✔ 按钮，即产生弧，如图 9-17 所示。

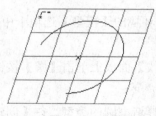

图 9-17　创建弧

9.3.5　创建下落曲线

下落曲线是将指定的曲线投影到选定的曲面上所得到的曲线。在造型环境的【样式】选项卡中【曲线】面板上单击【下落曲线】按钮 ⌐，弹出【造型：下降曲线】特征操控板，如图 9-18 所示。在该操控板中，需要指定投影曲线、投影曲面等要素。

图 9-18　【造型：下降曲线】特征操控板

操作步骤如下：

01 新建零件文件，并在造型环境的【模型】选项卡中【曲面】面板上单击【造型】按钮 ⌐，进入造型环境中。

02 在【样式】选项卡中【曲线】面板上单击【下落曲线】按钮 ～，打开【造型：下降曲线】特征操控板。

03 选取投影曲线。选取一条或多条要投影的曲线。

04 选取投影曲面。选取一个或多个曲面。曲线即被放置在选定曲面上。默认情况下，将选取基准平面作为将曲线放到曲面上的参照。

05 设置曲线延伸选项。单击【起点】复选框，将下落曲线的起始点延伸到最接近的曲面边界；单击【终点】复选框，将下落曲线的终止点延伸到最接近的曲面边界。

06 单击 ✓ 按钮，即产生下落曲线，如图 9-19 所示。

图 9-19　下落曲线

 重点
　　通过投影创建的曲线与原始曲线是关联的，若改变原始曲线的形状，则投影曲线形状也随之改变。

9.3.6　创建 COS 曲线

COS 曲线指的是曲面上的曲线，通常可以通过曲面相交创建。如果曲面的形状发生了变化，曲线也随曲面的外形变化而变化。在造型环境的【样式】选项卡中【曲线】面板上单击【通过相交产生 COS 曲线】按钮 ✍，弹出【造型：通过相交产生 COS】特征操控板，如图 9-20 所示。在该特征操控板中，主要设定需要相交的曲面。

图 9-20　【造型：通过相交产生 COS】特征操控板

 重点
　　选择的两个面必须是相交的，否则不能生产 COS 曲线。

操作步骤如下：

01 新建零件文件，并在造型环境的【模型】选项卡中【曲面】面板上单击【造型】按钮 ⌂，进入造型环境中。

02 在【样式】选项卡中【曲线】面板上单击【通过相交产生 COS 曲线】按钮 ✍，打开【造型：通过相交产生 COS】特征操控板。

03 选取相交曲面。分别选取两个曲面作为相交曲面。

04 单击 ✓ 按钮，即产生 COS 曲线，如图 9-21 所示。

COS 曲线

图 9-21 产生 COS 曲线

9.3.7 创建偏移曲线

创建偏移曲线通过选定曲线，并指定偏移参照方向以创建曲线。在造型环境的【样式】选项卡中【曲线】面板上单击【偏移曲线】按钮 ≈，打开【造型：偏移曲线】特征操控板，如图 9-22 所示。在该操控板中，主要指定偏移曲线、偏移参照及偏移距离。曲线所在的曲面或平面是指定默认偏移方向的参照，另外，可单击【法向】复选框，将垂直于曲线参照进行偏移。

图 9-22 【偏移曲线】特征操控板

操作步骤如下：

01 新建零件文件，并在造型环境的【模型】选项卡中【曲面】面板上单击【造型】按钮 ，进入造型环境中。

02 在【样式】选项卡中【曲线】面板上单击【偏移曲线】按钮 ≈，打开【造型：偏移曲线】特征操控板。

03 选取要偏移的曲线。

04 选取偏移参照及方向。

05 设置曲线偏移选项。单击【起点】复选框，将下落曲线的起始点延伸到最接近的曲面边界；单击【终点】复选框，将下落曲线的终止点延伸到最接近的曲面边界。

06 设定偏移距离。拖动选定曲线上显示的控制滑块来更改偏移距离，或双击偏移的显示值，然后输入新偏移值。

07 单击 按钮，即产生偏移曲线，如图 9-23 所示。

偏移的曲线

图 9-23 产生 COS 曲线

9.3.8 创建来自基准的曲线

创建来自基准的曲线可以复制外部曲线，并转化为自由曲线，这样大大方便了外形的修改和调整。在处理通过其他来源（例如 Adobe Illustrator）创建的曲线或通过 IGES 导入的曲线时，使用这种方式来导入曲线非常有用。所谓外部曲线是指不是当前造型特征内创建的曲线，它包括其他类型的曲线和边，主要包括以下种类：

◆ 导入到 Creo 中的基准曲线。例如，通过 IGES、Adobe Illustrator 等导入的基准曲线。

◆ 在 Creo 中创建的基准曲线。

◆ 在其他或当前"自由形式曲面"特征中创建的"自由形式曲面"曲线或边。

◆ 任意 Creo 特征的边。

> 来自基准的曲线功能将外部曲线转为造型特征的自由曲线，这种复制是独立复制，即如果外部曲线发生变更时并不会影响到新的自由曲线。

在造型环境的【样式】选项卡中【曲线】面板上单击【来自基准面的曲线】按钮～，打开【造型：来自基准的曲线】特征操控板，如图 9-24 所示。

图 9-24　【造型：来自基准的曲线】特征操控板

操作步骤如下：

01 新建零件文件，并在造型环境的【模型】选项卡中【曲面】面板上单击【造型】按钮，进入造型环境中。

02 在【样式】选项卡中【曲线】面板上单击【通过相交产生 COS 曲线】按钮，打开【造型：通过相交产生 COS】特征操控板。

03 选取基准曲线。可通过两种方式选取曲线，即单独选取一条或多条曲线或边或选取多个曲线或边创建链。

04 调整曲线逼近质量。使用【质量】滑块提高或降低逼近质量，逼近质量可能会增加计算曲线所需点的数量。

05 单击 ✔ 按钮，即产生曲线，如图 9-25 所示。

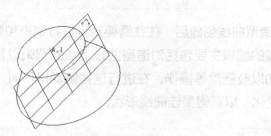

图 9-25　创建来自基准曲线

9.3.9　创建来自曲面的曲线

在造型环境的【样式】选项卡中【曲线】面板上单击【来自曲面的曲线】按钮，打开【造型：来自曲面的曲线】特征操控板，如图 9-26 所示。利用该功能可以在现有曲面的任意点沿着曲面的等参数线创建自由曲线或 COS 类型的曲线。

操作步骤如下：

图 9-26　【造型：来自曲面的曲线】特征操控板

01 新建零件文件，并在造型环境的【模型】选项卡中【曲面】面板上单击【造型】按钮 ，进入造型环境中。

02 在【样式】选项卡中【曲线】面板上单击【通过相交产生 COS 曲线】按钮 ，打开【造型：通过相交产生 COS】特征操控板。

03 选择创建曲线类型。在特征操控板上选择自由或 COS 类型曲线。

04 创建曲线。在曲面上选取曲线要穿过的点，创建一条具有默认方向的来自曲面的曲线。按住 Ctrl 键并单击曲面更改曲线方向

05 定位曲线。拖动曲线滑过曲面并定位曲线，或单击【选项】选项卡，并在【值】框中键入一个大小介于 0～1 之间的值。在曲面的尾端，【值】为 0 和 1。当【值】为 0.5 时，曲线恰好位于曲面中间。

06 单击 按钮，即产生曲线，如图 9-27 所示。

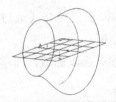

图 9-27　创建来自基准曲线

9.4　编辑造型曲线

造型曲线创建后，往往需要对其进行编辑和修改，才能得到高质量的曲线。造型曲线的编辑主要包括对造型曲线上点的编辑以及曲线的延伸、分割、组合、复制和移动以及删除等操作。在进行这些编辑操作时，应该使用曲线的曲率图随时查看曲线变化，以获得最佳曲线形状。

9.4.1　曲率图

曲率图是一种图形表示，显示沿曲线的一组点的曲率。曲率图用于分析曲线的光滑度，它是查看曲线质量的最好工具。曲率图通过显示与曲线垂直的直线（法向），来表现曲线的平滑度和数学曲率。这些直线越长，曲率的值就越大。

在造型环境的【样式】选项卡中【曲线】面板上单击【曲率】按钮 ，弹出如图 9-28 所示的【曲率】对话框。利用该对话框，选取要查看曲率的曲线，即可显示曲率图，如图

9-29 所示。

图 9-28 【曲率】对话框

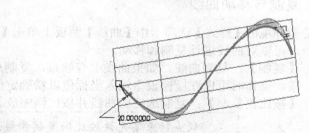

图 9-29 曲线曲率

9.4.2 编辑曲线点或控制点

对于创建的造型曲线，如果不符合用户要求，往往需要对其进行编辑，通过对曲线的点或控制点的编辑可以修改造型曲线。

在造型环境的【样式】选项卡中【曲线】面板上单击【编辑曲线】按钮 ∾，弹出【造型：曲线编辑】特征操控板，如图 9-30 所示的。选中曲线，将会显示曲线上的点或控制点，如图 9-31 所示。使用鼠标左键拖动选定的曲线点或控制点，可以改变曲线的形状。

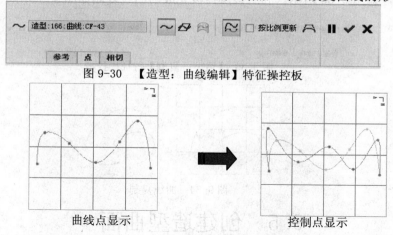

图 9-30 【造型：曲线编辑】特征操控板

曲线点显示   控制点显示

图 9-31 曲线点显示

利用【造型：曲线编辑】的上滑面板的各选项，可以分别设定曲线的参照平面，点的位置以及端点的约束情况，如图 9-32 所示。

图 9-32 点设置选项

另外，利用【造型：曲线编辑】中的选项，选中造型曲线或曲线点，单击鼠标右键，

265

利用弹出的菜单中的相关指令，可以在曲线上增加或删除点，以对曲线进行分割、延伸等编辑操作，也可以完成对两条曲线的组合。

9.4.3　复制与移动曲线

在造型环境的【样式】选项卡中【曲线】面板上单击【复制】、【按比例复制】和【移动】命令，可以对曲线进行复制和移动。

◆　【复制】：复制曲线。如果曲线上有软点，复制后系统不会断开曲线上软点的连接，操作时可以在操控板中输入坐标值以精确定位。

◆　【按比例复制】：复制选定的曲线并按比例缩放。

> 软点约束不允许按比例复制曲线，所以必须先移除软点约束。
> 要移除软点约束，请勾选【按比例复制】操控板上的"断开链接"开头项，并按比例复制曲线，若取消勾选"断开链接"开头项，则系统会按比例复制约束的曲线及其父曲线

◆　【移动】：移动曲线。如果曲线上有软点，复制后系统不会断开曲线上软点的连接，操作时可以在操控板中输入坐标值以精确定位。

在造型环境的【样式】选项卡中【曲线】面板上单击【复制】，弹出【造型：复制】特征操控板，如图 9-33 所示。利用该操控板完成的曲线复制如图 9-34 所示。

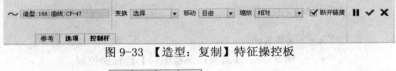

图 9-33　【造型：复制】特征操控板

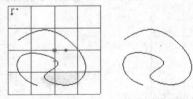

图 9-34　曲线复制

9.5　创建造型曲面

> 在创建造型曲线后即可利用这些曲线创建并编辑造型曲面。创建造型曲面的方法有 3 种：边界曲面、放样曲面和混合曲面，其中最为常用的方法为边界曲面。

9.5.1　边界曲面

采用边界的方法创建造型曲面最为常用，其特点是要具有 3 条或 4 条造型曲线，这些曲线应当形成封闭图形。在造型环境的【样式】选项卡中【曲面】面板上单击【从边界曲线创建曲面】按钮，弹出如图 9-35 所示的【造型：曲面】特征操控板。

图 9-35　【造型：曲面】特征操控板

主要选项含义如下：

⬜按钮：主曲线收集器。用于选取主要边界曲线。

⬜按钮：内部曲线收集器。用于选择内部边线构建曲面。

⬜按钮：显示已修改曲面的半透明或不透明预览。

⬜按钮：显示曲面控制网格。

⬜按钮：显示重新参数化曲线。

⬜按钮：显示曲面连接图标。

操作步骤如下：

01 新建零件文件，并在造型环境的【模型】选项卡中【曲面】面板上单击【造型】按钮⬜，进入造型环境中。

02 在造型环境的【样式】选项卡中【曲面】面板上单击【从边界曲线创建曲面】按钮⬜，弹出如图 9-35 所示的【造型：曲面】特征操控板。

03 选取边界曲线。选取 3 条链来创建三角曲面，或选取 4 条链来创建矩形曲面。显示预览曲面。

04 添加内部曲线。单击⬜按钮，选取一条或多条曲线。曲面将调整为内部曲线的形状。

05 调整曲面参数化形式。要调整曲面的参数化形式，重新参数化曲线。

06 单击✓按钮，即产生曲面，如图 9-36 所示。

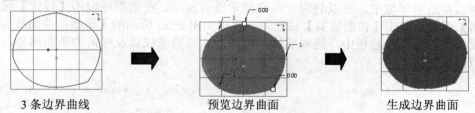

| 3 条边界曲线 | 预览边界曲面 | 生成边界曲面 |

图 9-36 创建边界曲面

9.5.2 造型曲面连接

自由曲面生成之后，可以同其他曲面进行连接。曲面连接与曲线连接类似，都是基于父项和子项的概念。父曲面不改变其形状，而子曲面会改变形状以满足父曲面的连接要求。当曲面具有共同边界时，可设置 3 种连接类型，即几何连接、相切连接和曲率连接。

◆ 几何连接：也称匹配连接，它是指曲面共用一个公共边界(共同的坐标点)，但是没有沿边界公用的切线或曲率，曲面之间用虚线表示几何连接。

◆ 相切连接：指两个曲面具有一个公共边界，两个曲面在沿边界的每个点上彼此相切，即彼此的切线向量同方向。在相切连接的情况下，曲面约束遵循父项和子项的概念。子项曲面的箭头表示相切连接关系。

◆ 曲率连接：当两曲面在公共边界上的切线向量方向和大小都相同时，曲面之间成曲率连接。曲率连接由子项曲面的双箭头表示曲率连接关系。

另外，造型曲面还有两种常见的特殊方式，即法向连接和拔模连接。

◆ 法向连接：连接的边界曲线是平面曲线，而所有与该边界相交的曲线的切线都垂直于此边界的平面。从连接边界向外指，但不与边界相交的箭头表示法向连接。

◆ 拔模连接：所有相交边界曲线都具有相对于边界与参照平面或曲面成相同角度的拔模曲线连接，也就是说，拔模曲面连接可以使曲面边界与基准平面或另一曲面成指定角度。从公共边界向外指的虚线箭头表示拔模连接。

在造型环境的【样式】选项卡中【曲面】面板上单击【曲面连接】按钮，弹出【造型：曲面连接】特征操控板，如图 9-37 所示。

图 9-37 【造型：曲面连接】特征操控板

连接曲面的过程比较简单，打开【造型：曲面连接】特征操控板，首先选取要连接的曲面，然后确定连接类型，即可完成曲面连接。

曲面连接的例子如图 9-38 所示。

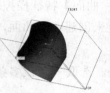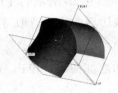

图 9-38 曲面连接

9.5.3 造型曲面修剪

在造型环境中，可以利用一组曲线来修剪曲面。在造型环境的【样式】选项卡中【曲面】面板上单击【曲面修剪】按钮，弹出如图 9-39 所示的【造型：曲面修剪】特征操控板。在该特征操控板中，选取要修剪的曲面、修剪曲线以及保留的曲面部分，即可完成造型曲面的修剪。

图 9-39 【造型：曲面修剪】特征操控板

曲面修剪的例子如图 9-40 所示。

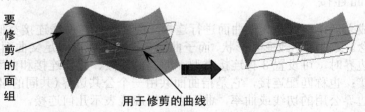

图 9-40 曲面修剪

9.5.4 造型曲面编辑

在造型环境中，利用造型曲面编辑工具，可以使用直接操作、灵活编辑常规建模所用的曲面，并可进行微调使问题区域变得平滑。

在造型环境的【样式】选项卡中【曲面】面板上单击【曲面编辑】按钮，弹出【造型：曲面编辑】特征操控板，如图 9-41 所示。

图 9-41　【造型：曲面编辑】特征操控板

主要选项含义如下：

：曲面收集器，选取要编辑曲面。

【最大行数】：设置网格或节点的行数。必须键入一个大于或等于 4 的值。

【列】：设置网格或节点的列数。

【移动】：约束网格点的运动。

【过滤器】：约束围绕活动点的选定点的运动。

【调整】：键入一个值来设置移动增量，然后单击▲、▼、◄或►，以向上、向下、向左或向右轻推点。

【比较选项】：更改显示来比较经过编辑的曲面和原始曲面。

在【造型曲面编辑】特征操控板中设置相关选项及参数后，可以利用鼠标直接拖动控制点的方式编辑曲面形状，实例如图 9-42 所示。

图 9-42　曲面编辑

9.6　分析

用造型分析工具创建并保存曲线和曲面的分析对评估曲线和曲面的质量有帮助。

在造型环境中创建造型曲线和曲面后，利用【样式】选项卡中【分析】面板上的命令，如图 9-43 所示，或者利用工具栏中的相应工具按钮，创建并保存曲线和曲面的分析，对于评估曲线和曲面的质量很有帮助。系统在执行曲线分析后将执行曲面分析以检查曲面质量，在曲面建模中，曲面及与其相邻曲面共享的连接均应为高质量。曲面分析是一个迭代过程，分析还检查曲面是否可按指定的厚度值偏移，修改或完成形状后，可确定曲面模型用于加厚和生成的适用性。在"零件"和"组件"两种模式下均可分析曲面属性。

9.6.1　曲率分析

利用曲率分析，可以分析造型曲线的平滑率，是最为常用的曲线分析工具，其中主要用到曲率图来表示曲线的曲率分布情况。曲率图是曲线光滑度的一种图形表示，它是查看曲线质量的最好工具，通过显示与曲线垂直的直线（法向），来表现曲线的平滑度和数学曲率，来显示沿曲线的一组点的曲率，这些直线越长，曲率的值就越大。

在造型环境的【样式】选项卡中【分析】面板上单击【曲率】按钮，弹出【曲面曲率】对话框，如图 9-44 所示，利用该对话框，选取要查看曲率的曲曲面，即可显示曲面中曲线的曲率图，如图 9-45 所示。

【曲面曲率】对话框具有代表性的主要选项含义如下：

【几何】：选取对象上的一个或多个曲面或面组进行分析，计算所选曲面的最小和最大曲率，其结果将显示在对话框底部的结果区域中。

【坐标系】：选取参照坐标系。

【示例】：指定第一和第二方向上网格线的数量。

【出图】：设定出图类型。可以选取"曲率"或"法向"类型的出图。

【示例】：选取"质量"、"数量"或"步长"类型的示例。

图 9-43 曲线和曲面分析命令　　图 9-44 【曲率】对话框　　图 9-45 曲率图

9.6.2 截面分析

利用截面分析工具，可以对选中的曲面按照指定的方向显示不同截面处的曲率分布情况。在造型环境下，在造型环境的【样式】选项卡中【分析】面板上单击【截面】按钮，弹出【截面】对话框，如图 9-46 所示，其主要选项与【曲面曲率】基本相同。利用该对话框，可以选定曲面、指定方向并且指定截面的间距，显示截面处曲线的曲率。曲面不同方向的截面曲率图如图 9-47 所示。

图 9-46 【截面】对话框

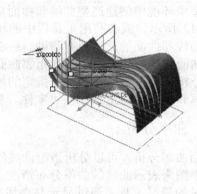

图 9-47 截面曲率图

9.6.3 偏移分析

在造型环境的【样式】选项卡中【分析】面板上单击【偏移】按钮，弹出【偏移】对话框，如图 9-48 所示。利用该对话框，可以选定曲面、设定偏移距离，以显示曲面偏移后情况。曲面偏移如图 9-49 所示。

270

图 9-48　【偏移】对话框

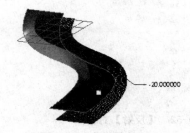

图 9-49　曲面偏移

9.6.4　着色曲率

着色曲率为曲面上的每个点计算并显示最小和最大法向曲率值，着色曲率工具以着色方式显示曲面上每一点的曲面分布，使用户可以较为直观地观察曲面的曲率分布情况。在造型环境下，在造型环境的【样式】选项卡中【分析】面板上单击【着色曲率】按钮 ，弹出【着色曲率】对话框，如图 9-50 所示。

在【着色曲率】对话框中，选定分析曲面，设定显示选项，调整显示质量，可以以着色方式将曲面上的曲率分布情况表达出来，其中在【出图】选项中可以设定以下类型：

【高斯】：计算曲面的曲率。着色曲率是曲面上每点的最小和最大法向曲率的乘积。

【最大】：显示曲面上每点的最大法向曲率。

【平均值】：计算曲线间的连续性。

【剖面】：显示平行于参照平面的横截面切口曲率。

着色曲率的例子如图 9-51 所示。

图 9-50　【着色曲率】对话框

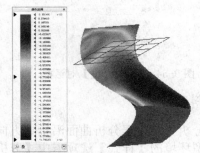

图 9-51　曲面着色曲率

9.6.5　反射分析

反射分析也是着色分析，显示从指定的方向上查看时描述曲面上因线性光源反射的曲线。要查看反射中的变化，可旋转模型并观察显示过程中的动态变化。在造型环境的【样式】选项卡中【分析】面板上单击【反射】按钮 ，弹出【反射】对话框，如图 9-52 所示。在该对话框中，设定光源数、光源角度以及光源间距，即可显示反射分布图，主要选项含义如下：

【光源】：指定光源数，默认值为 8。

【角度】：调整光源角度，默认值为 90 度。

【间距】：调整线性光源之间的间距，默认值为 10。

【宽度】：调整光源宽度，默认值为 5。

反射分析的例子如图 9-53 所示。

图 9-52 【反射】对话框

图 9-53 曲面反射分析

9.6.6 拔模斜度分析

斜度分析也称作拔模分析，主要用于分析零件设计以确定对于要在模具中使用的零件是否需要拔模，并以彩图的方式显示斜度分布。在造型环境的【样式】选项卡中【分析】面板上单击【拔模斜度】按钮 ，弹出【拔模斜度】对话框，如图 9-54 所示。在该对话框中，选定分析曲面以及显示斜度方向，即可显示斜度分布图。

斜度分析的例子如图 9-55 所示。该示例说明了两侧的拔模角度为 6°，上部和下部的拔模角度为 18°的拔模斜度。上部和下部的颜色设置为默认值，即分别为蓝色和红色。在着色分析中，红色表示模具下半部分的充分拔模，而蓝色表示模具上半部分的充分拔模。白色表示拔模量不足的模具区域，而梯度颜色表示处于拔模极限范围内的区域。

图 9-54 【拔模斜度】对话框

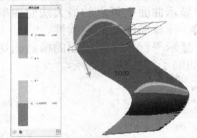

图 9-55 拔模斜度分析

9.6.7 斜率分析

斜率分析主要用于分析曲面沿指定方向的斜率分布情况，并以彩图的方式显示斜率分布。在造型环境的【样式】选项卡中【分析】面板上单击【斜率】按钮 ，弹出【斜率】对话框，如图 9-56 所示。在该对话框中，选定分析曲面以及显示斜率方向，即可显示斜率分布图。斜率分析的例子如图 9-57 所示。示例显示相对于参照平面的曲面的斜率分布的彩色图像。光谱红端的值表示最大曲率或斜率，最小曲率值显示为光谱的蓝端颜色。

图 9-56 【斜率】对话框

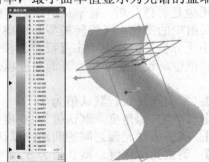

图 9-57 斜率分析

9.6.8 曲面节点分析

曲面节点是曲面的主要参数，底层曲面的曲面片通过这些点连接起来形成曲面。节点以图形方式显示为曲面上所绘制的直线，拖动曲面节点，或者将它们与相邻曲面的节点合并在一起。当节点显示时，可激活或取消激活这些节点，以便增加或减少受更改影响的曲面区域。活动的节点显示为白色，不活动的节点显示为绿色。在造型环境的【样式】选项卡中【分析】面板上单击【节点】按钮，弹出【节点】对话框，如图 9-58 所示。在该对话框中，选定分析曲面，即可显示曲面节点分布图。节点显示的例子如图 9-59 所示。

图 9-58　【节点】对话框

图 9-59　曲面节点分析

9.6.9 保存分析

在执行以上分析时，对于分析结果可以有几种方式，可以选取下列分析类型之一：

【快速】：做出选取时实时显示选取的结果，为默认值。

【已保存】：将分析与模型一起保存。改变几何时，动态更新分析结果。在使用"保存的分析"显式隐藏或删除之前，保存的分析在 Creo 图形窗口中显示。

【特征】：从所选点、半径、曲率、二面角、偏移、偏差或其已修改测量的当前分析中，可以创建新特征。新特征名显示在模型树中。

在造型环境的【样式】选项卡中【分析】面板上单击
【已保存分析】按钮，打开【已保存的分析】对话框，
如图 9-60 所示，可执行以下操作：

图 9-60　【已保存分析】对话框

◆　隐藏或取消隐藏已保存的分析。

◆　重新定义选定分析。

◆　使用过滤器来选取要查看的分析类型。

◆　删除已保存的分析。

9.6.10 全部隐藏

全部隐藏用于将所有已保存的分析隐藏，使截面回至原始建模环境，继续进行其他建模、修改及编辑工作。在造型环境的【样式】选项卡中【分析】面板上单击【全部隐藏】按钮，即可以隐藏所有的分析内容。

9.6.11 删除所有曲率

如果在之前的曲面分析中，已经对曲率分析结果进行了保存，则利用删除所有曲率功能可以将全部曲率分析进行清空。在造型环境的【样式】选项卡中【分析】面板上单击【删除所有曲率】按钮，即可以删除所有保存的曲率分析。

9.6.12 删除所有截面

如果在之前的曲面分析中，已经对截面分析结果进行了保存，则利用删除所有截面功

能可以将全部截面分析进行清空。在造型环境的【样式】选项卡中【分析】面板上单击【删除所有截面】按钮，即可以删除所有保存的截面分析。

9.6.13 删除所有曲面节点

如果在之前的曲面分析中，已经对节点分析结果进行了保存，则利用删除全部曲面节点功能可以将全部曲面节点分析进行清空。在造型环境的【样式】选项卡中【分析】面板上单击【删除所有曲面节点】按钮，即可以删除所有保存的全部曲面节点分析。

9.7 动手操练

造型曲面设计以边界曲线为曲面的基本元素，通过对边界曲线的编辑来改变曲面的外形，还可以通过编辑曲面，改变曲面的连接方式来改变曲面的光顺程度，以获得设计者需要的曲面。以下内容通过几个练习来了解造型曲面的创建以及编辑过程。

9.7.1 手柄曲面造型设计

本练习主要完成一种手柄模型设计，在模型的创建过程中要使造型曲线以及造型曲面特征的创建，以及曲面合并、加厚等建模方法，同时涉及到多种曲面编辑特征的应用。手柄设计结果如图 9-61 所示。

图 9-61 手柄模型

操作步骤

01 创建工作目录，新建命名为 shoubing 零件文件。

02 绘制草绘曲线 1。在【模型】选项卡的【基准】面板中单击【草绘】按钮，进入草绘环境，选择 FRONT 平面作为草绘平面，绘制圆弧，如图 9-62 所示。

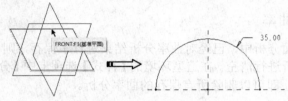

图 9-62 创建草绘曲线 1

03 创建基准平面 DTM1。单击 按钮，打开【基准平面】对话框。选取 FRONT 平面作为参照,采用平面偏移的方式,偏距为150,创建DTM1基准平面。如图9-63所示。

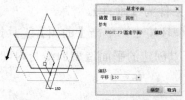

图9-63　创建基准平面DTM1

04 绘制草绘曲线2。单击【草绘】按钮🔲,进入草绘环境,选择上一步创建的DTM1平面作为草绘平面,绘制如图9-64所示的圆弧。

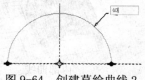

图9-64　创建草绘曲线2

05 创建基准平面DTM2。单击🔲按钮,打开【基准平面】对话框。选取RIGHT平面作为参照,采用平面偏移的方式,偏距为200,创建DTM2基准平面如图9-65所示。

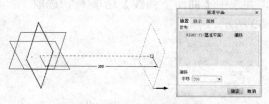

图9-65　创建基准平面DTM2

06 绘制草绘曲线3。单击【草绘】按钮🔲,进入草绘环境,选择上一步创建的DTM2平面作为草绘平面,绘制椭圆弧,如图9-66所示。

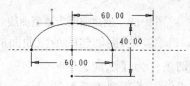

图9-66　创建草绘曲线3

07 创建平面造型曲线。或单击【造型工具】按钮🔲,进入造型环境,单击【创建曲线】工具按钮〜,弹出【造型:曲线】特征操控板,并选中【平面曲线】选项⟁,以TOP平面为绘制平面,创建曲线如图9-67所示。

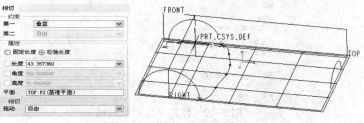

图9-67　创建平面造型曲线

275

08 创建曲线时，按下 Shift 键，捕捉创建的草绘曲线的端点，分别作为曲线的起点和终点，并设置端点处的相切条件为【垂直】。

09 创建造型曲面。在造型环境中，单击【曲面】工具按钮 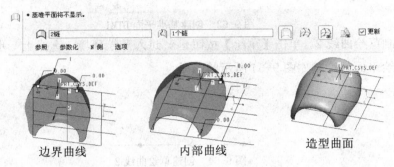，以前面创建的草绘曲线 1、草绘曲线 2 为边界曲线，以创建的平面造型曲线为内部链，创建造型曲面，如图 9-68 所示。

边界曲线　　　　　内部曲线　　　　　造型曲面

图 9-68　创建造型曲面

10 创建曲面上造型曲线。在造型环境中，单击【创建曲线】工具按钮 ～，弹出【造型：曲线】特征操控板，并选中【曲面上曲线】选项，选取上一步创建的造型曲面作为参照，创建曲线如图 9-69 所示。

图 9-69　创建曲面上造型曲线

11 创建曲线时，按下 Shift 键，捕捉创建的造型曲面的边界线，分别作为曲线的起点和终点，并设置端点处的相切条件为【法向】。

12 创建平面造型曲线。或单击【造型工具】按钮 ，进入造型环境，单击【创建曲线】工具按钮 ～，弹出【造型：曲线】特征操控板，并选中【平面曲线】选项，以 TOP 平面为绘制平面，并分别设定两个端点的相切约束条件，创建曲线如图 9-70 所示。

图 9-70　创建平面造型曲线

13 创建平面造型曲线。与上一步基本过程相同，创建曲线如图 9-71 所示。

图 9-71　创建平面造型曲线

14 创建造型曲面。在造型环境中，单击【曲面】工具按钮，以前面创建的 4 条造型曲线为边界曲线，创建造型曲面，如图 9-72 所示。

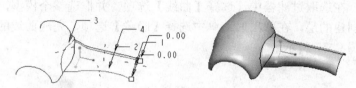

图 9-72　创建造型曲面

15 合并曲面。选取上一步创建的造型曲面，按住 Ctrl 键，选取第 8 步创建的造型曲面，单击【合并】按钮，单击操控板中的按钮，调整合并曲面方向，创建合并曲面如图 9-73 所示。

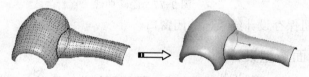

图 9-73　合并曲面

16 镜像曲面。选取上一步创建的合并后曲面，单击【镜像】工具按钮，选取 TOP 平面作为对称平面，创建镜像特征，如图 9-74 所示。

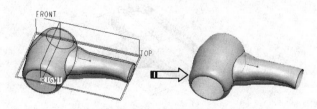

图 9-74　镜像曲面

17 合并曲面。退出造型环境，进入零件设计环境。选取前面所创建的所有曲面，单击【合并】按钮，创建合并曲面如图 9-75 所示。

18 加厚曲面。选取上一步创建的合并曲面特征，在主菜单中选取【编辑】/【加厚】指令，将曲面加厚以实现实体化，如图 9-76 所示。

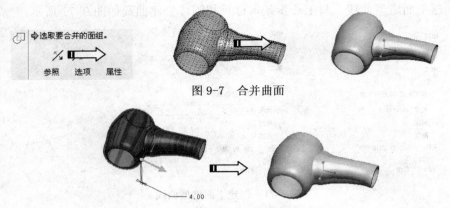

图 9-7 合并曲面

图 9-76 加厚曲面

19 隐藏曲线。首先将模型树切换至层树，单击右键，在弹出的菜单中选择【新建层】选项，创建新层。在选取过滤器中，选择【曲线】选项，并框选整个模型，完成新层的创建。右键单击新创建的层，在弹出的菜单中选择【隐藏】选项，完成曲线的隐藏。得到最终创建的模型如图 9-77 所示。

图 9-77 隐藏曲线

20 单击 按钮保存设计结果，关闭窗口。

9.7.2 开瓶器曲面造型设计

开瓶器模型主要包括 3 部分，拉环部分、圆柱面部分以及以上部分的连接部分。在模型的创建过程中，创建边界曲线，然后利用曲线创建曲面，并对曲面进行合并、加厚、偏移等特征操作生成实体。创建的开瓶器模型如图 9-78 所示。

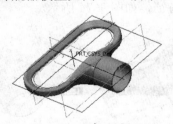

图 9-78 开瓶器模型

操作步骤

01 创建工作目录，新建命名为 kaipingqi 的新零件文件。

02 创建拉环扫描轨迹曲线。单击【草绘】按钮 ，进入草绘环境，选择 FRONT 基准平面作为草绘平面，绘制如图9-79所示的草绘曲线。

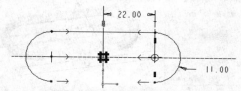

图9-79　创建拉环扫描轨迹曲线

03 创建扫描曲面特征。利用扫描方式创建上部拉环特征，以上一步创建的草绘曲线作为扫描轨迹，绘制截面，创建扫描曲面特征如图9-80所示。

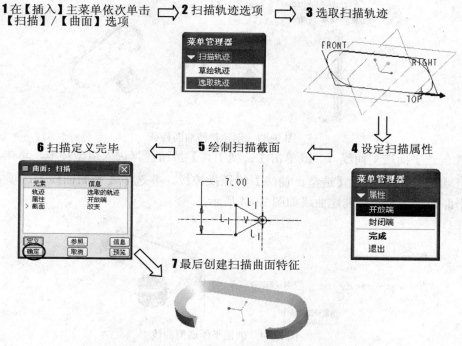

图9-80　创建扫描曲面特征

04 创建倒圆角特征。选中图示边线，单击【倒圆角】工具按钮 ，设定圆角半径值为1.2，创建的倒圆角特征如图9-81所示。

图9-81　创建倒圆角特征

05 创建基准平面。单击 按钮，打开【基准平面】对话框。选取TOP平面作为参照，采用平面偏移的方式，偏距为26，创建基准平面DTM1如图9-82所示。

06 创建拉伸曲面特征。以上一步创建的DTM1为草绘平面绘制草绘图形作为拉伸截面，创建拉伸曲面特征，如图9-83所示。

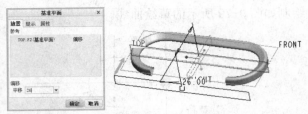

图 9-82　创建基准平面

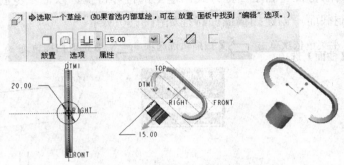

图 9-83　创建拉伸曲面特征

07 创建平面造型曲线 1。或单击【造型工具】按钮，进入造型环境，单击【创建曲线】工具按钮～，弹出【造型：曲线】特征操控板，并选中【平面曲线】选项，以 FRONT 平面为绘制平面，创建曲线如图 9-84 所示。

图 9-84　创建平面造型曲线 1

08 创建平面造型曲线 2。与上一步相同，以 TOP 平面为绘制平面，并分别设定两个端点的相切约束条件，创建平面造型曲线 2，如图 9-85 所示。

图 9-85　创建平面造型曲线 2

09 创建平面造型曲线 3。主要过程与前两步基本相同，以 RIGHT 平面为绘制平面，并设定上下两个端点的相切约束条件，创建曲线如图 9-86 所示。

图 9-86　创建平面造型曲线 3

10 创建自由造型曲线。利用【创建曲线】工具∽，并设定曲线类型为【自由曲线】∽，按住 Shift 键捕捉拉伸圆柱曲面与扫描曲面的边线，设定上下两个端点的相切约束条件，绘制自由造型曲线，如图 9-87 所示。创建完成后，退出造型环境。

图 9-87　创建自由造型曲线

11 为了选取边界线，应该在选择过滤器中设置选取类型为【几何】。

12 复制曲线。选取扫描曲面的边界线，按住 Ctrl+C 键复制，并按 Ctrl+V 键完成粘贴，如图 9-88 所示。

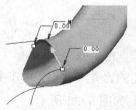

图 9-88　复制曲线

13 创建边界混合曲面 1。单击【边界混合】按钮☞，弹出【边界混合】特征操控板，按住 Ctrl 键，依次分别在两个方向选取如图 9-88 所示的边界曲线，作为两个方向的边界链，并设置边界约束条件，创建混合曲面如图 9-89 所示。

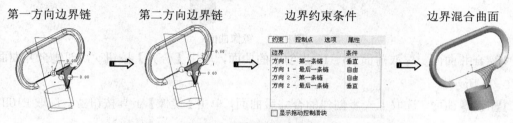

图 9-89　创建边界混合曲面 1

14 复制曲线。与 11 步过程相同，复制扫描截面部分曲线以及拉伸圆柱面的部分曲线，如图 9-90 所示。

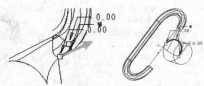

图 9-90　复制曲线

15 创建边界混合曲面 2。单击【边界混合】按钮，弹出【边界混合】特征操控板，按住 Ctrl 键，依次分别在两个方向选取如图 9-90 所示的边界曲线，作为两个方向的边界链，并设置边界约束条件，创建混合曲面如图 9-91 所示。

第一方向边界链　　　第二方向边界链　　　　边界约束条件　　　　　边界混合曲面

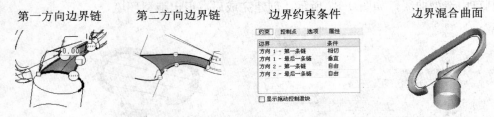

图 9-91　创建边界混合曲面 2

16 合并曲面。选取前面步骤创建的边界混合曲面 1、边界混合曲面 2，单击【编辑】面板中的【合并】按钮，创建合并曲面如图 9-92 所示。

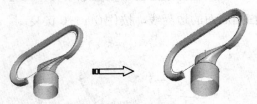

图 9-92　合并曲面

17 镜像曲面。选取上一步创建的合并后曲面，单击【镜像】工具按钮，选取 FRONT 平面作为对称平面，创建镜像特征，如图 9-93 所示。

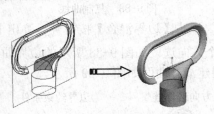

图 9-93　镜像曲面

18 合并曲面。选取前面 15、16 步创建的曲面，单击【合并】按钮，创建合并曲面如图 9-94 所示。

19 镜像曲面。选取上一步创建的合并后曲面，单击【镜像】工具按钮，选取 RIGHT 平面作为对称平面，创建镜像特征，如图 9-95 所示。

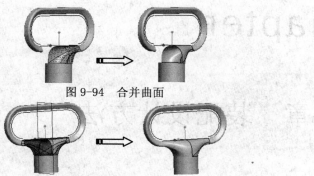

图 9-94 合并曲面

图 9-95 镜像曲面

20 合并曲面。选取前面 17、18 步创建的曲面，单击【合并】按钮 ⌒，创建合并曲面如图 9-96 所示。

21 合并曲面。选取所有曲面，单击【合并】按钮 ⌒，创建合并曲面如图 9-97 所示。

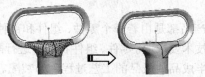

图 9-96 合并曲面

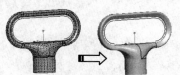

图 9-97 合并曲面

22 加厚曲面。选取上一步创建的合并曲面特征，在【编辑】面板中单击【实体化】按钮，将曲面加厚以生成实体，如图 9-98 所示。

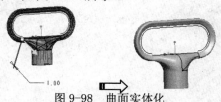

图 9-98 曲面实体化

23 开瓶器造型设计工作完成。最后单击 ⊞ 按钮保存设计结果，关闭窗口。

Chapter

第 10 章　装配设计方法

任何产品都是由若干个零件、组件和部件组成的，按照规定的技术要求，将零件、组件和部件进行配合和连接，使之成为半成品或成品的工艺过程称为装配。

装配是生产过程中的最后一个阶段，它包括装配、调整、检验和试验等工作，装配不仅对保证产品的最终质量十分重要，还是产品生产的最终检验环节。

学习目标：

- 掌握装配设计的主要方法
- 掌握装配体设计的主要流程
- 掌握约束装配方法
- 掌握接口装配方法

10.1　装配概述

完成零件设计后，将设计的零件按设计要求的约束条件或连接方式装配在一起才能形成一个完整的产品或机构装置。利用 Creo 提供的组件模块可实现模型的组装，在 Creo 系统中，模型装配的过程就是按照一定的约束条件或连接方式，将各零件组装成一个整体产品的过程。

10.1.1　进入装配平台

装配模型设计与零件模型设计的过程类似，零件模型是通过向模型中增加特征完成零件设计，而装配是通过向模型中增加零件(或部件)完成产品的设计。

单击快速访问工具栏中的【新建】按钮□打开【新建】对话框。在【新建】对话框的【类型】选项组中，选中【组件】单选按钮，在【子类型】选项组下选中【设计】单选按钮。在【名称】文本框中输入装配文件的名称，然后禁用【使用默认模板】复选框，如图10-1 所示。在弹出的【新文件选项】对话框中列出多个模板，选择 mmns_asm_design 模板，如图10-2 所示，单击【确定】按钮，进入【组件】模块工作环境，如图10-3 所示。

图 10-1　【新建】对话框

图 10-2　【新文件选项】对话框

图 10-3　装配环境

10.1.2 工具介绍

在装配组件环境中，应用最多的工具为装配元件工具。在组件模块工作环境中，单击【装配】按钮 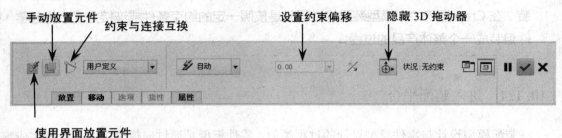，在弹出的【打开】对话框中选择要装配的零件后，单击【打开】按钮，显示如图 10-4 所示的【元件放置】操控板。

图 10-4 【元件放置】操控板

各选项含义如下：

◆ 【放置】选项板：用于定义元件(部件)之间的约束关系和连接关系，由导航收集区和约束属性区构成，如图 10-5 所示。在导航收集区中有【集】、【新建约束】和【新建集】3 个选项。【集】选项用于选取约束参照，如点、线、面等；当装配零件需要添加多个约束条件时单击【新建约束】按钮，然后选择约束类型和约束参照，建立起新的约束。用户也可以根据需要使用【新建集】选项定义多个约束；在约束属性区有【约束类型】和【偏移】两个下拉列表框，打开【约束类型】下拉列表框可以看到提供的约束类型，其内容与【元件放置】对话栏中【约束类型】下拉列表框相同。

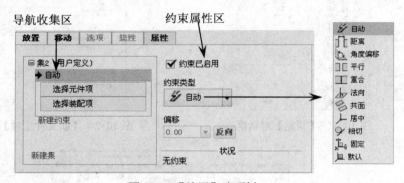

图 10-5 【放置】选项板

◆ 【移动】选项板：元件在装配前，通过【移动】选项板调整其位置，以便于装配。可以选择运动类型和移动参照，然后在图形区选择元件进行移动。图 10-6 所示为【移动】选项板中的相关选项。

◆ 【属性】选项板：显示元件的名称，如图 10-7 所示。

◆ 【元件放置】对话栏：包括约束与连接转换按钮、偏移类型列表框、约束类型列表、约束切换等内容。约束与连接互换按钮的图标为 ▷ 。用于将用户定义集转换为预定义集，或者相反。当按钮按下时将约束关系转换为连接关系，按钮弹起时将连接关系转换为约束关系。提供了连接和约束两种装配形式，即连接装配和约束装配。打开【预定义列表集】下拉列表框，里面列出了连接装配可以使用的约束类型。打开【约

束类型列表】下拉列表框，里面列出了约束装配可以使用的约束类型

图 10-6 【平移】选项板

图 10-7 【属性】选项板

◆ ☑：确定并退出【元件放置】操控板。

◆ ‖：暂停元件放置以进行其他操作。

◆ ✕：退出，取消放置元件操作。

◆ ▣：在组件窗口中显示元件。

◆ ◱：在单独窗口中显示元件。

◆ ✕：约束切换按钮。单击该按钮，能够将【配对】约束切换成【对齐】约束，或者相反。

10.2 创建元件

> 零件设计完后可以通过零件之间一定的配合关系，按产品的要求将他们组合装配起来，形成一个合格完整的产品。

除了插入完成的元件进行装配外，还可以在组件模式中创建元件，在【模型】选项卡中【元件】选项卡上单击【创建】按钮 🖳 ，弹出【元件创建】对话框，如图 10-8 所示。

单击【确定】按钮，打开【创建选项】对话框，如图 10-9 所示。选择【创建特征】单选按钮，接下来就可以像在零件模式下一样进行各种特征的创建了。完成特征以及零件的创建后，仍然可以回到组件模式下，定位元件位置以及相对关系，进行装配约束设置。

图 10-8 【元件创建】对话框

图 10-9 【创建选项】对话框

10.2.1 创建零件

在图 10-8 所示的【元件创建】对话框中，在【类型】选项组中选中【零件】单选按钮，【子类型】选项组中选中【实体】单选按钮，在【名称】文本框中输入文件名，在【创

建选项】对话框中选择相应创建选项，进入零件建模环境中，可以利用零件建模方法直接创建零件文件。

10.2.2 创建骨架模型

Creo 中提供了一个骨架模型的功能，允许使用者在加入零件之前，先设计好每个零件在空间中的静止位置，或者运动时的相对位置的结构图。设计好结构图后，可以利用此结构将每个零件装配上去，以避免不必要的装配限制的冲突。骨架模型捕捉并定义设计意图和产品结构，骨架可以使设计者将必要的设计信息从一个子件或组件传递至另一个。这些必要的设计信息要么是几何的主定义，要么是在其他地方定义的设计中的复制几何。对骨架所做的任何更改也会更改其元件。可以使用单个骨架模型自底向上构建元件。这种方法可使设计信息在整个组件中顺利地传达，从而确保稳妥的设计。

有两种类型的骨架模型：标准骨架模型和运动骨架模型。在打开的组件中，以零件的形式创建标准骨架模型。运动骨架模型是包含设计骨架（标准骨架或内部骨架）和主体骨架的子组件。骨架是使用曲线、曲面和基准特征创建的，同时它们也可包括实体几何。

图 10-10 【创建骨架模型】对话框

在图 10-8 所示的【元件创建】对话框中，在【类型】选项组中选中【骨架模型】单选按钮，【子类型】选项组中选中【标准】或【运动】单选按钮，在【名称】文本框中输入文件名，如图 10-10 所示，在【创建选项】对话框中选择相应创建选项，即可进入骨架模型的创建环境。

10.2.3 创建主体项目

在组件中，主体项目是元件的非实体表示。主体项目表示的对象不需要建立实体模型，但必须在"材料清单"或"产品数据管理"程序中表示出来。主体项目在"模型树"中用标识。根据组件内容，主体项目可包含支持主体数量相关性计算的特殊关系。主体项目参数可在相应的主体模型中预定义。主体模型是零件的一个子类型，以.prt 文件形式标识。用户可对主体零件级参数和关系进行处理（添加、移除和修改）。另外，用户还可创建主体模型的族表实例。当给一个组件添加主体项目时，零件级参数和关系相应地被复制到主体项目元件级。主体模板是创建新的主体模型时使用的起始模型。可使用主体模板零件创建新的主体模型。

图 10-11 在对话框选择项目

型。在主体模板中，可定义参数和关系并在每次应用主体模板时使用。可为常用参数创建一个主体项目模板。

在图 10-8 所示的【元件创建】对话框中，在【类型】选项组中【主体项目】单选按钮，在【名称】文本框中输入文件名，如图 10-11 所示，在【创建选项】对话框中选择相应创建选项，即可进入主体项目的创建环境。

10.2.4 创建包络

包络是为了表示组件中一组预先确定的元件（零件和子组件）而创建的一种零件。包络使用简单的几何以减少内存的使用量，看起来与它所代表的元件类似。包络必须拥有参照元件列表（包络定义）以及几何（包络零件）。默认包络定义包括组件中的所有零件，因此没有必要定义元件列表。为默认包络定义的包络零件不必包括所有零件中的几何。包络随零件几何信息和元件列表一起显示在"模型树"中。尽管包络被储存为带.prt 扩展名的零件文件，但用户只能在创建它们的组件中将其作为包络来使用。包络零件不出现在组件的材料清单中。要使用包络零件，必须明确地将其包括在简化表示内。一个包络可用在多个简化表示中。

在图 10-8 所示的【元件创建】对话框中，在【类型】选项组中选中【主体项目】单选按钮，在【名称】文本框中输入文件名，如图 10-12 所示，在【创建选项】对话框中选择相应创建选项，弹出包括定义对话框，如图 10-13 所示，即可进入主体项目的创建环境。

图 10-12 【创建包络】对话框

图 10-13 【包络定义】对话框

10.3 约束装配

约束装配用于指定新载入的元件相对于装配体指定元件的放置方式，从而确定新载入的元件在装配体中的相对位置。在元件装配过程中，控制元件之间的相对位置时，通常需要设置多个约束条件。

载入元件后，单击【元件放置】操控面板中的【放置】按钮，打开【放置】选项板，其中包含 10 种类型的放置约束，如图 10-14 所示。

在这 10 种约束类型中，如果使用【坐标系】类型进行元件的装配，则仅需要选择 1 个约束参照；如果使用【固定】或【默认】约束类型，则只需要选取对应列表项，而不需要选择约束参照。使用其他约束类型时，需要给定两个约束参照。

1. 距离约束

元件参考与装配参考互相平行，通过输入的偏移值控制两个参考之间的距离，通过单击【方向】按钮 **反向** ，可以更改约束方向。图 10-15 为两个参考平面施加距离约束结果。

图 10-14　约束装配的类型

图 10-15　距离约束

2.　角度偏移约束

元件参考与装配参考成一定角度，通过输入的偏移值控制两个参考之间的角度，通过单击【方向】按钮 **反向** 。可以更改约束方向。图 10-16 所示为两个参考平面施加角度偏移约束结果。

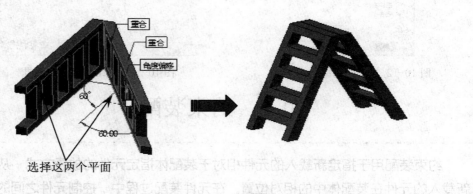

图 10-16　角度偏移约束

3.　平行约束

元件参考与装配参考互相平行，通过单击【方向】按钮 **反向** ，可以更改约束方向。图 10-17 为两个参考平面施加平行约束结果。

4.　重合约束

元件参考与装配参考互相贴合，通过单击【方向】 **反向** 按钮，可以更改约束方向。图 10-18 为两个参考平面施加距离约束结果。

5.　法向约束

290

元件参考与装配参考互相垂直，图 10-18 所示为两个参考平面施加重合约束结果。

在平行约束中，【偏移】下拉列表显示为灰色，这意味着不能输入偏移值，所有平行约束只能使两个参考相互平行，而不能确定两个参考的相对距离。

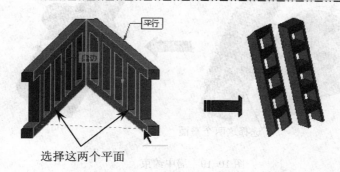

选择这两个平面

图 10-17 平行约束

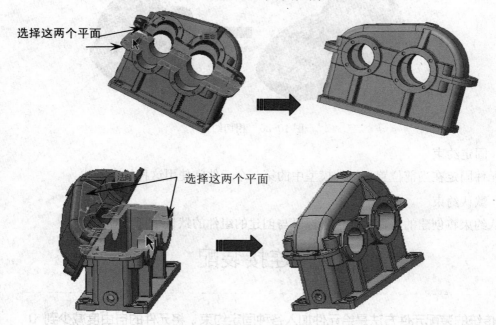

选择这两个平面

选择这两个平面

图 10-18 重合约束

6. 居中约束

元件参考与装配参考互相同轴心。图 10-19 为两个参考平面施加居中约束结果。

居中约束只能用在两个都是圆弧的参考中，在居中约束中选择平面参考是选不中的。

7. 相切约束

相切约束控制两个曲面在切点的接触。该约束的功能与配对功能相似，但该约束配对曲面，而不对齐曲面。该约束的一个应用实例为轴承的滚珠与其轴承内外套之间的接触点。相切约束需要选择两个面作为约束参照，如图 10-20 所示。

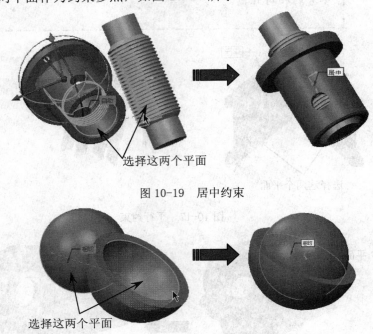

选择这两个平面

图 10-19　居中约束

选择这两个平面

图 10-20　相切约束

8. 固定约束

将元件固定在当前位置。组件模型中的第一个元件常使用这种约束方式。

9. 默认约束

默认约束将创建的元件的默认坐标系与创建的组件的默认坐标系对齐。

10.4　连接装配

传统的装配元件方法是给元件加入各种固定约束，将元件的自由度减少到 0，因元件的位置被完全固定，这样装配的元件不能用于运动分析（基体除外）。另一种装配元件的方法是给元件加入各种组合约束，如"销钉"、"圆柱"、"刚体"、"球"等，使用这些组合约束装配的元件，因自由度没有完全消除（刚体、焊接、常规除外），元件可以自由移动或旋转，这样装配的元件可用于运动分析。这种装配方式称为连接装配。

在【元件放置】特征操控板中，单击【用户定义】下拉列表框，弹出定义的连接约束形式，如图 10-21 所示。对选定的连接类型进行约束设定时的操作与上节的约束装配操作相同，因此以下内容着重介绍各种连接的含义，以便在进行机构模型的装配时选择正确连接类型。

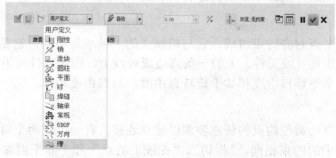

图 10-21　连接约束

10．刚性连接

刚性连接用于连接两个元件，使其无法相对移动，连接的两个元件之间自由度为零。连接后，元件与组件成为一个主体，相互之间不再有自由度，如果刚性连接没有将自由度完全消除，则元件将在当前位置被"粘"在组件上。如果将一个子组件与组件用刚性连接，子组件内各零件也将一起被"粘"住，其原有自由度不起作用，总自由度为 0。

11．销连接

销连接由一个轴对齐约束和一个与轴垂直的平移约束组成。元件可以绕轴旋转，具有 1 个旋转自由度，总自由度为 1。轴对齐约束可选择直边或轴线或圆柱面，可方向；平移约束可以是两个点对齐，也可以是两个平面的对齐|配对，平面对齐|配对时，可以设置偏移量。

12．滑块连接

由一个轴对齐约束和一个旋转约束（实际上就是一个与轴平行的平移约束）组成。元件可滑轴平移，具有 1 个平移自由度，总自由度为 1。轴对齐约束可选择直边或轴线或圆柱面，可方向。旋转约束选择两个平面，偏移量根据元件所处位置自动计算，可方向。

13．圆柱连接

圆柱连接由一个轴对齐约束组成。比销钉约束少了一个平移约束，因此元件可绕轴旋转同时可沿轴向平移，具有 1 个旋转自由度和 1 个平移自由度，总自由度为 2。轴对齐约束可选择直边或轴线或圆柱面，可方向。

14．平面连接

平面连接由一个平面约束组成，也就是确定了元件上某平面与组件上某平面之间的距离（或重合）。元件可绕垂直于平面的轴旋转并在平行于平面的两个方向上平移，具有 1 个旋转自由度和两个平移自由度，总自由度为 3。可指定偏移量，可方向。

15．球连接

球连接由一个点对齐约束组成。元件上的一个点对齐到组件上的一个点，比轴承连接小了一个平移自由度，可以绕着对齐点任意旋转，具有 3 个旋转自由度，总自由度为 3。

16. 焊缝连接

焊缝连接使两个坐标系对齐，元件自由度被完全消除，总自由度为 0。连接后，元件与组件成为一个主体，相互之间不再有自由度。如果将一个子组件与组件用焊缝连接，子组件内各零件将参照组件坐标系发按其原有自由度的作用。

17. 轴承连接

轴承连接由一个点对齐约束组成。它与机械上的"轴承"不同，它是元件（或组件）上的一个点对齐到组件（或元件）上的一条直边或轴线上，因此元件可沿轴线平移并任意方向旋转，具有 1 个平移自由度和 3 个旋转自由度，总自由度为 4。

18. 常规连接

常规连接选取自动类型约束的任意参照以建立连接，有一个或两个可配置约束，这些约束和用户定义集中的约束相同。"相切"、"曲线上的点"和"非平面曲面上的点"不能用于此连接。

19. 6DOF 连接

6DOF 连接需满足"坐标系对齐"约束关系，不影响元件与组件相关的运动，因为未应用任何约束。元件坐标系与组件中的坐标系对齐。X、Y 和 Z 组件轴是允许旋转和平移的运动轴。

20. 槽连接

槽连接包含一个"点对齐"约束，允许沿一条非直的轨迹旋转。此连接有 4 个自由度，其中点在 3 个方向上遵循轨迹运动。对于第一个参照，在元件或组件上选择一点。所参照的点遵循非直参照轨迹。

10.5 装配相同零件

有些元件（如螺栓、螺母等）在产品的装配过程中不只使用一次，而且每次装配使用的约束类型和数量都相同，仅仅参照不同。为了方便这些元件的装配，系统为用户设计了重复装配功能，通过该功能就可以迅速的装配这类元件。在 Creo 中，如果需要同时多次装配同一零件，则没必要每次都单独设置约束关系，而利用系统提供的重复元件功能，可以比较方便的多次重复装配相同零件。

装配零件后，在"模型树"中选取该零件，右键单击，然后从快捷菜单中选择【重复】或在【模型】选项卡中单击【编辑】|【重复】，打开【重复元件】对话框，如图 10-22 所示。利用该对话框，可以多次重复装配相同零件。

各主要选项含义如下：

◆ 【元件】：选取需要重复装配的零件。

◆ 【可变组件参照】：选取需要重复的约束关系，并可对约束关系进行编辑。

图 10-22 【重复元件】对话框

◆ 【放置元件】：选取与重复装配零件匹配的零

件。

10.6 元件的操作

在装配模块中，可以对组装到装配体中的元件进行删除、装配约束的重定义，或者对其特征进行修改、重定义等操作。

10.6.1 重定义装配方式

修改元件在装配体中的装配方式，可以在绘图区或者模型树上选择要修改的元件，单击鼠标右键从快捷菜单中选择【编辑定义】命令，如图 10-23 所示。程序将弹出装配操控板，用户可以在其中删除现有约束集或添加约束集。

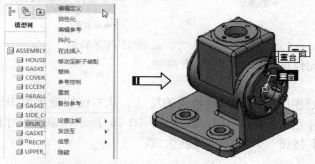

图 10-23 编辑定义已装配的元件

10.6.2 修改元件

为了便于选取修改特征，首先在模型树中显示各元件的特征。方法是：单击模型树界面中【设置】|【树过滤器】选项，打开【模型树项】对话框，如图 10-24 所示，勾选对话框上【特征】复选框，单击【确定】按钮关闭对话框。

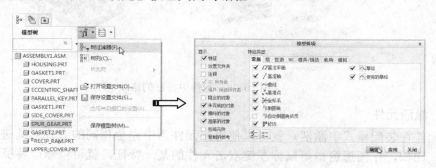

图 10-24 元件特征的显示设置

此时元件中的特征显示出来，可以单击模型树上各元件名称前出现的"+"符号，元件的特征在模型树上显示出来，如图 10-25 所示。

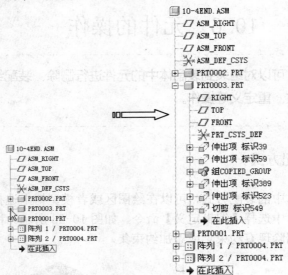

图 10-25　显示元件中的特征

在装配体中对元件进行修改的方法有两种：

1.　直接修改

在模型树上或绘图区中选择需要修改的特征，从右键快捷菜单中选取【编辑】选项，被选特征的尺寸标注在绘图区显示出来，如图 10-26 所示。编辑尺寸值后在【操作】面板中单击【重新生成】按钮 ，模型将重新生成。

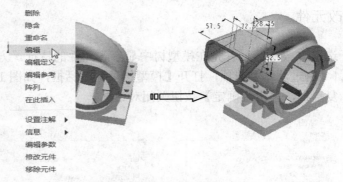

图 10-26　元件中特征的修改

2.　激活元件

将元件在装配模式中激活，就可以使用在元件当中完全相同的方式对其进行修改或者重定义。比如，在图形窗口用鼠标左键双击元件的某一特征，就可以修改特征的尺寸等。此时绘图区右下角有激活某一元件的注释。而且只有激活的元件特征才可以被选取。

激活元件的方法：选择需要被激活的元件，单击鼠标右键从快捷菜单中选取【激活】选项即可。

10.7　元件的显示

在装配体中为了简化工作环境、提高工作效率以及清晰地显示各组件之间的装配关系，CREO 程序在主菜单视图下拉菜单中提供了"视图管理"工具。

10.7.1　简化显示

简化显示可控制将哪些组件成员带入进程并显示。对于复杂的装配体，利用简化显示将与当前设计任务无关的组件从显示中暂时移除，不仅使图面清晰，而且减小负荷，加速特征创建、修改以及再生的时间。

在【模型显示】面板中单击【管理视图】按钮，程序将弹出【视图管理器】对话框，默认打开的是【简化显示】选项卡，如图 10-27 所示。

图 10-27　【视图管理器】对话框

各项目的含义如下：

◆　主表示：显示组件的全部细节，在模型树上列出所有元件被包括、排除或替代的状态。

◆　轻量化图形表示：只包含显示信息，并允许快速浏览大型组件。不能进行修改或作为图形参照。

◆　几何表示：提供元件的完整几何，比图形表示需要更多的检索时间，在操作组件时可以进行修改或作为图形参照。

◆　符号表示：允许用符号表示元件。

1．新建一个简化显示

单击【简化显示】选项卡中的【新建】按钮，输入简化显示的名称"Rep0001"，并回车确认，此时将弹出编辑简化显示的对话框，如图 10-28 所示。

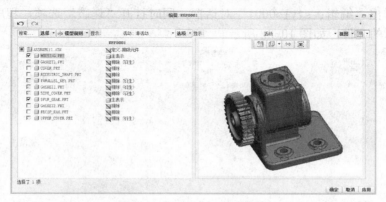

图 10-28　编辑简化显示

2．选取要简化显示的元件

在【编辑】对话框左边模型树中勾选要简化显示的元件后，再单击【确定】按钮，完成简化元件的选取，如图 10-29 所示。此时在【视图管理器】对话框上单击【关闭】按钮，完成简化显示设定，

一个装配体模型中，针对不同的元件的设计，可以设定多个不同的简化显示。

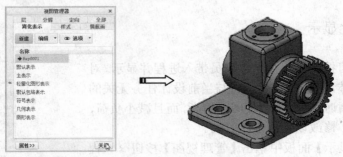

图 10-29   要简化显示的元件

10.7.2   "样式"视图

在装配体中，可将模型中的元件设定为不同的显示方式，清楚地表现各组件之间的装配关系。元件可以分别设定为：线框、隐藏线、无隐藏线以及着色实体。下面介绍建立"样式"视图的方法。

在【视图管理器】对话框中选择【样式】选项卡，如图 10-30 所示。

1.   新建一个"样式"视图

单击【样式】选项卡中的【新建】按钮，保留默认名称"style0001"，然后按回车键确认，如图 10-31 所示。

2.   选取要编辑的元件

此时将弹出"编辑：style0001"对话框，同时打开"遮蔽"选项，程序等待选择被"遮蔽"显示的元件，如图 10-32 所示。

图 10-30　【样式】选项卡

图 10-31　建立"样式"视图

图 10-32　编辑"样式"视图

在模型树或绘图区中选择要遮蔽的元件后，在"编辑：style0001"对话框中单击【预览】按钮 ∞，此时可以观察到选取的元件将遮蔽起来，如图 10-33 所示。

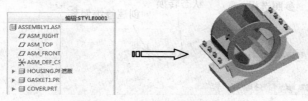

图 10-33　将元件进行遮蔽

打开【显示】选项卡，如图 10-34 所示，设定显示方式为"线框"，在模型树中选取一个元件后，可以看到模型树上显示各元件在此样式视图中的设置状态。

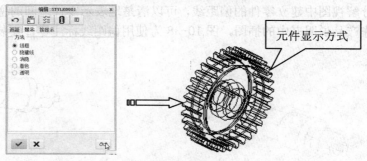

图 10-34　原件显示方式设置

10.8　建立爆炸视图

装配好零件模型后，有时候需要分解组件来查看组件中各个零件的位置状态，称为分解图，又叫爆炸图，是将模型中的元件沿着直线或坐标轴旋转、移动得到的一种

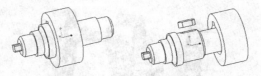

图 10-35　原视图与爆炸视图

通过爆炸图可以清楚地表示装配体内各零件的位置和装配体的内部结构，爆炸图仅影响装配体的外观，并不改变装配体内零件的装配关系。对于每个组件，会根据使用的约束产生默认的分解视图，但是默认的分解图通常无法贴切地表现各元件的相对方位，必须通过编辑位置来修改分解位置，这样不仅可以为每个组件定义多个分解视图，以便随时使用任意一个已保存的视图，还可以为组件的每个视图设置一个分解状态。

生成指定分解视图时，将按照默认方式执行分解操作。在创建或打开一个完整的装配体后，在【模型】选项卡中选择【模型显示】|【分解图】命令，将执行自动分解操作。

根据使用的约束产生默认的分解视图后，通过自定义分解视图，可以把分解视图的各元件调整到合适的位置，从而清晰地表现出各元件的相对方位。在【模型】选项卡中，选择【分解图】指令，打开【组件分解】选项卡，如图 10-36 所示。

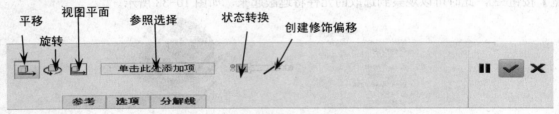

图 10-36 【组件分解】特征操控板

利用该特征操控板，选定需要移动或旋转的零件以及运动参照，适当调整各零件位置，得到新的组件分解视图，如图 10-37 所示。

在分解视图中建立零件的偏距线，可以清楚地表示零件之间的位置关系，利用此方法可以制作产品说明书中的插图，图 10-38 为使用偏距线标注零件安装位置的示例。

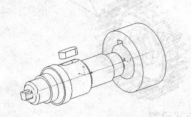

图 10-37 编辑视图位置

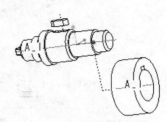

图 10-38 分解视图偏距线

10.9 动手操练

齿轮泵是典型的工业产品，包含零件较多，要实现整体装配，零件之间需要定义相应约束关系，对于其中的运动部件，可以定义连接约束关系，实现结构的运动仿真。齿轮泵的最后装配结果如图 10-39 所示。

图 10-39 齿轮泵装配体组件分解图

10.9.1 传动轴组件装配

当装配体比较复杂时，可以先将其中部分零件首先组装成部件，然后再进行整体装配，这样既符合实际的装配生产过程，同时也可以简化最终的产品装配过程。在齿轮泵的装配体中，传动轴组件主要由传动轴以及与其相连接的零件组成，包括单齿轮和平键，由于各零件之间没有相对运动关系，因此可以直接采用无连接接口的约束方式进行装配，然后在齿轮泵的整体装配体设计中直接作为一个部件添加到装配体中即可。传动轴组件的最后装配结果如图 10-40 所示，组件分解图如图 10-41 所示。

图 10-40　传动轴组件

图 10-41　传动轴组件分解图

操作步骤

新建组件文件。单击快速访问工具栏中的【新建】按钮 □，建立文件名为 zhouzujian 的新文件。然后选择公制模板进入组件装配环境，如图 10-42 所示。

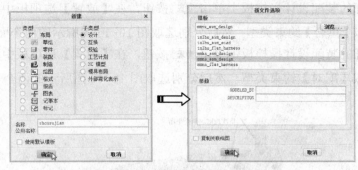

图 10-42　新建组件装配文件

1.　在默认位置装配传动轴零件

01　单击【装配】按钮打开【打开】对话框，使用浏览方式打开传动轴零件文件 zhou。

02　在打开的装配设计操控板上单击 放置 按钮，在【放置】选项板中的【约束类型】下拉菜单中选取【默认】约束类型，完成后的【放置】选项板如图 10-43 所示，完成上述操作后，单击 ✓ 按钮完成第一个传动轴元件的装配，结果如图 10-44 所示。

图 10-43　轴装配【放置】选项板

图 10-44　装配传动轴零件

2.　向组件中装配平键零件

01　单击【装配】按钮打开【打开】对话框，使用浏览方式打开平键零件文件 pingjian。

02　在打开的装配设计操控板上单击 放置 按钮，在【放置】选项板中的【约束类型】下拉菜单中选取【配对】约束类型，然后分别选取图 10-45 所示的两个平面作为约束参照。

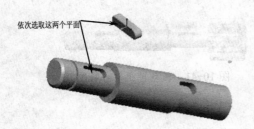
依次选取这两个平面

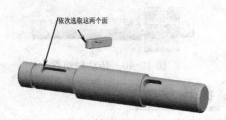
依次选取这两个面

图 10-45　约束参照　　　　　　　　　　　　图 10-46　选取约束参照

03 在打开的装配设计操控板上单击 放置 按钮，在【放置】选项板中的【约束类型】下拉菜单中选取【重合】约束类型，然后分别选取图 10-46 图所示的两个面作为约束参照。

04 在打开的装配设计操控板上单击 放置 按钮，在【放置】选项板中的【约束类型】下拉菜单中选取【配对】约束类型，然后分别选取图 10-47 图所示的两个平面作为约束参照。

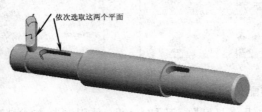
依次选取这两个平面

图 10-47　选取约束参照

05 完成后的【放置】选项板如图 10-48 所示，完成上述操作后，单击✓按钮完成平键零件的装配，结果如图 10-49 所示。

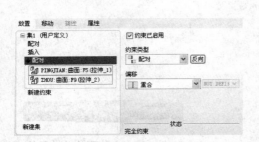

图 10-48　平键装配【放置】选项板

图 10-49　装配平键零件

3.　向组件中装配单齿轮零件

01 单击【装配】按钮🖼打开【打开】对话框，使用浏览方式打开平键零件文件 danchilun。

02 在打开的装配设计操控板上单击 放置 按钮，在【放置】选项板中的【约束类型】下拉菜单中选取【重合】约束类型，然后分别选取图 10-50 所示的两个面作为约束参照。

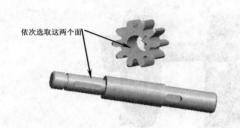

依次选取这两个面

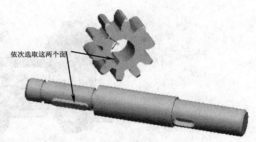

依次选取这两个面

图 10-50　选取约束参照　　　　　　　　　图 10-51 选取约束参照

03 在打开的装配设计操控板上单击 放置 按钮，在【放置】选项板中的【约束类型】下拉菜单中选取【配对】约束类型，然后分别选取图 10-51 所示的两个面作为约束参照

04 在打开的装配设计操控板上单击 放置 按钮，在【放置】选项板中的【约束类型】下拉菜单中选取【对齐】约束类型，然后分别选取图 10-52 所示的两个平面作为约束参照

05 完成后的【放置】选项板如图 10-53 所示。完成上述操作后，单击☑按钮完成平键零件的装配，整个传动轴组件装配的最后结果如图 10-54 所示。

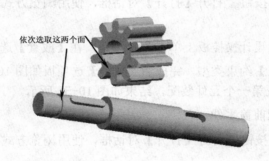

依次选取这两个面

图 10-52　选取约束参照

图 10-53　单齿轮装配【放置】选项板　　　　图 10-54　装配单齿轮零件

06 完成传动轴组件模型设计。单击 按钮，保存设计结果，关闭窗口。

10.9.2　齿轮泵总装配设计

在装配元件时，对于具有运动自由度的元件要根据具体要求选择合适的连接接口，反之使用无连接接口的约束进行装配。泵总装配完成的效果图如图 10-55 所示。

图 10-55　泵总装配

操作步骤

1.　在默认位置装配齿轮泵基座

01　新建命名为"bengzujian"的组件装配文件。

02　单击【装配】按钮📂打开【打开】对话框，使用浏览方式打开齿轮泵基座零件文件"jizuo"。

03　在打开的装配设计操控板上单击 放置 按钮，在【放置】选项板中的【约束类型】下拉菜单中选取【默认】约束类型，完成后【放置】选项板如图 10-56 所示，完成上述操作后，单击✔按钮完成第一个元件装配，结果如图 10-57 所示。

2.　向组件中装配前盖零件

01　单击【装配】按钮📂打开【打开】对话框，使用浏览方式打开齿轮泵基座零件文件 qiangai。

图 10-56　【放置】选项板

图 10-57　装配基座零件

02　在打开的装配设计操控板上单击 放置 按钮，在【放置】选项板中的【约束类型】下拉菜单中选取【重合】约束类型，然后分别选取图 10-58 所示的上部两个销孔面作为约束参照。

03　在打开的装配设计操控板上单击 放置 按钮，在【放置】选项板中的【约束类型】下拉菜单中选取【定向】约束类型，然后分别选取图 10-59 所示的下部两个销孔面作为约束参照。

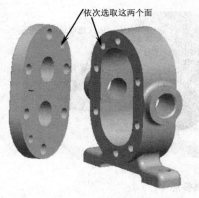
依次选取这两个面

依次选取这两个面

图 10-58　选取约束参照 　　　　　　　　　　　图 10-59　选取约束参照

04 在打开的装配设计操控板上单击 放置 按钮，在【放置】选项板中的【约束类型】下拉菜单中选取【重合】约束类型，然后分别选取图 10-60 所示的端面作为约束参照。

依次选取这两个面

图 10-60　选取约束参照

05 完成后的【放置】选项板如图 10-61 所示，完成上述操作后，单击 ✔ 按钮完成前盖零件的装配，装配的最后结果如图 10-62 所示。

3. 向组件中装配齿轮轴零件

01 单击【装配】按钮 打开【打开】对话框，使用浏览方式打开齿轮泵齿轮轴零件文件"chilunzhou"。

图 10-61　前盖零件装配【放置】选项板

图 10-62　装配前盖

02 在打开的装配设计操控板上的【用户定义】下拉菜单中选取【对齐】连接类型，然后分别选取如图 10-63 所示的两轴作为轴线对齐参照，选取两平面作为平移约束参照。

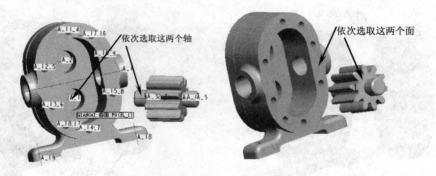

图 10-63 选取约束参照

03 完成后的【放置】选项板如图 10-64 所示，完成上述操作后，单击☑按钮完成齿轮轴零件的装配，装配的最后结果如图 10-65 所示。

图 10-64 齿轮轴装配【放置】选项板

图 10-65 装配齿轮轴零件

4. 向组件中装配传动轴组件

01 单击【装配】按钮 📂 打开【打开】对话框，使用浏览方式打开齿轮泵传动轴组件文件"zhouzujian"。

02 在打开的装配设计操控板上的【用户定义】下拉菜单中选取【重合】连接类型，然后分别选取如图 10-66 所示的两轴作为轴线对齐参照，选取两平面作为平移约束参照。

03 调整齿轮位置，使其正确啮合。在装配设计操控板上的单击 移动 按钮，打开【移动】列表框。在该列表框的运动类型选项组中选取【旋转】选项，并选中【运动参照】选项，如图 10-67 所示，并选取传动轴的轴线作为旋转运动参照，如图 10-68 所示，然后在工作区旋转传动轴，使两齿轮正确啮合，最后啮合结果如图 10-69 所示。

图 10-66 选取约束参照

图 10-67 【移动】列表框　　图 10-68　选取运动参照　　图 10-69　最后齿轮啮合结果

04 完成后的【放置】选项板如图 10-70 所示，完成上述操作后，单击☑按钮完成传动轴组件的装配，装配的最后结果如图 10-71 所示。

图 10-70　传动轴组件装配【放置】选项板　　　　　图 10-71　装配传动轴

5.　向组件中装配后盖零件

01 单击【装配】按钮🖳打开【打开】对话框，使用浏览方式打开齿轮泵基座零件文件"hougai"。

02 在打开的装配设计操控板上单击按钮，在【放置】选项板中的【约束类型】下拉菜单中选取【重合】约束类型，然后分别选取图 10-72 所示的上部两个销孔面作为约束参照。

03 在打开的装配设计操控板上单击按钮，在【放置】选项板中的【约束类型】下拉菜单中选取【重合】约束类型，然后分别选取图 10-73 所示的下部两个销孔面作为约束参照。

04 在打开的装配设计操控板上单击按钮，在【放置】选项板中的【约束类型】下拉菜单中选取【定向】约束类型，然后分别选取图 10-74 所示的端面作为约束参照。

05 完成后的【放置】选项板如图 10-75 所示，完成上述操作后，单击☑按钮完成后盖零件的装配，装配的最后结果如图 10-76 所示。

图 10-72　选取约束参照　　　　　　　　　图 10-73　选取约束参照

依次选取这两个面

图 10-74　选取约束参照

图 10-75　后盖装配【放置】选项板

图 10-76　装配后盖

6.　向组件中装配定位销零件

01 单击【装配】按钮 📁 打开【打开】对话框，使用浏览方式打开齿轮泵定位销零件文件"xiao"。

02 在打开的装配设计操控板上单击 放置 按钮，在【放置】选项板中的【约束类型】下拉菜单中选取【重合】约束类型，然后分别选取图 10-77 所示的上部两个销孔面作为约束参照。

03 在打开的装配设计操控板上单击 放置 按钮，在【放置】选项板中的【约束类型】下拉菜单中选取【对齐】约束类型，然后分别选取图 10-78 所示的端面作为约束参照。

04 完成后的【放置】选项板如图 10-79 所示，完成上述操作后，单击 ✓ 按钮完成定位销零件的装配，装配的最后结果如图 10-80 所示。

7.　重复装配定位销

01 选中前面装配的定位销零件，在右键菜单中选取【重复】选项，打开【重复元件】对话框。

02 按住 Ctrl 键在【可变组件参照】选项组中选中【重合】和【重合】两种约束方

式，然后在【放置元件】选项组中单击 添加 按钮，如图 10-81 所示。

图 10-77 选取约束参照

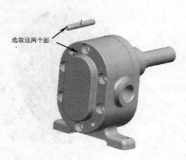

图 10-78 选取约束参照

图 10-79 定位销装配【放置】选项板

图 10-80 装配定位销

03 依次选取如图 10-82 所示的孔内表面和端面作为约束参照，定位销将被装配到该孔中，最后装配结果如图 10-83 所示。

图 10-81 【重复元件】对话框

图 10-82 选取约束参照

图 10-83 新装配的定位销

8. 向组件中装配螺钉零件

01 单击【装配】按钮 📂 打开【打开】对话框，使用浏览方式打开齿轮泵螺钉零件文件"luoding"。

02 在打开的装配设计操控板上单击 放置 按钮，在【放置】选项板中的【约束类型】下拉菜单中选取【重合】约束类型，然后分别选取图 10-84 所示的内孔面和螺钉外圆面作为约束参照。

03 在打开的装配设计操控板上单击 放置 按钮，在【放置】选项板中的【约束类型】下拉菜单中选取【配对】约束类型，然后分别选取图 10-85 所示的端面和螺钉的端面作为约束参照。

04 完成后的【放置】选项板如图 10-86 所示，完成上述操作后，单击 ✓ 按钮完成螺钉零件的装配，装配的最后结果如图 10-87 所示。

图 10-84　选取约束参照

图 10-85　选取约束参照

图 10-86　螺钉装配【放置】选项板

图 10-87　装配螺钉

9.　重复装配螺钉

01 选中前面装配的螺钉零件，然后在【编辑】主菜单中选取【重复】选项，打开【重复元件】对话框。

02 按住 Ctrl 键在【可变组件参照】选项组中选中【重合】和【重合】两种约束方式，然后在【放置元件】选项组中单击 添加 按钮，如图 10-88 所示。

03 依次选取孔内表面和端盖的端面作为约束参照，螺钉将被装配到该孔中，同理完成其余螺钉的重复装配，螺钉最后装配结果如图 10-89 所示。

04 创建齿轮泵装配体分解视图。在【视图】主菜单中依次选取【分解】/【分解视图】，建立的分解视图如图 10-90 所示。

图 10-88　【重复元件】对话框

图 10-89　重复装配螺钉

图 10-90　齿轮泵装配体分解视图

05 完成齿轮泵装配体组件模型设计。单击 按钮，保存设计结果，关闭窗口。

310

Chapter

第 11 章　产品工程图设计

模具结构设计完成后，模具工程师还要创建模具图纸供模具制造师加工、装配所用。那么在本讲中我们将详细讲解 Creo 的制图设计功能。

学习目标：

- Creo 图样模板
- 工程图配置文件
- 视图操作
- 尺寸标注
- 几何公差和表面粗糙度标注
- 文字注解

11.1　Creo 图纸模板

使用 Creo 的工程图模块（Drawing），可以创建 Creo 模型的工程图、处理尺寸以及使用层来管理不同项目的显示。另外，也可以利用有关接口命令，将工程图文件输出到其他 CAD 系统或将文件从其他 CAD 系统输入到工程图模块中。

在工程图中，所有的模型视图都是相关的，即使当修改了某视图的一个尺寸后，系统会自动更新其他相关的视图。更重要的是，Creo 的工程图和它所依赖的模型相关，在工程图中修改的任何尺寸，都会在模型中自动更新。同样，在模型中修改的尺寸会相关到工程图。这些相关性，不仅仅是尺寸的修改，也包括添加或删除某些特征。

11.1.1　图纸的选择与设置

创建工程图首先要选取相应的图纸格式，Creo 提供了两种形式的图纸格式：系统定义的图纸格式和用户自定义的图纸格式。

1.　使用模板定义的图纸

启动 Creo，在基本环境中的【主页】选项卡上单击【新建】，程序弹出【新建】对话框。在【新建】对话框中的【类型】区域内单选【绘图】选项，并在【名称】文本框中输入文件（可以是中文）名称，使用默认模型，单击【确定】按钮，再弹出【新建绘图】对话框，如图 11-1 所示。

图 11-1　新建制图文件

在【默认模型】选项组中单击【浏览】按钮，弹出【打开】对话框，可选择已存在的零（组）件文件，则系统将为选择的零（组）件建立工程图。工程图是按零（组）件造型的默认方式放置的，即在零（组）件造型时的 FRONT 视角做为二维工程图的主视图。

在【新建绘图】对话框的【指定模板】区域中选择【使用模板】单选按钮，在【模板】区域中选择一个默认模板，如图 11-2 所示。

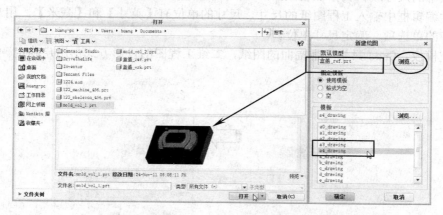

图 11-2　添加原始模型并选择制图模板

2.　使用用户自定义的图纸

除了系统程序提供的默认模板外，还可使用用户自定义的摸板，这里有两种方式：

【格式为空】模板

在【新建绘图】对话框的【指定模板】选项组中单击【格式为空】单选按钮，并在【格式】选项组中单击【浏览】按钮，弹出【打开】对话框，在对话框中显示了 Creo 自带的图纸模板文件（文件扩展名为 *.frm），将用户已经设置好的图纸模板文件并调入。再单击【新建绘图】对话框的【确定】按钮，则程序将为选择的零（组）件建立工程图，如图 11-3 所示。

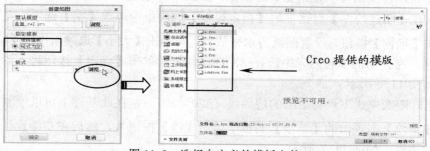

图 11-3　选择自定义的模板文件

【空】模板

在【新建绘图】对话框的【指定模板】选项组中单选【空】选项，随后对话框中显示【方向】选项组和【大小】选项组。

在【方向】选项组中单击【横向】按钮，设置图纸为水平放置，单击【纵向】按钮，则表明图纸为竖直放置。可在【标准大小】下拉列表框中选择图纸的大小。

如果需要自己定义图纸的尺寸，则在【方向】选项组中单击【可变】按钮，此时的【大小】选项组中的尺寸编辑文本框被激活，如图11-4所示。

在尺寸编辑框中输入工程图纸的尺寸，尺寸的单位有【英寸】和【毫米】。用户可通过选择相应的单选项，确定尺寸单位。

使用空模板，Creo 只生成带幅面的图纸，二维工程图的投影方式由用户确定。

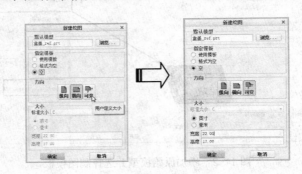

图 11-4　编辑自定义的模板尺寸

11.1.2　图纸模板的生成

在创建工程图时，使用统一的模板可以减少图纸空间的设定、标题栏的绘制等重复的劳动，大大提高绘图效率。使用 Creo 生成工程图时，由于 Creo 提供的图纸模板为美国或欧洲的制图标准，不一定符合我国的国家标准，而我国各工业部门又还有部标，所以在绘制工程图时根据绘图的需要，建立需要的图纸模板是很必要的。

在 Creo 中建立图纸模板是很容易的，下面介绍创建一个 A3 幅面图纸模板。

操作步骤如下：

01 在工具栏上单击【创建新对象】按钮□，程序弹出【新建】对话框。在【新建】对话框中的【类型】区域内单选【格式】选项，并在名称文本框内输入文件名称【GB_A3】，单击确定按钮，再弹出【新建绘图】对话框，如图11-5所示。

02 在【新建绘图】对话框的【指定模板】选项组中单选【空】选项，在【方向】选项组单击【横向】按钮，设置图纸为水平放置，再单击【大小】选项组中的【标准大小】下拉按钮 ✔，在弹出的下拉列表中选择 A3 选项，最后单击【确定】按钮进入图纸模板设计模式，如图11-6所示。

03 此时图纸模式下只有图纸的边界线（420×297），在此基础上可以绘制工程图的边框。在【草绘】选项卡的【草绘】面板中单击【线】按钮 ﹨，然后在草绘设计模式中绘制工程图的边框，如图11-7所示。

04 在【表】选项卡的【表】面板中选择【表】|【插入表】命令，弹出【插入表】对

话框。然后在对话框中设置如图 11-8 所示的选项。

图 11-5　创建新对象

图 11-6　选择图纸尺寸

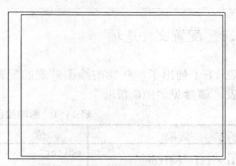

图 11-7　绘制完成的图纸边框

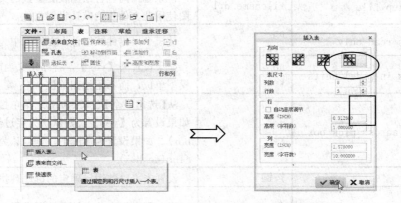

图 11-8　打开【插入表】对话框

05 单击【插入】对话框的【确定】按钮后，再在矩形绘图框右下角绘制一个标准的标题栏，用户根据需要加入标题栏详细内容，完成后的图纸模板如图 11-9 所示。

06 在工具栏上单击【保存活动对象】按钮 ，保存生成的图纸模板。以后绘制工程图时就可直接调用此图纸模板。

重点

以后在工程图模式下调用此模板时，模板的各线条不能在工程图模式下修改，而只能回到图纸模板【格式】下才能修改模板。不过由于单一数据库，相应的工程图也会由于模板的修改而自动更改。

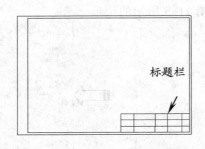

图 11-9　绘制的标题栏

11.2　Creo 工程图的配置文件

11.2.1　配置文件选项

表 11-1 列出了一些影响绘图外观的配置文件选项。有关 Creo 中可用配置文件选项的完整列表，请参见"PTC 帮助"。

表 11-1　影响绘图的配置文件选项

选项	值	说明
drawing_file_editor	editor protab	设置用来编辑绘图设置文件（.dtl）的编辑器
drawing_setup_file	filename.dtl	使系统指向包含绘图设置参数的文件。所有新绘图使用此文件作为默认设置文件
draw_models_read_only	no yes	使模型（零件或组件）在绘图中为只读
draw_points_in_model_units	no yes	如果设置为【yes】，程序定义当前绘图坐标为模型单位，而不用绘图单位
dwg_select_across_pick_box	no yes	从【选出多个】(PICK MANY) 菜单控制默认选项。如果设置为【yes】，则默认为穿过线框（Across Box）。如果设置为【no】，则默认为线框之内（Inside Box）
mapkey	按键	设置宏，以使用已确定的键序列执行一组命令
pro_dtl_setup_dir	目录　路径	指定程序要在其中储存绘图设置文件的目录。在没有设置的情况下，系统使用默认的设置目录
rename_drawings_with_object	none part assem both	控制程序是否自动复制与零件和组件相关的绘图
save_objects	changed_and_s pecified changed all	控制程序是否储存一个对象及其相关对象（比如在组件中使用的零件）

11.2.2 系统自动装载的文件

Creo 可从多个目录读取配置文件。但是，如果某一特定选项出现在多个配置文件中，那么它将使用最新值。当程序初始启动时，将从如下目录中，按所列出的顺序，读取配置文件。

装载点/文本目录中的 Config.sup（这是 Creo 的安装目录）：通常只有系统程序管理员能够改变此文件中的选项，因为它们一般是公司标准，不能用其它配置文件覆盖。使用此文件，可为所有用户锁定某些要求。

装载点/文本目录中的 Config.pro（这是 Creo 的安装目录）：系统程序管理员也可用此文件，将全局搜索路径设置为库目录。其它配置文件可覆盖此文件中的选项。

根目录中的 Config.pro：此文件在根目录中。如果程序在此文件中遇到与装载点文件 config.pro 相同的选项，那么程序将使用此选项，而覆盖其它文件中的选项。

当前目录中的 Config.pro：此文件位于 Creo 的启动目录中。如果程序在这个文件里遇到与装载点目录或根目录中的 config.pro 相同的选项，那么程序使用此选项，而覆盖其它选项。

如果未在这些配置文件中设置选项，那么系统将使用该选项的默认值。

11.2.3 编辑配置文件

Creo 是可以根据不同文件指定不同的配置文件以及工程图格式。配置文件指定了图纸中一些内容的通用特征，如：尺寸和注释的文本高度、文本方向、几何公差的标准、字体属性、制图标准和箭头的长度。

虽然程序规定了配置文件内容的默认选项，但用户仍然可以利用配置文件自己进行定义，并保存在硬盘中，备其他文件使用。配置文件默认的文件后缀为【*.dtl】。可以在 config.pro 文件中来指定 drawing 配置文件的路径以及名称。如果没有指定配置文件，系统会利用默认的配置文件。

如果购买了 Creo/DETAIL 模块，可以根据不同的使用标准【DIN、ISO、和 JIS】来指定简单的配置文件，文件的位置为：安装目录/text/下的 3 个文件【din.dtl】、【iso.dtl】和【jis.dtl】。

可以使用上面的文件来作为工程图的配置文件。中国用户可以使用 iso.dtl。

1. 确定进程所加载的默认配置文件的路径

首先启动 Creo，然后在基本环境模式中进行配置文件的编辑。

在基本环境模式的【主页】选项卡中单击【选择工作目录】 ，将【我的文档】文件夹设置为工作目录。在此工作目录中已经包含有 Creo 的 config.pr 文件，如图 11-10 所示。

工作目录设置后，在【文件】选项卡中选择【选项】命令，在随后弹出的【Creo Parametric 选项】对话框的左下角单击【导出配置】按钮，即可打开 config.pro 文件所在的路径（工

317

作目录），如图 11-11 所示。

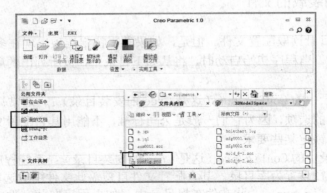

图 11-10　设置工作目录

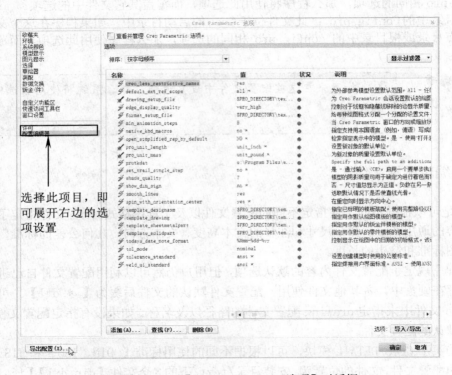

图 11-11　【Creo Parametric 选项】对话框

2.　创建一个定制的配置文件

在【排序】下拉列表中选取【按类别】选项。然后单击【查找】按钮，弹出【查找选项】对话框，在对话框中输入要查找的关键字 draw，并单击【立即查找】按钮，程序自动将搜索的选项收集在选项列表框中。

取 draw_models_read_only 选项，从【设置值】列表框中选择 yes 作为其值，然后再单击【添加/更改】按钮，完成配置选项的添加，如图 11-12 所示。

加配置文件选项后，可使用下列选项来应用和保存选项：

◆　单击【确定】按钮保存配置文件，将更改应用到进程并关闭窗口。

◆　单击【应用】按钮保存并应用文件更改。

◆　单击【关闭】按钮　关闭窗口，不保存文件，也不应用更改。

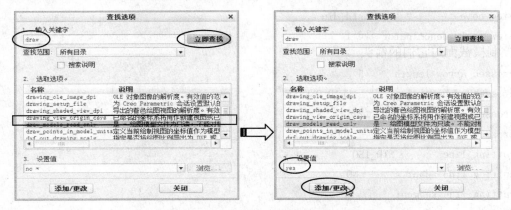

图 11-12　添加配置文件选项

重点

　　在工作目录中找到 config.pro 文件，并用记事本打开，注意最后一行，即为添加的配置文件选项。也可以在文本编辑器中编辑配置文件。<0>{0}<}100{>新选项会依次添加到配置文件中，如图 11-13 所示。

图 11-13　config.pro 文件中添加的选项

下面是比较符合国家标准的工程制图的配置文件。在此配置文件中，前面小写英文字母为配置文件的选项，后面数字或大写英文字母为各选项的值。

控制与其他选项无关的文本

drawing_text_height　　　　3.500000

text_thickness　　　　0

text_width_factor　　　　0.850000

控制视图与它们的注释

broken_view_offset　　　　5.000000

create_area_unfold_segmented　　　YES

def_view_text_height　　　　3.5

def_view_text_thickness　　　0.000000

detail_circle_line_style　　　PHANTOMFONT

detail_view_circle　　　　ON

half_view_line　　SYMMETRY

projection_type   FIRST_ANGLE

show_total_unfold_seam   YES

view_note   std_din

view_scale_denominator   1

控制横截面与它们的箭头

crossec_arrow_length   5

crossec_arrow_style   HEAD_ONLINE

crossec_arrow_width   2

crossec_text_place   ABOVE_TAIL

cutting_line   STD_ISO

cutting_line_adapt   NO

cutting_line_segment   6

draw_cosms_in_area_xsec   NO

remove_cosms_from_xsecs   TOTAL

控制在视图中显示的实体

datum_point_size   8.000000

datum_point_shape   CROSS

hlr_for_pipe_solid_cl   NO

hlr_for_threads   YES

location_radius   DEFAULT(2.)

mesh_surface_lines   OFF

thread_standard   STD_ISO

hidden_tangent_edges   DEFAULT

ref_des_display   NO

控制尺寸

allow_3d_dimensions   YES

angdim_text_orientation   HORIZONTAL

associative_dimensioning   YES

blank_zero_tolerance   YES

chamfer_45deg_leader_style   STD_ISO

clip_dimensions   YES

clip_dim_arrow_style   NONE

default_dim_elbows   YES

dim_leader_length   5.000000

dim_text_gap   1.300000

draft_scale   1.000000

draw_ang_units   ANG_DEG

draw_ang_unit_trail_zeros   YES

dual_digits_diff   1

dual_dimension_brackets	YES
dual_dimensioning	NO
dual_secondary_units	INCH
iso_ordinate_delta	YES
lead_trail_zeros	STD_METRIC
ord_dim_standard	STD_ISO
orddim_text_orientation	PARALLEL
parallel_dim_placement	ABOVE
shrinkage_value_display	PERCENT_SHRINK
text_orientation	PARALLEL_DIAM_HORIZ
tol_display no tol_text_height_factor	0.600000
tol_text_width_factor	0.600000
witness_line_delta	1.500000
witness_line_offset	1.000000

控制控制文本和线型

| default_font | font |

控制方向指引和控制轴

draw_arrow_length	3.500000
draw_arrow_style	FILLED
dim_dot_box_style	DEFAULT
draw_arrow_width	1.500000
draw_attach_sym_height	DEFAULT
draw_attach_sym_width	DEFAULT
draw_dot_diameter	1.000000
leader_elbow_length	6.000000
axis_interior_clipping	NO
axis_line_offset	5.000000
circle_axis_offset	4.000000
radial_pattern_axis_circle	YES

控制几何公差信息

gtol_datums	STD_ISO_JIS
gtol_dim_placement	ON_BOTTOM
new_iso_set_datums	YES
asme_dtm_on_dia_dim_gtol	ON_GTOL

控制表、重复区域、材料清单球标

dash_supp_dims_in_region	YES
def_bom_balloon_leader_sym	Filled_dot
model_digits_in_region	NO
show_cbl_term_in_region	YES

控制层

draw_layer_overrides_model	NO
ignore_model_layer_status	YES

控制模型网格

model_grid_balloon_size	4.000000
model_grid_neg_prefix	【-】（前缀）
model_grid_num_dig_display	0
model_grid_offset	DEFAULT

控制理论管道折弯交截

show_pipe_theor_cl_pts	BEND_CL
pipe_pt_shape CROSS pipe_pt_size	DEFAULT

控制尺寸公差

decimal_marker	COMMA_FOR_METRIC_DUAL
drawing_units	MM
line_style_standard	STD_ANSI
max_balloon_radius	0.000000
min_balloon_radius	0.000000
node_radius	DEFAULT
sym_flip_rotated_text	NO
weld_symbol_standard	STD_ISO y
es_no_parameter_display	TRUE_FALSE
default_pipe_bend_note	NO

重点

上述选项最好是在绘图模式中，右键单击模板的空白处，选择右键菜单中的【属性】命令，再在弹出的【文件属性】菜单管理器中单击【绘图选项】命令，即可弹出配置文件中绘图选项。

11.3　视图操作

11.3.1　创建三视图

三视图包括主视图、侧视图和俯视图。侧视图和俯视图是主视图的投影视图。根据零件的结构，还会有其他类型的视图。

1.　主视图

单击【模型视图】面板中的【常规】按钮 ，弹出【打开】对话框。通过此对话框打开要创建工程图的零件模型，如图 11-14 所示。

在绘图区图纸框内单击鼠标，以确定基本视图的放置位置，如图 11-15 所示。此视图就是模型的主视图。且同时会弹出【绘图视图】对话框。

在如图 11-16 所示的【绘图视图】对话框在【类型】列表中单击【视图类型】，在【模型视图名】列表框中选择 TOP，单击【应用】按钮即可创建主视图。

图 11-14　通过【打开】对话框打开零件

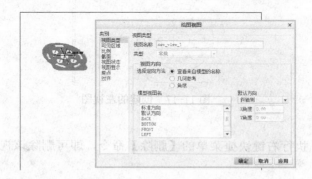

图 11-15　放置主视图

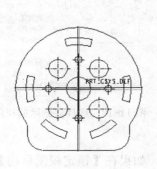

图 11-16　修改主视图

重点

在【视图方向】选项组中可以选择不同的定向方法，其中包括下面几个选项：

【查看来自模型的名称】：在【模型视图名】列表框中列出了在模型中保存的各个定向视图名称；在【默认方向】下拉列表框中可以选择设置方向的方式。

【几何参照】：使用来自绘图中预览模型的几何参照进行定向。系统

2. 投影视图

单击【模型视图】面板中的【投影】按钮 ，然后单击主视图，或者在选择视图后单击鼠标右键，在快捷菜单中选择【插入投影视图】选项，随后在主视图的右侧单击鼠标左键，以确定投影视图的位置，创建的左视图如图11-17所示。

单击【模型显示】工具栏中的【隐藏线】按钮，视图中的不可见边线以虚线显示。

再选择主视图，单击【投影】按钮，或者在选择视图后单击鼠标右键，在快捷菜单中选择【插入投影视图】选项，然后在主视图的下方单击鼠标左键以确定俯视图的位置，创建的俯视图如图11-18所示。

图 11-17　创建的左视图

3. 删除视图

选择一个视图，执行右键快捷菜单的【删除】命令，即可删除该视图，如图11-19所示

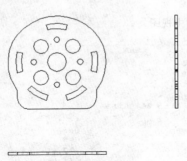

图 11-18　创建的俯视图

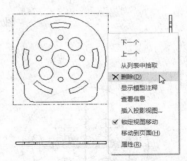

图 11-19　选择要删除的视图

4. 改变视图位置

选择主视图，然后单击鼠标右键，弹出快捷菜单，如果在【锁定视图移动】命令前没有√号，则在绘图区任意位置单击鼠标左键，关闭快捷菜单。否则要选择该命令，以使该命令前√的消失，此时可进行移动视图操作，如图11-20所示。

图 11-20　调整视图

11.3.2 创建剖视图

双击主视图或者在选择主视图后单击鼠标右键，在快捷菜单中选择【属性】选项，打开【绘图视图】对话框。在对话框左边"类别"列表中选择【截面】，然后在右边的【截面选项】选项组中选中【2D横截面】单选按钮，再单击【将横截面添加到视图】按钮 ＋，弹出如图11-21所示的【横截面创建】菜单管理器。

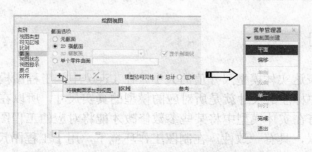

图 11-21 【横截面创建】菜单管理器

按照默认选择【平面】|【单一】|【完成】选项命令，弹出提示栏，要求输入剖面名，输入A，如图11-22所示。单击【接受值】按钮，打开如图11-23所示的【设置平面】菜单管理器。

图 11-22 输入剖面名称　　　　　　　图 11-23 设置【设置平面】菜单管理器

在绘图区的俯视图中单击基准面FRONT，或者在模型中选择基准面。然后在【剖切区域】列表框中选择【完全】选项，如图11-24所示，单击对话框中的【确定】按钮，关闭对话框。创建的剖面如图11-25所示。

图 11-24 选择完全剖切

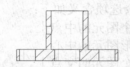

图 11-25 创建的剖视图

325

11.4 尺寸标注

视图建立完成后需要进行尺寸标注、添加注释、插入符号等操作，尺寸标注用于表示对象的尺寸大小。下面讲解尺寸标注，形位公差，文字注解的创建方法。

11.4.1 标注尺寸

尺寸标注用于表达实体模型尺寸值的大小。在 Creo 中，工程图模块和零件模块是相关联的，在工程图中标注的尺寸就是所对应的模型的真实尺寸，所以在工程图环境中无法任意修改尺寸，只有在实体模型中将某些参数修改才能将对应的工程图的尺寸更新，它们相互对应，相互关联，具有一致性。在制图工作环境下，用于工程图尺寸标注的【注释】选项卡如图 11-26、图 11-27 所示。

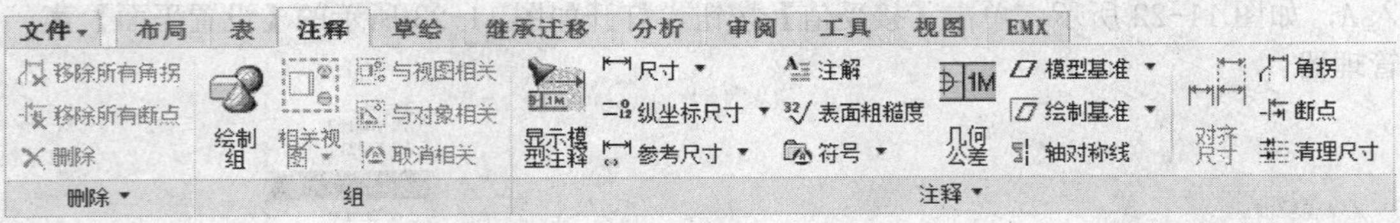

图 11-26 【注释】选项卡（一）

图 11-27 【注释】选项卡（二）

1. 标注线性尺寸

在【注释】面板中单击【尺寸】按钮，打开【依附类型】菜单管理器，如图 11-28 所示。选择【图元上】选项，然后选择如图 11-29 所示的两个图元，在适当位置单击鼠标中键。效果如图 11-30 所示。

【依附类型】菜单管理器中其余选项含义如下：
- ◆ 中点：将导引线连接到某个图元的中点上。
- ◆ 中心：将导引线连接到圆形图元的中心。
- ◆ 交点：将导引线连接到两个图元的交点上。
- ◆ 做线：制作一条用于导引线连接的线。

图 11-28 选择【图元上】选项

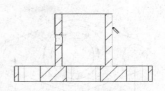

图 11-29 选择图元

用同样的方法创建其他线性尺寸, 如图 11-31 所示。

2. 标注圆心到直线的距离

在【依附类型】菜单管理器, 选择【在图元上】选项, 然后在绘图区选择如图 11-32 所示的圆弧和直线, 在合适位置单击鼠标中键。弹出如图 11-33 所示的【弧/点类型】菜单管理器。选择【中心】选项, 创建的尺寸值如图 11-34 所示。

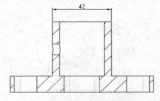

图 11-30 创建线到线的尺寸

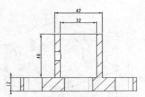

图 11-31 标注线性尺寸

图 11-32 选择圆弧和直线

图 11-33 【弧/点类型】菜单管理器

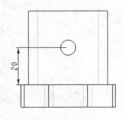

图 11-34 创建的尺寸值

3. 标注圆心到圆心的距离

选择【依附类型】为【中心】, 然后选择如图 11-35 所示的两个圆心点, 在适当位置单击鼠标中键, 在弹出的如图 11-36 所示的【尺寸方向】菜单管理器中选择【水平】。效果如图 11-37 所示。

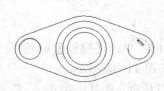

图 11-35 选择圆心

图 11-36 选择【平行】选项

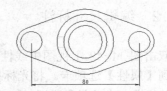

图 11-37 创建圆心到圆心的尺寸

4. 创建直径和半径尺寸

在工具栏单击【尺寸】按钮，打开菜单管理器，选择【依附类型】为【图元上】，选择如图 11-38 所示的图元，在适当位置单击鼠标中键，标注半径的效果如图 11-39 所示。

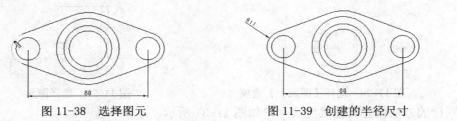

图 11-38　选择图元　　　　　　　　　　　　图 11-39　创建的半径尺寸

在工具栏单击【尺寸】按钮，打开菜单管理器，选择【依附类型】为【图元上】，双击如图 11-40 所示的圆弧，在适当位置单击鼠标中键。标注直径的效果如图 11-41 所示。

用与相同的方法标注其他直径和半径尺寸，效果如图 11-42 所示。

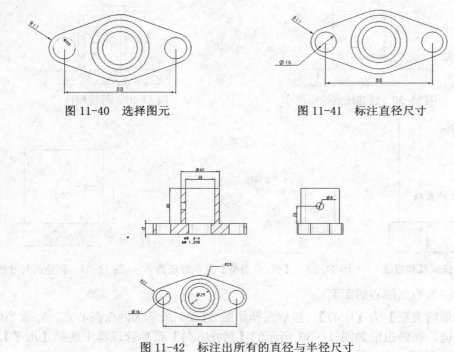

图 11-40　选择图元　　　　　　　　　　　　图 11-41　标注直径尺寸

图 11-42　标注出所有的直径与半径尺寸

11.4.2　编辑尺寸标注

双击图 11-42 主视图中线性尺寸 42，打开【尺寸属性】对话框，单击【属性】标签，切换到【属性】选项卡。将光标插入到文本框中"@D"的前面，如图 11-43 所示。

单击【文本符号】按钮，打开如图 11-44 所示的【文本符号】对话框，在其中单击 ⌀ 按钮，单击【尺寸属性】对话框中的【确定】按钮，线性尺寸即更改为直径尺寸，如图 11-45 所示。

328

图 11-43　在 "@D" 的前面光标插入

【尺寸属性】对话框主要用于设置尺寸公差、尺寸格式及精度、尺寸类型、尺寸界线的显示。

◆　【显示】选项卡主要用于设置要显示的尺寸文本内容，可根据需要插入文本符号。
◆　【文本样式】选项卡主要用于设置尺寸文本的字体、字高等格式。

图 11-44　【文本符号】对话框

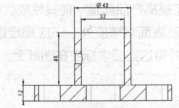

图 11-45　线性尺寸更改为直径尺寸

双击俯视图中线性为 ϕ16 的标注，打开【尺寸属性】对话框。切换到【显示】选项卡，在【显示】选项组中的在【前缀】文本框中输入 "2x"，如图 11-46 所示，单击【确定】按钮，效果如图 11-47 所示。

图 11-46　在【前缀】文本框中输入 "2x"

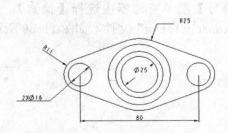

图 11-47　在直径尺寸前加入前缀

按照同样的尺寸编辑方法修改其他尺寸如图 11-48 所示。

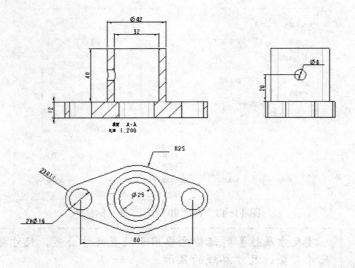

图 11-48 修改其他尺寸

11.5 几何公差和表面粗糙度

为了提高产品质量，使其性能优良和有较长的使用寿命，除应给定零件恰当的尺寸公差及表面粗糙度外，还应规定适当的几何精度，以限制零件要素的形状和位置公差，并将这些要求标注在图纸上。

11.5.1 表面粗糙度

零件的表面粗糙度是指加工面上具有的较小间距和峰谷所组成的微观几何形状特性。一般由所采用的加工方法和其他因素形成。

在【注释】选项卡【注释】面板中单击【表面粗糙度】按钮 32✓，在如图 11-49 所示的【得到符号】菜单管理器中选择【检索】。在【打开】文本框中找到 machined 文件夹中的 "atandard1.sym" 文件，如图 11-50 所示。单击【打开】按钮。

图 11-49 选择【检索】选项

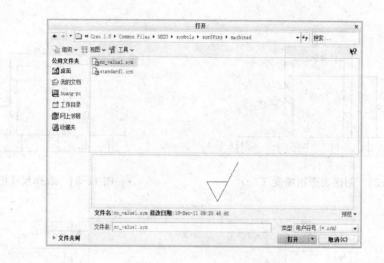

图 11-50　选择文件

选择要插入的表面粗糙度的符号后，单击【打开】按钮会弹出【实例依附】菜单管理器，选择【图元】选项，系统提示"选取一个边，一个图元，一个尺寸，一曲线或一顶点"，选择如图 11-51 所示的边。在如图所示的提示栏中输入"roughness_height"的值为 6.3，如图 11-52 所示，单击【接受值】按钮，效果如图 11-53 所示。

在【实例依附】菜单管理器中选择【法向】选项，系统提示"选取一个边，一个图元，一个尺寸，一曲线，曲面上的一点或一顶点"，选择如图 11-53 所示的尺寸。

此时系统提示"在尺寸界线上选取位置"，在尺寸线上的某一位置单击，如图 11-54 所示。系统弹出【方向】菜单管理器，若在尺寸线上的竖直箭头向上，如图 11-55 所示，单击【确定】按钮，系统弹出提示"选取与加工相关的几何"，在绘图区选择如图 11-56 所示的一条边。

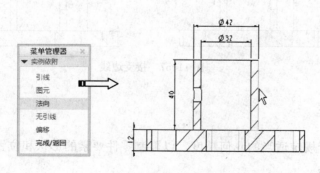

图 11-51　选择边

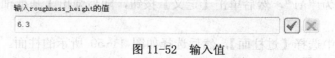

图 11-52　输入值

331

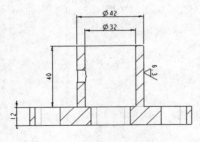

图 11-53 创建表面粗糙度（一）

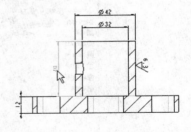

图 11-54 选择尺寸值

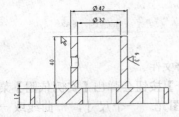

图 11-55 单击尺寸线的某一位置

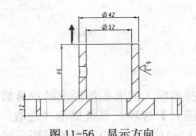

图 11-56 显示方向

在提示栏中输入"roughness_height"的值为 12.5，单击【接受值】按钮![btn]，效果如图 11-57 所示。

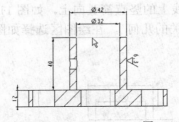

图 11-57 接受边线

11.5.2 几何公差

几何公差是用于规定适当的几何精度，以限制零件要素的形状和位置公差。

1. 建立基准轴

在【注释】选项卡【注释】面板中单击【模型基准轴】按钮命令![模型基准轴]，打开【轴】对话框。输入名称为"A1"，然后单击【定义】按钮，随后弹出【基准轴】菜单管理器，如图 11-58 所示。

在菜单管理器中选择【过柱面】，然后选择如图 11-59 所示的柱面。在【轴】对话框单击【设置】按钮 ![A设置] ，单击【确定】按钮，效果如图 11-60 所示。

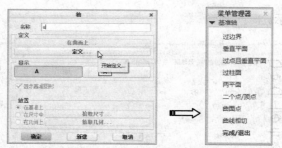

图 11-58 输入名称定义轴

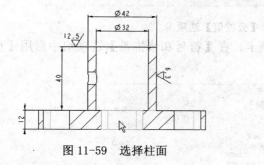

图 11-59 选择柱面

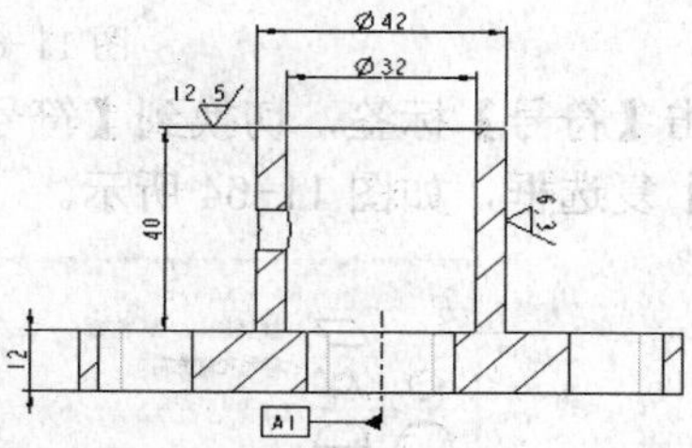

图 11-60 创建几何公差（一）

2. 创建几何公差

在【注释】选项卡【注释】面板中单击【几何公差】按钮，打开【几何公差】对话框，如图 11-61 所示。单击【同轴度】按钮 ◎，在【模型参考】选项卡中的【参照：选定】选项组中的【类型】下拉列表框中选择【轴】，单击【选取图元】按钮，选择基准 A1 所指的轴。

图 11-61 【几何公差】对话框

在【几何公差】选项卡中的【基准参考】选项组中的【首要】面板的【基本】下拉列表框中选择 A1，如图 11-62 所示。

图 11-62 选择 A1 参照

在【几何公差】选项卡中的【公差值】选项组中输入总公差为 0.02，其他的按照默认设置，如图 11-63 所示。

图 11-63　设置【公差值】选项卡

单击【符号】标签，切换到【符号】选项卡，在【符号和修饰符】选项组中启用【直径符号】复选框，如图 11-64 所示。

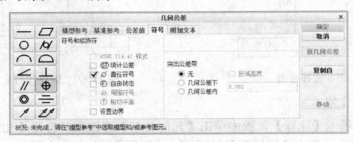

图 11-64　启用【直径符号】复选框

切换到【模型参考】选项卡，在【放置：将被放置】选项组的【类型】下拉列表框（如图 11-65 所示）中选择【带引线】选项，弹出如图 11-66 所示的【依附类型】菜单管理器。

选择【图元上】|【箭头】选项，系统提示"选择多边，尺寸界线，坐标系，轴心点，多个轴线，曲线或顶点"，单击以选取如图 11-67 的 A1 轴线，然后选择菜单管理器中的【完成】选项。

此时命令提示栏提示"选择放置位置"，在合适位置单击鼠标左键，选择放置点，如图 11-68 所示。

单击【几何公差】对话框中的【移动】按钮，对公差进行移动操作，使引线拐角为直角，单击【确定】按钮。效果如图 11-69 所示。

图 11-65　【类型】下拉列表框　　　　图 11-66　【依附类型】菜单管理器

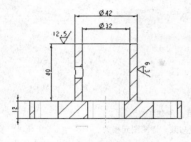

图 11-67　选择轴线 A1

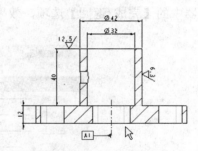

图 11-68　单击以选择放置点

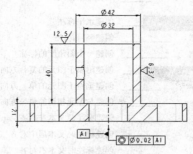

图 11-69　创建几何公差（二）

11.6　文字注解

文字注解是用于标注零件细微处或需要做出特殊说明的文字说明。下面对文字注解功能作简要说明。

11.6.1　创建文字注解

单击【注释】选项卡【注释】面板中的【注解】按钮 ^A，打开如图 11-70 所示的【注解类型】菜单管理器。

重点

每一次注解文字的输入，就代表一行文字。输入文字单击【接受值】按钮，可以继续第 2 行文字的输入。如果要结束文字的输入，无需输入文字而直接单击【接受值】按钮即可。

在【注解类型】菜单管理器选择【进行注解】选项，打开【选择点】对话框，选择其中的【在绘图上选择一个自由点】选项，如图 11-71 所示。

在绘图区合适的位置单击鼠标左键，以放置注解，打开【文本符号】对话框和"输入注解"文本框。输入"技术要求"，单击【接受值】按钮☑，接着输入"调质处理 235HBW"，单击【接受值】按钮☑，不输入任何文字，再次单击【接受值】按钮☑，选择【注解类型】菜单管理器中的【完成/返回】选项,效果如图 11-72 所示。

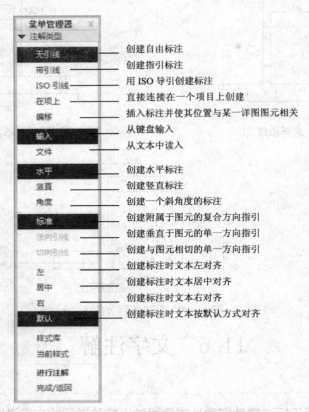

图 11-70　【注解类型】菜单管理器

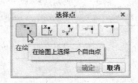

图 11-71　选择菜单管理器中的【选择点】选项

图 11-72　创建注解

双击注解或者在选择该注解后单击鼠标右键,在快捷菜单中选择【文本样式】选项,打开如图 11-73 所示的【文本样式】对话框。

在【字符】选项组取消【默认】复选框的勾选。然后在【字体】列表框中选择 MSungS-Light-U，取消启用【高度】数值框后的【默认】复选框，输入数值 8，单击【确定】按钮，编辑后的注解如图 11-74 所示。

技术要求
调质处理235HB

图 11-73　【文本样式】对话框　　　　　图 11-74　编辑后的注解

11.6.2　创建上标和下标

单击【注解】按钮，打开【注解类型】菜单管理器，按照与前面相同的方法设置该菜单管理器，在【获得点】菜单管理器中选择【选出点】选项，在尺寸值 $\varnothing42$ 附近单击鼠标左键以确定注解的位置，在提示栏中输入@++0.03@#@--0.01@#，如图 11-75 所示。

单击【接受值】按钮，创建的上下标如图 11-76 所示。

$$\varnothing\,42 \begin{array}{l} +0.03 \\ -0.01 \end{array}$$

图 11-75　在提示栏中输入注解　　　　　图 11-76　创建的上下标

提示：输入上标和下标文本
◆　要输入上标文本，可以在文本标注处输入 "@+上标文本@#"。
◆　要输入下标文本，可以在文本标注处输入 "@-下标文本@#"。

11.7　动手操练

在实际工程设计中，机械产品设计完成后需出图，所出的工程图中将主要包括零件和装配图等。接下来以装配零件的定、动模仁为例，如图 11-77 所示，建立零件工程图。

图 11-77　定模仁和动模仁

11.7.1　创建定模仁零件图

在机械工程图中，三视图是最重要的视图，它反映了零件的大部分信息。在三视图中，主视图可以使用 Creo 的一般视图来建立，俯视图和左视图可以使用投影视图来建立。

操作步骤

1. 设置工作目录

启动 Creo，然后将工作目录设置在原始模型文件夹中。然后从光盘中打开本练习模型文件 cavity.prt。

2. 创建工程图参照基准平面

01 在【模型】选项卡的【基准】面板中选择【默认坐标系】命令，创建一个基于模型中心的参考坐标系，如图 11-78 所示。

02 单击【平面】按钮 ▱，弹出【基准平面】对话框，在绘图区中选取零件坐标系作为参照，程序默认创建一个 X 方向上的参照平面，再单击【确定】按钮完成新基准平面的创建，如图 11-79 所示。

03 同理，再创建一个选择两条棱边作为参考的基准平面 2，如图 11-80 所示。

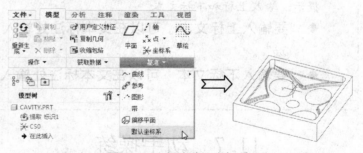

图 11-78　创建默认坐标系

重点

从工作目录中打开的定模仁模型可看见，没有参照基准平面，这在创建工程图的剖面图时极不方便。因此，视模型的形状而定，需要创建多少个剖面才能正确地表达零件，那么就要创建多少个基准平面。本例的定、动模仁结构较简单，只需两个剖面就能完全表达模型结构。

新基准平面 1

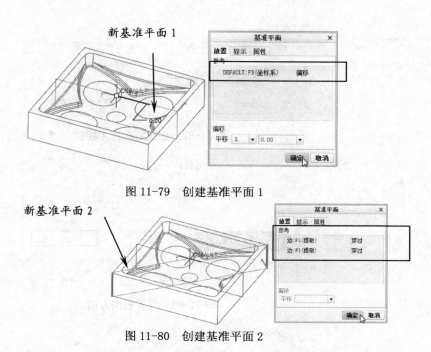

图 11-79　创建基准平面 1

新基准平面 2

图 11-80　创建基准平面 2

3. 新建制图文件

01 在快速访问工具栏上单击【新建】按钮 ，程序弹出【新建】对话框。然后按如图 11-81 所示的设置来创建制图文件。

02 在制图模式界面中单击右键，在弹出的快捷菜单中单击【插入普通视图】命令，弹出【选择组合状态】对话框，保留默认设置单击【确定】按钮关闭对话框，如图 11-82 所示。

03 在界面内（不超过图框）选取一点作为视图的中心点，此时程序自动弹出【绘图视图】对话框。在对话框的【默认方向】下拉列表中选择【用户定义】选项，在制图界面中插入的默认视图自动转变为主视图，如图 11-83 所示。

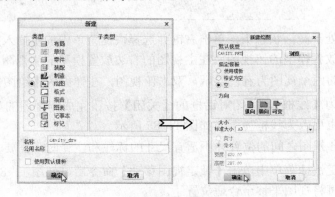

图 11-81　新建制图文件

04 在【类别】列表中选择【视图显示】类型，在弹出的【视图显示选项】选项卡的【显示线形】下拉列表中选择【线框】，制图界面中视图由着色显示转变为线框显示，再单击对话框的【关闭】按钮完成视图插入操作，如图 11-84 所示。

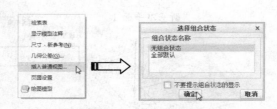

图 11-82　创建定模仁主视图

图 11-83　设置视图方向

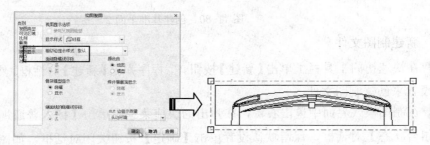

图 11-84　更改视图的显示类型

 **重点**

> 　　创建主视图后，主视图中出现红色的虚线边框，意味着视图处于激活状态，可再次进行视图编辑操作。

　　在主视图处于激活状态下，单击右键并选择快捷菜单中的【插入投影视图】命令，接着在主视图的下方放置模型的俯视图，在主视图的右边放置模型的侧视图。

　　05 插入的两个视图为着色显示，双击俯视图，在弹出的【绘图视图】对话框中将视图的显示类型设置为【线框】，关闭对话框的【关闭】按钮完成俯视图的显示更改。同理，将侧视图的着色显示也更改为线框显示，如图 11-85 所示。

　　06 有时各视图之间的位置并不适宜尺寸的标注和注释时，需要重新布置视图的位置。在制图界面的右键快捷菜单中单击【锁定视图移动】命令后，如图 11-86 所示。激活三视图中的其中之一，就可将视图平移至合适位置了。

　　4.　建立剖面视图

　　一幅完整的三维模型工程图中应包括模型的剖面视图，这是为了能清楚地表达模型的内部结构特征。

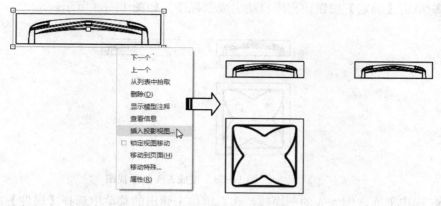

图 11-85　插入投影视图

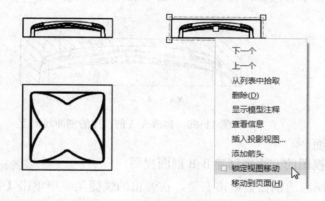

图 11-86　取消视图移动的锁定

创建 A-A 剖面

01 在前导工具栏中将模型基准平面显示。双击右侧的投影视图，程序弹出【绘图视图】对话框。

02 在对话框【类别】列表中选择【截面】类型。在【剖面选项】选项卡中单选【2D 截面】选项，再单击【将横截面添加到视图】按钮 ⊞，选择 A 作为视图名称，如图 11-87 所示。

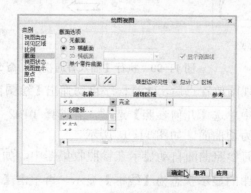

图 11-87　创建剖面视图所设置的选项

03 单击【确定】按钮，程序自动生成剖视图，如图 11-88 所示。

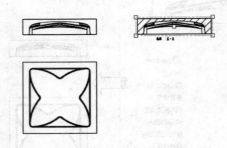

图 11-88　生成 A-A 剖面视图

04 选中剖面视图 A-A 的剖面线，在右键单击弹出的菜单中选择【属性】命令，程序弹出【修改剖面线】菜单管理器，在菜单管理器中选择【间距】|【一半】命令，剖切线修改结果如图 11-89 所示。

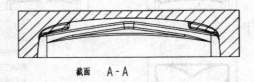

图 11-89　修改 A-A 剖视图的剖面线密度

创建 B-B 剖面

按照创建主视图的方法来创建 B-B 剖面视图。

01 在俯视图右边空白处单击右键，在弹出的快捷菜单中单击【插入普通视图】命令，弹出【选择组合状态】对话框，然后单击【确定】按钮，如图 11-90 所示。

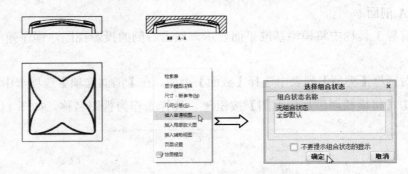

图 11-90　执行【插入普通视图】命令

02 在图框中选择视图放置点后，此时程序自动弹出【绘图视图】对话框。在【视图类型】的【视图方向】选项卡中单选【几何参照】选项，并选择 DTM2 基准平面作为前面曲面，选择俯视图中的一个平面作为顶曲面，如图 11-91 所示。

03 选择的两个几何参照曲面自动显示在参照收集器中，如图 11-92 所示。

在对话框中设置视图的显示状态为【线框】显示。再单击【应用】按钮完成视图插入，如图 11-93 所示。

前曲面

顶曲面

图 11-91　选择几何参照

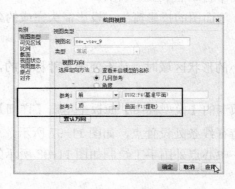

图 11-92　【绘图视图】对话框

04 在【绘图视图】对话框没有关闭的情况下选择【截面】类型，在【截面选项】选项卡中单选【2D 截面】选项，再单击【将横截面添加到视图】按钮 <kbd>+</kbd>，然后选择 B 视图，如图 11-94 所示。

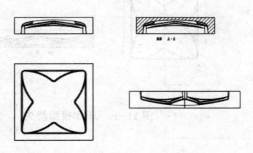

图 11-93　生成的视图

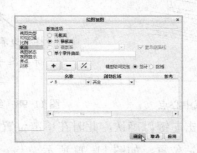

图 11-94　创建剖面视图所选择的命令

05 单击【绘图视图】对话框的【确定】按钮，B-B 剖面图创建完成，如图 11-95 所示。

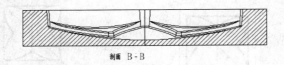

图 11-95　创建的 B-B 剖视图

06 选中 B-B 剖面图，在右键菜单中单击【添加箭头】命令，选择俯视图作为投影箭头的放置视图，程序在俯视图中自动生成投影箭头。

07 同理，添加 A-A 剖面图的投影箭头，投影箭头完成的效果如图 11-96 所示。

5. 建立详细视图

当零件视图中有过小的形状区域时，是不便于尺寸标注的，这需要作局部放大图即详细视图，以便清晰地观察。

01 在【布局】选项卡的【模型视图】面板中单击【详细】按钮🔗，然后按信息提示在主视图的边角区域有过小特征线条处设置点，如图 11-97 所示。

02 新点放置后，在中心点外围手工绘制如图 11-98 所示的封闭区域轮廓，并以中键结束草绘操作。

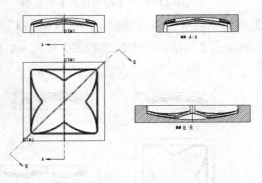

图 11-96　添加投影箭头

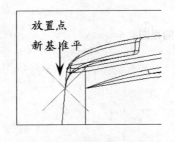

图 11-97　放置查看区域中心点

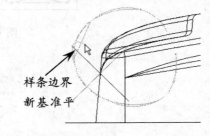

图 11-98　绘制查看区域样条边界

03 轮廓绘制完成后单击左键以确认，此时在单击位置处生成一个绘制轮廓放大的视图，并拖动此详细视图至模板合适位置，如图 11-99 所示。

04 双击详细视图，在弹出的【绘图视图】对话框中单击【比例】类型，输入定制比例值为 1，再单击【确定】按钮完成详细视图的比例调整，如图 11-100 所示。

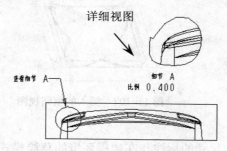

图 11-99　创建的详细视图与父项视图

05 同理，在 A-A 剖面视图中也创建一个详细视图，最终完成的详细视图布局如图 11-101
所示。

6. 插入自定义的空间视图

01 在图纸模板空白处单击右键，在弹出的快捷菜单中选择【插入普通视图】命令，选择
视图放置点后，此时程序自动弹出【绘图视图】对话框。

02 在【视图方向】选项卡的【默认方向】列表框中选择【用户定义】选项，并在下面的
X 角度框中输入值 230，在 Y 角度框中输入值-20，选择【视图显示】类型后，将视图的显示状
态设置为【线框】显示。再单击【确定】按钮完成空间视图的插入，如图 11-102 所示。

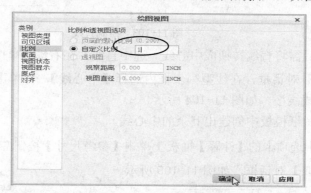

图 11-100　调整视图比例

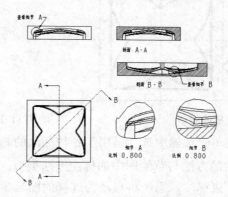

图 11-101　创建完成的视图布局

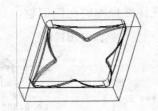

图 11-102　插入的空间视图

7.　尺寸的标注

在 Creo 绘图模式中，尺寸的标注与在建模环境的草绘模式中的标注是一样的。为了便于尺寸的标注，需要在视图中创建中心轴。

01 在【草绘】选项卡的【草绘】面板中单击【线】按钮＼，程序弹出【捕捉参照】对话框，单击对话框的【选取参照】按钮，并在俯视图中选择模型的 4 条边界作为参照，接着关闭该对话框。捕捉参照边界的中点作为直线起点与终点，并单击中键完成绘制，如图 11-103 所示。

图 11-103　绘制直线

02 直线绘制后需将直线转换成中心线。选中直线并在右键菜单中单击【线造型】命令，弹出【修改线造型】对话框，在线型列表框内选择【中心线】，再单击【应用】按钮，直线线型自动转变为中心线线型，如图 11-104 所示。

03 同理，在图纸模板中创建出其余的中心线。

04 在【注释】选项卡的【注释】面板上单击【参考尺寸】按钮，程序弹出【依附类型】菜单管理器和【选取】对话框，如图 11-105 所示。

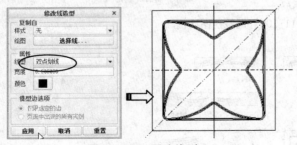

图 11-104　更改线型

图 11-105　【依附类型】菜单管理器

05 在【依附类型】菜单管理器中选择适用于各种标注的相关命令，然后在绘图区中选择相应的图素标注尺寸，标注的方法与草绘图中的标注方法类似。

06 单击鼠标中键，结束标注，系统将自动为选择的图素添加标注，如图 11-106 所示。

重点

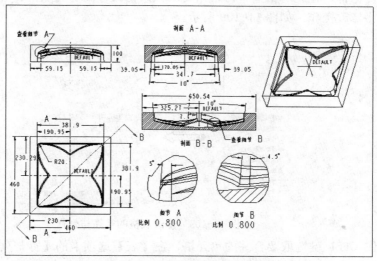

图 11-106　标注的模型尺寸

8. 制作表格

表格或标题栏是用来对图纸编号、零件的工艺与质量等一系列的参数作统计说明。

01 在【表】选项卡的【表】面板中选择【表】|【插入表】命令，弹出【插入表】对话框。然后在对话框中设置如图 11-107 所示的选项。

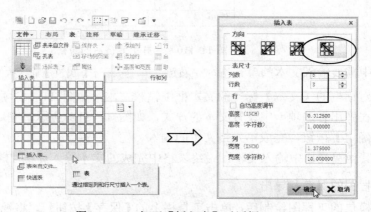

图 11-107　打开【插入表】对话框

02 单击【插入表】对话框的【确定】按钮后，再在矩形绘图框右下角绘制一个标准的标题栏，用户根据需要加入标题栏详细内容，完成后的表格，如图 11-108 所示。

图 11-108　生成的表格

03 框选选中所有的表格，在右键弹出的菜单中单击【高度和宽度】命令，程序弹出【高度和宽度】对话框，在此对话框中可根据要求任意修改行高与列宽，完成修改后单击【确定】按钮结束表格修改操作，如图 11-109 所示。

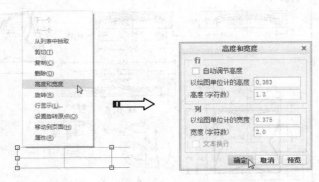

图 11-109　修改表格的行高与列宽

04 按住 Ctrl 键选取要合并的单元格，在【表】选项卡的【行与列】面板中单击【合并单元格】按钮，完成合并。相反，若要拆分单元格，再选择【取消合并单元格】命令即可。表格中合并完成的单元格如图 11-110 所示。

图 11-110　合并单元格后的表格

05 选中需要输入文本的单元格，在右键菜单中单击【属性】命令，程序弹出【注释属性】对话框。在对话框的【文本】标签的文本框中输入文本，如图 11-111 所示。再单击【文本样式】标签，在弹出各选项卡中设置文本的样式，如图 11-112 所示，完成文本样式设置后单击对话框的【确定】按钮，完成单元格文本的输入。

06 在其他单元格中输入文本，最终表格中完成的文本输入如图 11-113 所示。

9. 工程图的保存及导出

完成定模仁的工程图绘制后，单击工具栏上的【保存】按钮，将视图保存到工作目录中。

工程图的导出格式有多种，通常将其导出格式设 dwg 或 dxf 格式，这两中格式为 AutoCAD 的通用格式。

图 11-111　输入文本

图 11-112　设置文本样式

设计		标准化	
校对		审定	
审核		模具工艺	
工艺		日期	

图 11-113　完成文本输入的表格

在【文件】选项卡选择【另存为】|【保存副本】命令，在弹出的【保存副本】对话框中的【类型】列表中选择 DWG（*.dwg）作为导出格式，单击【确定】按钮，程序再弹出【DWG 的输出环境】对话框，在此对话框可根据需要来设置输出文件的参数。设置完成后，单击【确定】按钮，完成工程图的导出，如图 11-114 所示。

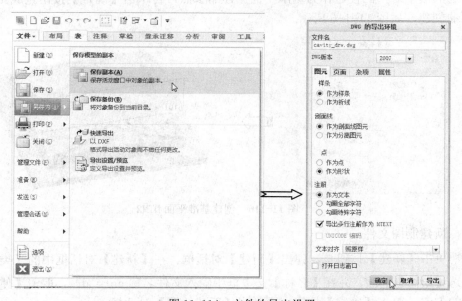

图 11-114　文件的导出设置

11.7.2　创建动模仁零件图

动模仁的零件图的绘制与定模仁是完全一样的，接下来简单地介绍一下动模仁零件图的建立过程。

1.　打开参照模型

在零件设计环境界面中打开工作目录中动模仁零件文件。

2.　创建工程图参照基准平面

从工作目录中打开的动模仁模型可看见，也没有参照基准平面，这需要创建基准平面以此作为剖面视图的参考面。

01 单击工具条中的【基准平面工具】按钮 ⌀，程序弹出【基准平面】对话框，在动模仁上选择一个侧面作为参照，并输入偏移距离为-230，再单击【确定】按钮完成 DTM1 基准平面的创建，如图 11-115 所示。

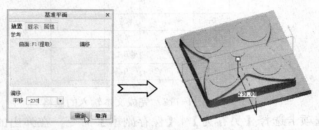

图 11-115　创建基准平面 DTM1

02 再单击工具条中的【基准平面工具】按钮 ⌀，程序弹出【基准平面】对话框，在模型上选取两个对角的棱边作为基准平面创建的参照，再单击【确定】按钮完成 DTM2 基准平面的创建，如图 11-116 所示。

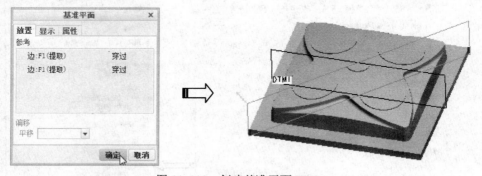

图 11-116　创建基准平面 DTM2

3.　新建制图文件

01 单击【新建】按钮 ▢，弹出【新建】对话框。在【新建】对话框中的【类型】区域内单选【绘图】选项，并在【名称】文本框中输入文件名称 core_drw，取消【使用默认模板】的勾选，单击【确定】按钮，再弹出【新建绘图】对话框。

02 在【新建绘图】对话框的【指定模板】选项卡中单选【使用模板】选项，在【方

350

向】选项卡中单击【横向】按钮，设置图纸为水平放置，单击【大小】选项卡中的【标准大小】下拉按钮 ✓，在弹出的下拉列表中选择【a3_drwing】选项，最后单击【确定】按钮进入图纸模板设计模式，如图 11-117 所示。

4. 视图的创建及尺寸标注

与定模仁工程视图的创建方法一样，创建出动模仁的工程视图，并标注出动模仁零件尺寸，动模仁工程图的创建过程就不过多叙述了，读者可参考定模仁工程视图的创建过程来自行完成。

最终，创建完成的动模仁工程图如图 11-118 所示。

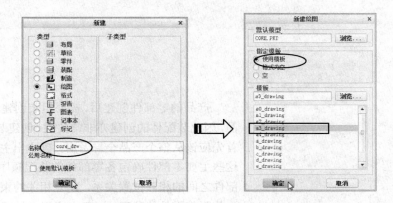

图 11-117　新建制图文件

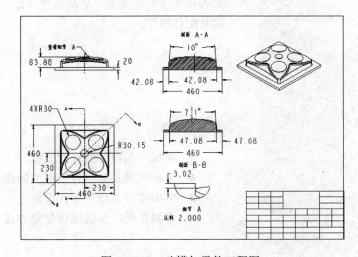

图 11-118　动模仁零件工程图

Chapter

第 12 章　实战演练——电风扇

产品的零部件创建后，需要组装创建装配体以形成产品，因此装配体的创建亦非常关键。创建装配体的过程中，首先应该从整个产品全局考虑，确定出主要零部件，根据这些主要零部件确定各零部件的装配顺序，然后根据各零部件之间的相互位置关系，建立相关约束关系，最后完成一些附带零件的装配。对于考虑运动情况的零件，需要建立各种连接装配关系，从基础件开始，逐步创建最终产品的装配体模型。

学习目标：

- 掌握产品设计的一般流程
- 掌握常用基础零件模型的创建
- 掌握常用曲面类零件设计
- 掌握常用产品装配体创建方式

12.1　设计要求与方案

家用电风扇是常用的家电产品，其形式也多种多样，本章选取其中的一种作为应用项目，如图12-1所示，介绍设计实现过程。在建模过程中，根据获得的相关技术数据，主要建立外观件的模型，包括叶片、基座等，并在零件模型的基础上建立装配体的组件模型。

图 12-1　电风扇模型

在获取家用电风扇的主要技术数据后，根据 Creo 提供的设计模块，完成相应的工作。

12.1.1　获取设计数据

首先，应该获取家用电风扇的设计技术数据。这既可以是已有数据，也可以是设计人员设计完成的技术参数等。我们采用借鉴和实测数据相结合的方式获得设计数据。

12.1.2　规划设计过程

按照从零件到部件一直到整体的设计思路，并对零件进行分类工作，明确设计任务，并确定设计阶段。产品的整个设计流程比较明确，基本是按照零件——装配体——工程图——分析这个过程完成。家用电风扇主要零件包括叶片、基座以及前后罩等，根据零件的形式以及复杂程度，对零件进行分类建模，如基础零件建模，复杂零件建模以及钣金件建模等。在此基础上，完成整个组件的装配工作。

12.1.3　各阶段的细化工作

主要涉及一些具体零件的设计工作，即如何利用软件提供的建模工具完成相应的零件特征的创建。这部分工作是最具体的工作，也是我们学习软件的主要内容。

12.2　电风扇底座设计

下面来介绍设计家用电风扇的底座模型，其完成后效果如图12-2所示。

电风扇底座模型主要由基座、支柱以及旋钮、文字等修饰特征组成，其中基座、支柱部分建模较为复杂。

底座设计综合运用到混合、截面圆顶、曲面偏移、曲面合并、曲面实体化等复杂曲面建模方法。

图 12-2　电风扇底座模型

![icon] 操作步骤

01 新建零件文件。单击工具栏中的【新建】按钮 🗋，建立一新零件文件。在【新建】对话框的【类型】分组框中选择【零件】选项，在【子类型】分组框中默认选中【实体】选项，在【名称】文本框中输入文件名 "dianfengshandizuo"，并去掉【使用默认模板】前的【√】。单击 确定 按钮，在弹出的【新文件选项】对话框中选取模板为【mmns_part_solid】，如图 12-3 所示，单击 确定 按钮后，进入系统的零件模块。

图 12-3　新建零件文件

02 在【模型】选项卡中【形状】面板上单击【拉伸】按钮 🗗，弹出拉伸特征操作操控板，选择【拉伸为曲面】按钮 ▱，选 FRONT 平面为草绘平面，创建底座基座部分，其操作过程如图 12-4 所示。

03 在【模型】选项卡中【基准】面板上单击【平面】按钮 ▱，打开【基准平面】对话框，选择 "FIGHT" 基准平面作为参考，创建 "DTM1" 基准平面，其操作过程如图 12-5 所示。

04 用同样的方法创建 "DTM2" 基准平面，参考和偏移距离与 "DTM1" 一样，只是方向相反，完成结果如图 12-6 所示。

05 在【模型】选项卡中【基准】面板上单击【草绘】按钮 ▧，选择底座前端平面作为草绘平面，绘制草图，其操作过程如图 12-7 所示。

06 用同样的方法在底座的后端面、"TOP"、"RIGHT"、"DTM1" 和 "DTM2" 基准平面上分别绘制 "草图 2"、"草图 3"、"草图 4"、"草图 5" 和 "草图 6"，完成结果如图 12-8

所示。

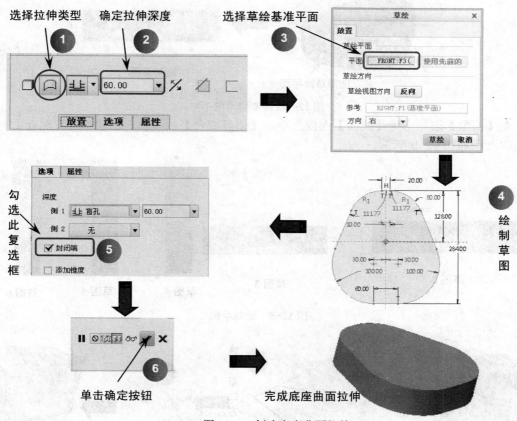

图 12-4　创建底座曲面拉伸

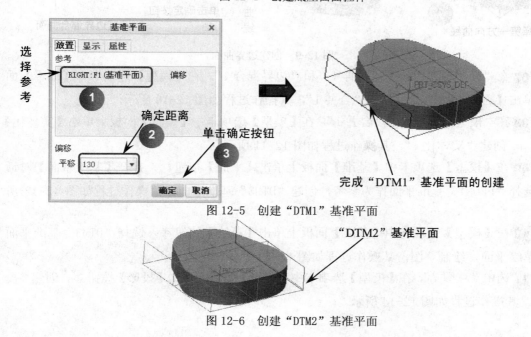

图 12-5　创建"DTM1"基准平面

图 12-6　创建"DTM2"基准平面

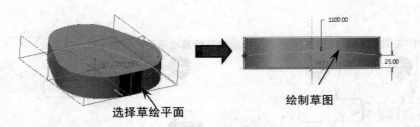

选择草绘平面　　　　　　　　绘制草图

图 12-7　绘制"草图 1"

在【模型】选项卡中【曲面】面板上单击【边界混合】按钮 ，创建"边界混合 1"，其操作过程如图 12-9 所示。

草图 2　　　　草图 3　　　草图 4　　草图 5　　草图 6

图 12-8　绘制草图

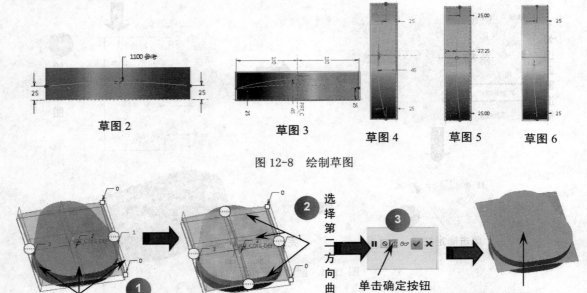

选择第一方向曲线　　　　　选择第二方向曲线　　　单击确定按钮　　完成边界混合曲面

图 12-9　创建边界曲面

07 在"模型树"内选中"拉伸 1"和"边界混合 1"，在【模型】选项卡中【编辑】面板上单击【合并】按钮 ，创建"合并 1"，其操作过程如图 12-10 所示。

08 在"模型树"内选中"合并 1"，在【模型】选项卡中【编辑】面板上单击【实体化】按钮 ，创建"实体化 1"，其操作过程如图 12-11 所示。

09 在【模型】选项卡中【基准】面板上单击【平面】按钮 ，打开【基准平面】对话框，选择"FRONT"基准平面作为参考，创建"DTM3"基准平面，其操作过程如图 12-12 所示。

10 在【模型】选项卡中【基准】面板上单击【草绘】按钮 ，选择"DTM3"基准平面作为草绘平面，绘制草图，其操作过程如图 12-13 所示。

11 选中"草图 7"，在【模型】选项卡中【编辑】面板上单击【投影】按钮 ，创建"投影 1"，其操作过程如图 12-14 所示。

356

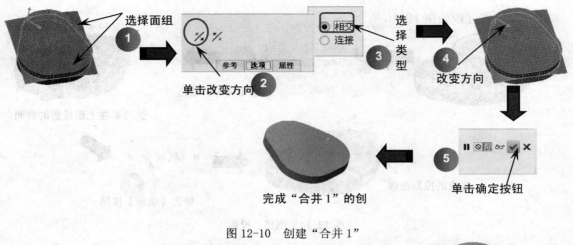

完成"合并1"的创

单击确定按钮

图 12-10　创建"合并1"

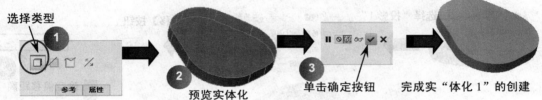

预览实体化　　　　单击确定按钮　　完成实"体化1"的创建

图 12-11　创建"实体化1"

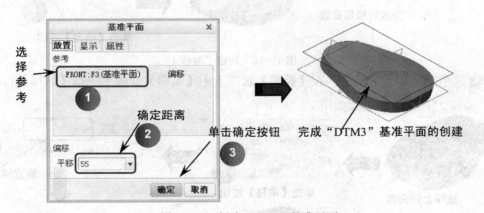

完成"DTM3"基准平面的创建

图 12-12　创建"DTM3"基准平面

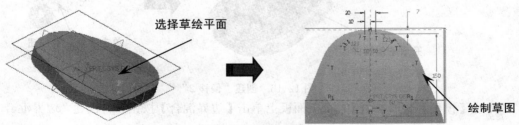

图 12-13　绘制"草图7"

12 选中"投影1"，在【模型】选项卡中【编辑】面板上单击【偏移】按钮，创建"偏

357

移1"，其操作过程如图 12-15 所示。

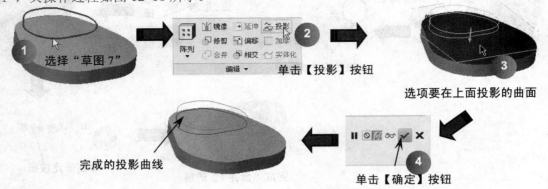

图 12-14　创建"投影 1"

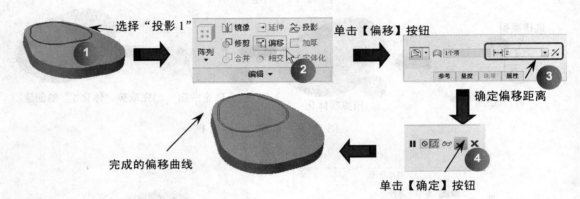

图 12-15　创建"偏移 1"

13 选中底座的上端曲面，在【模型】选项卡中【编辑】面板上单击【偏移】按钮 ，创建"偏移 2"，其操作过程如图 12-16 所示。

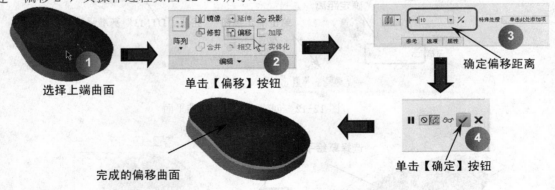

图 12-16　创建"偏移 2"

14 在【模型】选项卡中【曲面】面板上单击【边界混合】按钮 ，创建"边界混合 2"，其操作过程如图 12-17 所示。

15 选中"边界混合 2"和"偏移 2"，在【模型】选项卡中【编辑】面板上单击【合并】

按钮🔲，创建"合并2"，其操作过程如图 12-18 所示。

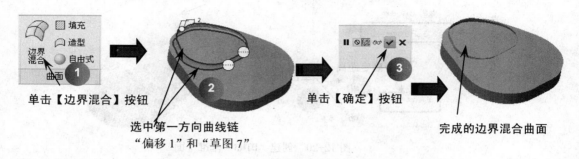

图 12-17　创建"边界混合2"

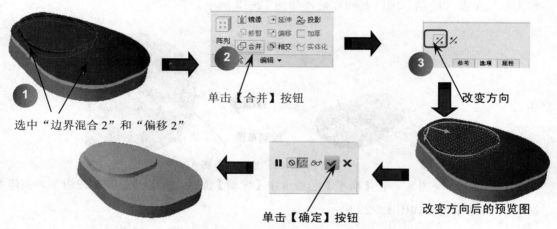

图 12-18　创建"合并2"

16 选中"合并2"，在【模型】选项卡中【编辑】面板上单击【实体化】按钮 🔲，创建
"实体化2"，其操作过程如图 12-19 所示。

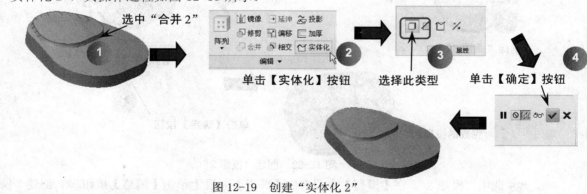

图 12-19　创建"实体化2"

17 在【模型】选项卡中【基准】面板上单击【平面】按钮 🔲，打开【基准平面】对话
框，选择"FRONT"基准平面作为参考，创建"DTM4"基准平面，其操作过程如图 12-20 所
示。

图 12-20　创建"DTM3"基准平面

18 在【模型】选项卡中【基准】面板上单击【草绘】按钮，选择"DTM4"基准平面作为草绘平面，绘制草图，其操作过程如图 12-13 所示。

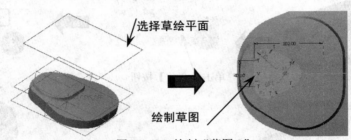

图 12-21　绘制"草图 8"

19 选中"草图 8"，在【模型】选项卡中【编辑】面板上单击【投影】按钮，创建"投影 2"，其操作过程如图 12-22 所示。

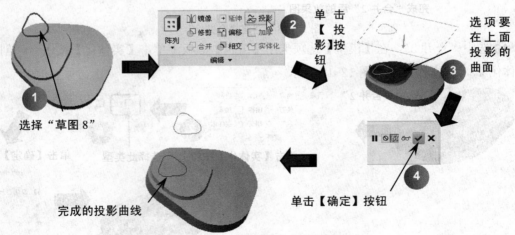

图 12-22　创建"投影 2"

20 选中"投影 2"，在【模型】选项卡中【编辑】面板上单击【偏移】按钮，创建"偏移 3"，其操作过程如图 12-23 所示。

21 在【模型】选项卡中【形状】面板上执行【混合】命令，打开下拉菜单，选择【伸出项】，创建"伸出项"，其操作过程如图 12-24 所示。

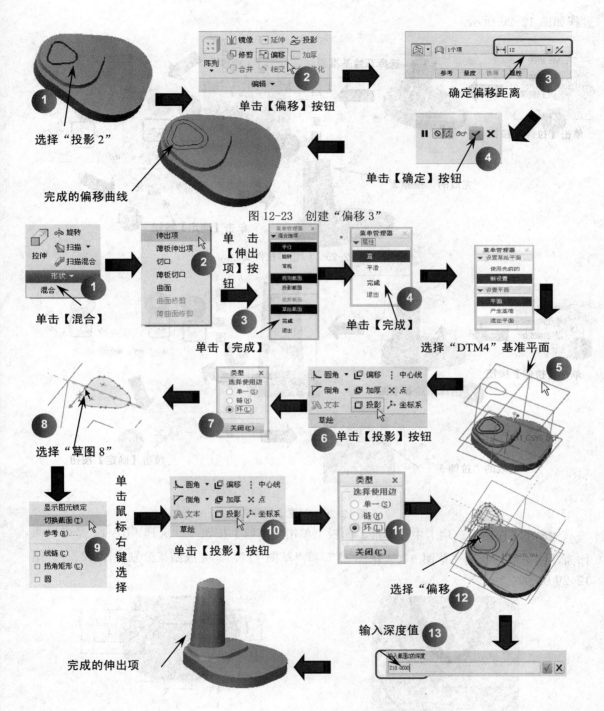

选择"投影 2"

完成的偏移曲线

单击【偏移】按钮

确定偏移距离

单击【确定】按钮

图 12-23 创建"偏移 3"

单击【混合】

单击【伸出项】按钮

单击【完成】

单击【完成】

选择"DTM4"基准平面

选择"草图 8"

单击【投影】按钮

单击鼠标右键选择

单击【投影】按钮

选择"偏移

输入深度值

完成的伸出项

图 12-24 创建"伸出项"

22 在【模型】选项卡中【形状】面板上单击【拉伸】按钮，创建"拉伸 2"，其操作过程如图 12-25 所示。

23 在【模型】选项卡中【形状】面板上单击【拉伸】按钮，创建"拉伸 3"，其操作过程如图 12-26 所示。

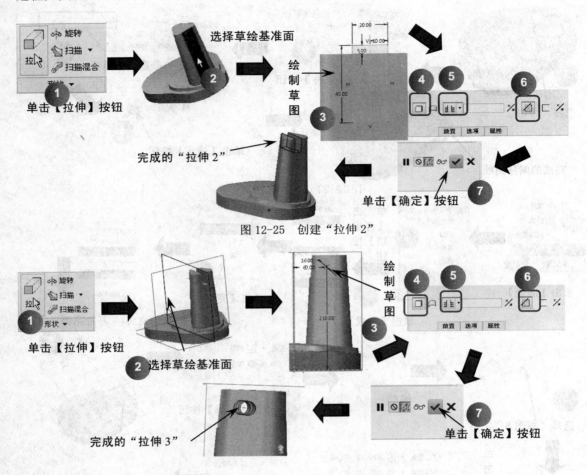

图 12-25　创建"拉伸 2"

图 12-26　创建"拉伸 3"

24 在【模型】选项卡中【基准】面板上单击【草绘】按钮，选择"DTM4"基准平面作为草绘平面，绘制"草图 9"、"草图 13"和"草图 11"，其完成结果分别如图 12-27～图 12-29 所示。

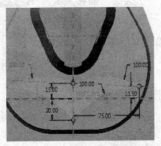

图 12-27　绘制"草图 9"

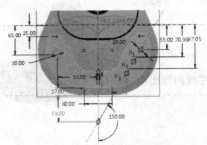

图 12-28　绘制"草图 13"

25 在【模型】选项卡中【形状】面板上单击【拉伸】按钮，创建"拉伸 4"，其操作过程如图 12-30 所示。

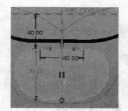

图 12-29 绘制 "草图 11"

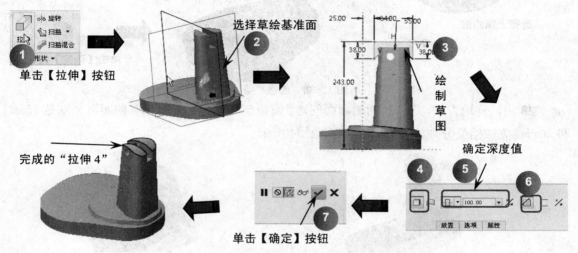

图 12-30 创建 "拉伸 4"

26 在【模型】选项卡中【形状】面板上单击【拉伸】按钮🗗，创建 "拉伸 5"，其操作过程如图 12-31 所示。

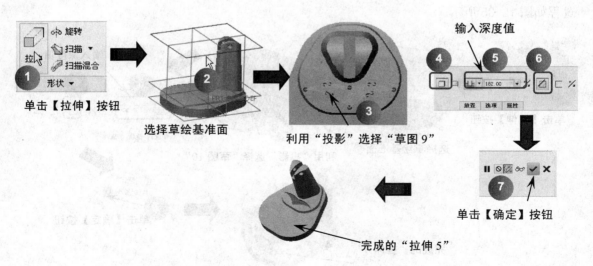

图 12-31 创建 "拉伸 5"

27 选中底座的上端曲面，在【模型】选项卡中【编辑】面板上单击【偏移】按钮🗗，创建 "偏移 4"，其操作过程如图 12-32 所示。

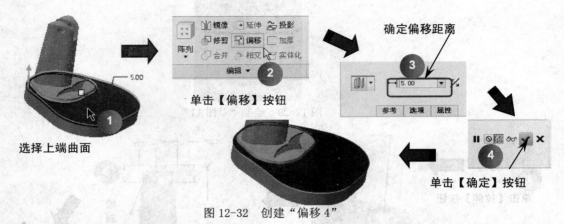

确定偏移距离

单击【偏移】按钮

单击【确定】按钮

图 12-32　创建"偏移 4"

28 用同样地方法，选择相同的曲面创建"偏移 5"和"偏移 6"，偏移的距离分别是 15mm 和 30mm，完成结果分别如图 12-33 和图 12-34 所示。

图 12-33　创建"偏移 5"　　　　　　　　图 12-34　创建"偏移 6"

29 在【模型】选项卡中【形状】面板上单击【拉伸】按钮，创建"拉伸 6"，其操作过程如图 12-35 所示。

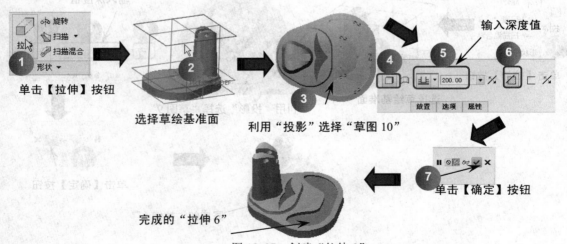

单击【拉伸】按钮

选择草绘基准面

利用"投影"选择"草图 10"

输入深度值

单击【确定】按钮

完成的"拉伸 6"

图 12-35　创建"拉伸 6"

30 在【模型】选项卡中【形状】面板上单击【拉伸】按钮，创建"拉伸 7"，其操作过程如图 12-36 所示。

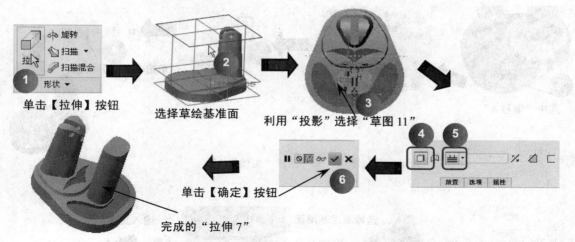

单击【拉伸】按钮　　　　选择草绘基准面　　　利用"投影"选择"草图 11"

单击【确定】按钮

完成的"拉伸 7"

图 12-36　创建"拉伸 7"

31 在【模型】选项卡中【形状】面板上单击【拉伸】按钮，创建"拉伸 8"，其操作过程如图 12-37 所示。

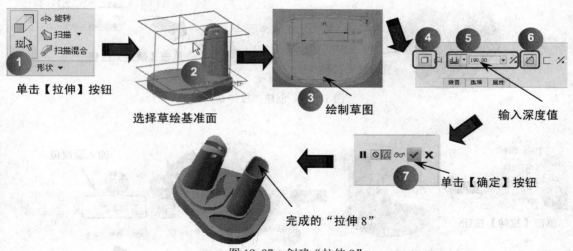

单击【拉伸】按钮　　　　选择草绘基准面　　　绘制草图　　　　　输入深度值

单击【确定】按钮

完成的"拉伸 8"

图 12-37　创建"拉伸 8"

32 选中"偏移 4"，在【模型】选项卡中【编辑】面板上单击【实体化】按钮，创建"实体化 3"，其操作过程如图 12-38 所示。

33 在【模型】选项卡中【形状】面板上单击【拉伸】按钮，创建"拉伸 9"，其操作过程如图 12-39 所示。

34 在【模型】选项卡中【形状】面板上单击【拉伸】按钮，创建"拉伸 6"，其操作过程如图 12-40 所示。

35 选中"偏移 5"，在【模型】选项卡中【编辑】面板上单击【实体化】按钮，创建"实体化 4"，其操作过程如图 12-41 所示。

整个电风扇底座的设计已经完成，单击【保存】按钮，将其保存就可以了。

选中"偏移 4"

单击【实体化】按钮

单击【确定】按钮

图 12-38　创建"实体化 3"

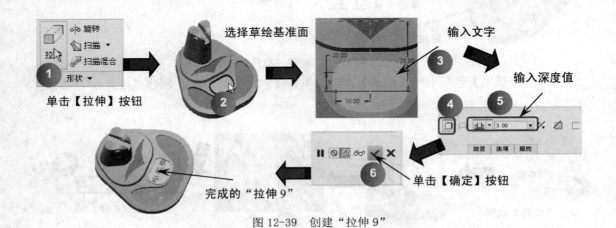

单击【拉伸】按钮

选择草绘基准面

输入文字

输入深度值

单击【确定】按钮

完成的"拉伸 9"

图 12-39　创建"拉伸 9"

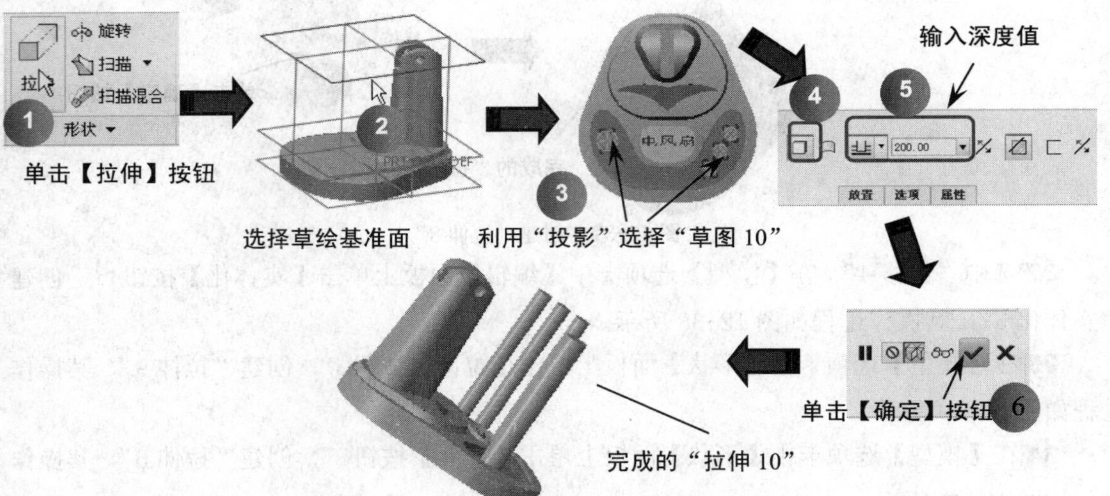

单击【拉伸】按钮

选择草绘基准面

利用"投影"选择"草图 10"

输入深度值

单击【确定】按钮

完成的"拉伸 10"

图 12-40　创建"拉伸 10"

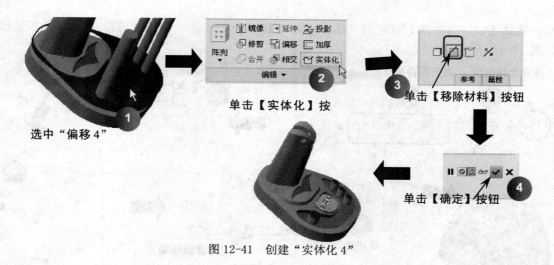

选中"偏移 4"

单击【实体化】按

单击【移除材料】按钮

单击【确定】按钮

图 12-41　创建"实体化 4"

12.3　电风扇叶轮设计

下面来介绍设计家用电风扇的叶轮模型，其完成后效果如图 12-42 所示。

叶轮模型主要包括沿圆周均布的 3 个叶片以及中间旋转体部分，其中叶片部分建模较为复杂。叶轮设计综合运用到曲面偏移、曲面合并、曲面实体化等曲面建模方法。

图 12-42　电风扇叶轮模型

操作步骤

01 新建零件文件。单击工具栏中的【新建】按钮□，建立一新零件文件。在【新建】对话框的【类型】分组框中选择【零件】选项，在【子类型】分组框中默认选中【实体】选项，在【名称】文本框中输入文件名"yelun"，并去掉【使用默认模板】前的【√】。单击 确定 按钮，在弹出的【新文件选项】对话框中选取模板为【mmns_part_solid】，如图 12-43 所示，单击 确定 按钮后，进入系统的零件模块。

图 12-43　新建零件文件

02 在【模型】选项卡中【形状】面板上单击【旋转】按钮◈，弹出旋转特征操作操控板，选择【旋转为曲面】按钮 ，选 FRONT 平面为草绘平面，创建"旋转 1"，其操作过程如图 12-44 所示。

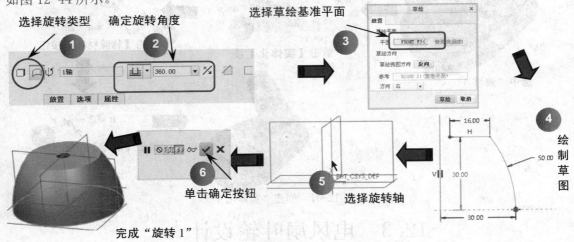

图 12-44 创建"旋转 1"

03 在【模型】选项卡中【形状】面板上单击【拉伸】按钮 ，弹出拉伸特征操作操控板，选择【拉伸为曲面】按钮 ，选"旋转 1"的顶面为草绘平面，创建"拉伸 1"，其操作过程如图 12-45 所示。

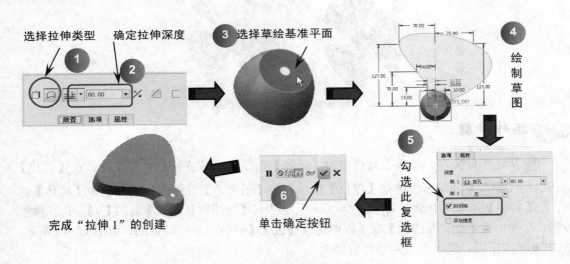

图 12-45 创建"拉伸 1"

04 在【模型】选项卡中【形状】面板上单击【拉伸】按钮 ，弹出拉伸特征操作操控板，选择【拉伸为曲面】按钮 ，选 RIGHT 平面为草绘平面，创建"拉伸 2"，其操作过程如图 12-46 所示。

05 选中"拉伸 2"，在【模型】选项卡中【编辑】面板上单击【偏移】按钮 ，创建"偏移 1"，其操作过程如图 12-47 所示。

06 选中"旋转 1"，在【模型】选项卡中【操作】面板上单击【复制】按钮 ，在【模型】选项卡中【操作】面板上单击【粘贴】按钮⬛，创建"复制 1"，即在原位置复制同样一曲面，图形区域虽然没有发生什么变化，但在模型树中出现复制 1 项目。其操作过程如图 12-48 所示。

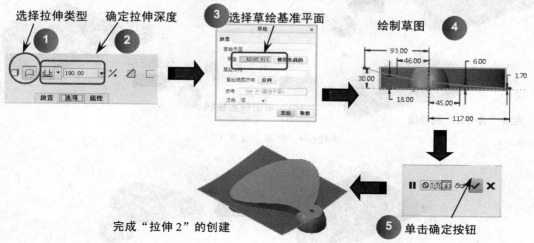

完成"拉伸2"的创建

图 12-46　创建"拉伸2"

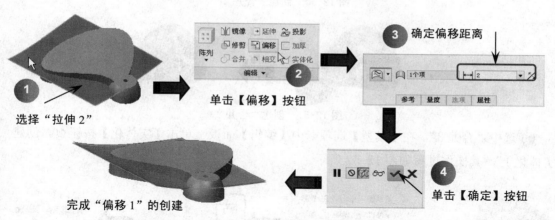

完成"偏移1"的创建

图 12-47　创建"偏移1"

图 12-48　创建"复制1"

07 选中"拉伸1"和"偏移1"，在【模型】选项卡中【编辑】面板上单击【合并】按钮◻，创建"合并1"，其操作过程如图 12-49 所示。

08 重复使用【合并】命令，创建"合并2"和"合并3"，其操作过程如图 12-50 和图 12-51 所示。

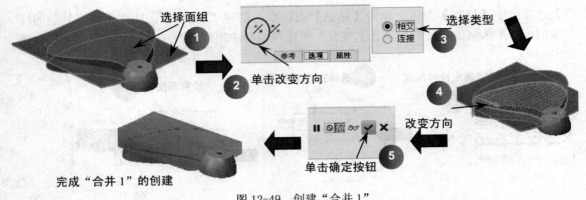

选择面组

单击改变方向

选择类型

改变方向

单击确定按钮

完成"合并1"的创建

图 12-49　创建"合并1"

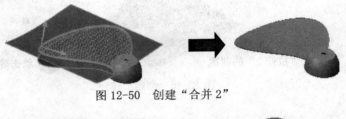

图 12-50　创建"合并2"

图 12-51　创建"合并3

09 选中"合并3"，在【模型】选项卡中【编辑】面板上单击【实体化】按钮 ⬚，创建"实体化1"，其操作过程如图 12-52 所示。

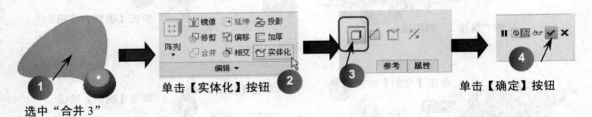

选中"合并3"

单击【实体化】按钮

单击【确定】按钮

图 12-52　创建"实体化1"

10 在模型树窗口中，按住 Shift 键选中如图 12-53 所示内容，单击鼠标右键，在弹出的快捷菜单中选组选项，创建过程如图 12-53 所示。

11 选中"组"，在【模型】选项卡中【编辑】面板上单击【阵列】按钮 ▦，创建"阵列1"，其操作过程如图 12-54 所示。

12 选中"旋转1"，在【模型】选项卡中【编辑】面板上单击【加厚】按钮 ▭，创建"加厚1"，其操作过程如图 12-55 所示。

图 12-53　创建组

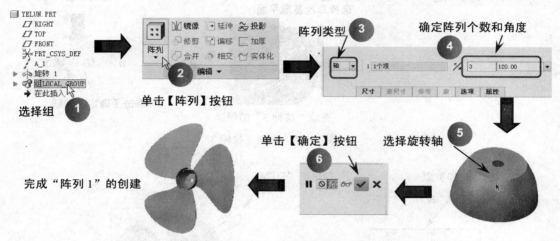

图 12-54　创建"阵列 1"

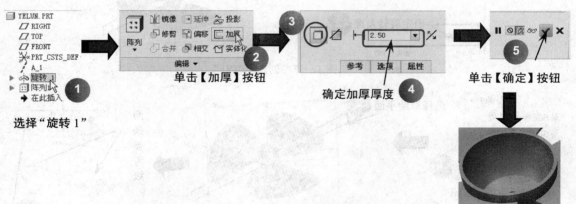

图 12-55　创建"加厚 1"

13 在【模型】选项卡中【形状】面板上单击【拉伸】按钮 ，弹出拉伸特征操作操控板，选 RIGHT 平面为草绘平面，创建"拉伸 3"，其操作过程如图 12-56 所示。

14 在【模型】选项卡中【基准】面板上单击【平面】按钮 ，创建"DTM1"，其操作过程如图 12-57 所示。

15 在【模型】选项卡中【工程】面板上单击【轮廓筋】按钮 ，创建"轮廓筋 1"，其操作过程如图 12-58 所示。

16 选中"轮廓筋·1"，在【模型】选项卡中【编辑】面板上单击【阵列】按钮 ，创建

"阵列 2"，其操作过程如图 12-59 所示。

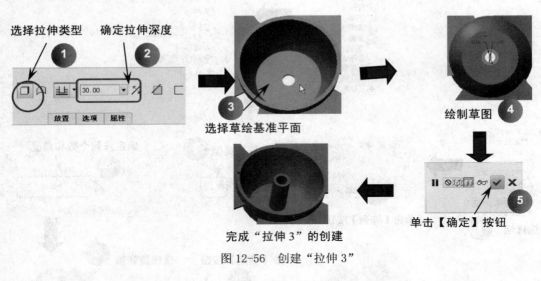

图 12-56 创建"拉伸 3"

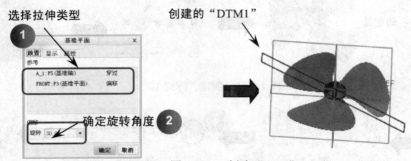

图 12-57 创建"DTM1"

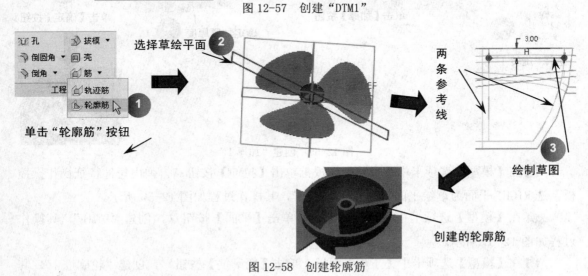

图 12-58 创建轮廓筋

17 在【模型】选项卡中【工程】面板上单击【倒圆角】按钮 ，创建"倒圆角 1"，其操作过程如图 12-60 所示。

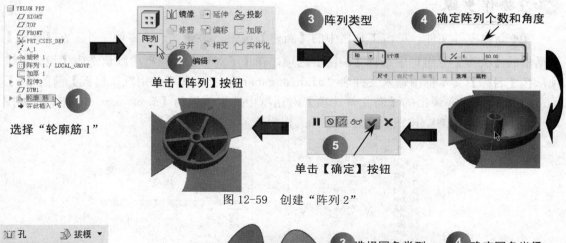

选择"轮廓筋 1"　　　单击【阵列】按钮　　　③ 阵列类型　　　④ 确定阵列个数和角度

⑤ 单击【确定】按钮

图 12-59　创建"阵列 2"

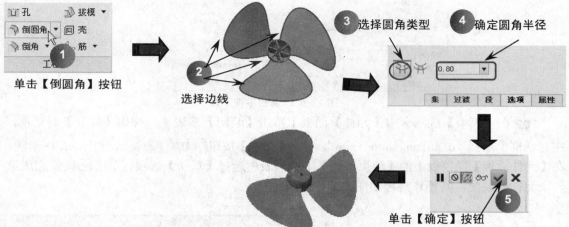

单击【倒圆角】按钮　　　② 选择边线　　　③ 选择圆角类型　　　④ 确定圆角半径

⑤ 单击【确定】按钮

图 12-60　创建"倒圆角 1"

18 电风扇叶轮的设计已经完成，单击【保存】按钮　，将其保存就可以了。

12.4　电风扇装配设计

电风扇组成零件较多，装配关系复杂。电风扇由多个零件组成，在装配过程中需要使用多种约束方法。通过电风扇的装配可以掌握多零件装配的过程和方法，以及配对和对齐等约束的使用技巧。其完成后效果如图 12-61 所示。

图 12-61　电风扇装配体

操作步骤

01 新建零件文件。单击工具栏中的【新建】按钮，建立一新零件文件。在【新建】对话框的【类型】分组框中选择【装配】选项，在【子类型】分组框中默认选中【设计】选项，在【名称】文本框中输入文件名"dianfengshan"，并去掉【使用默认模板】前的【√】。单击 **确定** 按钮，在弹出的【新文件选项】对话框中选取模板为【mmns_asm_design】，如图 12-62 所示，单击 **确定** 按钮后，进入组件工作模式。

图 12-62　新建零件文件

02 在【模型】选项卡中【元件】面板上单击【装配】按钮，弹出【打开】对话框，在对话框中选择"dianfengshandizuo"，单击【打开】按钮 **打开 ▼**，元件出现在图形区，在【元件放置】操控板上的【约束类型】下拉列表中选择【默认】选项，单击 ☑ 按钮完成第一个元件的装配，其操作过程如图 12-63 所示。

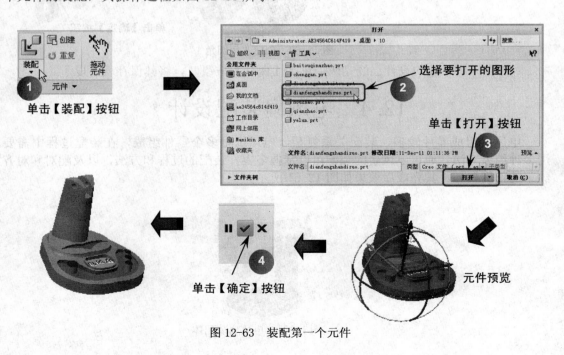

图 12-63　装配第一个元件

03 在【模型】选项卡中【元件】面板上单击【装配】按钮，弹出【打开】对话框，在对话框中选择"dianfengshanbaitou"，单击【打开】按钮 打开 ▼ ，元件出现在图形区，在【元件放置】操控板上，打开【放置】选项板，在【约束类型】下拉列表框中选择【重合】选项，约束参照的选择如图 12-64 所示。

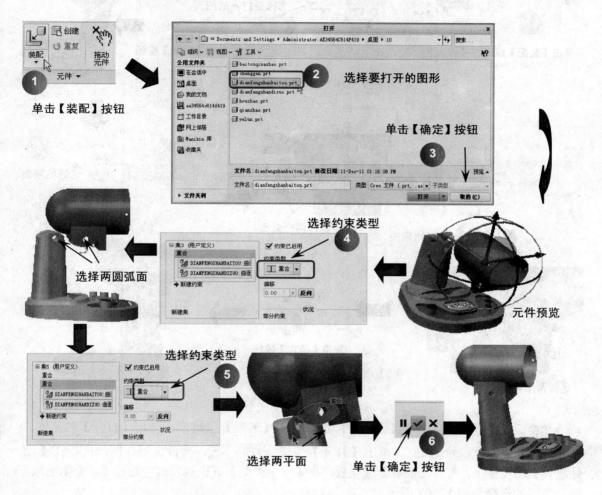

图 12-64 装配第二个元件

04 在【模型】选项卡中【元件】面板上单击【装配】按钮，弹出【打开】对话框，在对话框中选择"chaxiao"，单击【打开】按钮 打开 ▼ ，元件出现在图形区，在【元件放置】操控板上，打开【放置】选项板，在【约束类型】下拉列表框中选择【重合】选项，约束参照的选择如图 12-65 所示。

05 在【模型】选项卡中【元件】面板上单击【装配】按钮，弹出【打开】对话框，在对话框中选择"baitouqianzhao"，单击【打开】按钮 打开 ▼ ，元件出现在图形区，在【元件放置】操控板上，打开【放置】选项板，在【约束类型】下拉列表框中选择【重合】选项，约束参照的选择如图 12-66 所示。

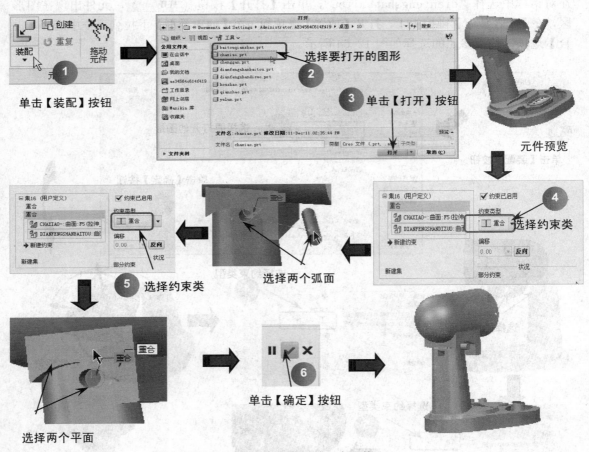

单击【装配】按钮

选择要打开的图形

单击【打开】按钮

元件预览

选择约束类型

选择约束类型

选择两个弧面

选择约束类型

选择两个平面

单击【确定】按钮

图 12-65　装配第三个元件

06 在【模型】选项卡中【元件】面板上单击【装配】按钮，弹出【打开】对话框，在对话框中选择"chenggan"，单击【打开】按钮，元件出现在图形区，在【元件放置】操控板上，打开【放置】选项板，在【约束类型】下拉列表框中选择【重合】选项，约束参照的选择如图 12-67 所示。

07 在【模型】选项卡中【元件】面板上单击【装配】按钮，弹出【打开】对话框，在对话框中选择"houzhao"，单击【打开】按钮，元件出现在图形区，在【元件放置】操控板上，打开【放置】选项板，在【约束类型】下拉列表框中选择【重合】选项，约束参照的选择如图 12-68 所示。

08 在【模型】选项卡中【元件】面板上单击【装配】按钮，弹出【打开】对话框，在对话框中选择"yelun"，单击【打开】按钮，元件出现在图形区，在【元件放置】操控板上，打开【放置】选项板，在【约束类型】下拉列表框中选择【重合】选项，约束参照的选择如图 12-69 所示。

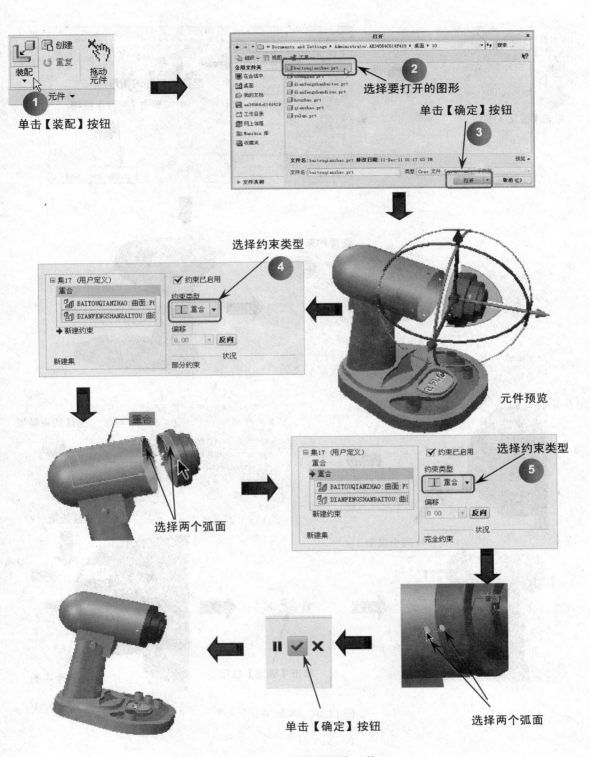

单击【装配】按钮

选择要打开的图形

单击【确定】按钮

选择约束类型

元件预览

重合

选择两个弧面

选择约束类型

选择两个弧面

单击【确定】按钮

图 12-66　装配第四个元件

377

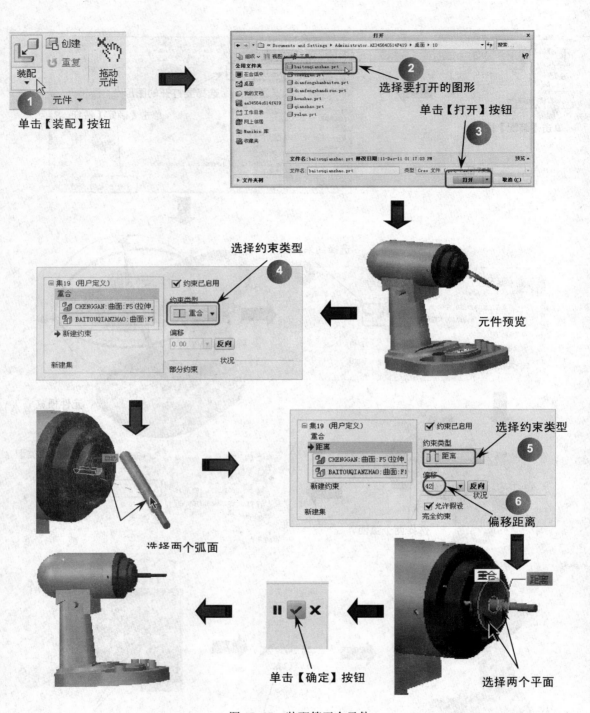

单击【装配】按钮

选择要打开的图形

单击【打开】按钮

选择约束类型

元件预览

选择约束类型

偏移距离

选择两个弧面

单击【确定】按钮

选择两个平面

图 12-67　装配第五个元件

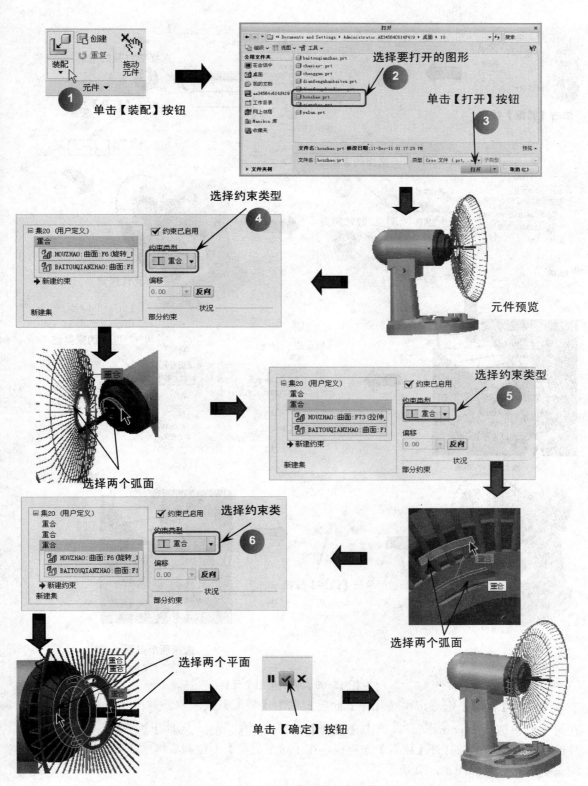

単击【装配】按钮

选择要打开的图形

单击【打开】按钮

选择约束类型

元件预览

选择两个弧面

选择约束类型

选择约束类

选择两个弧面

选择两个平面

单击【确定】按钮

图 12-68　装配第六个元件

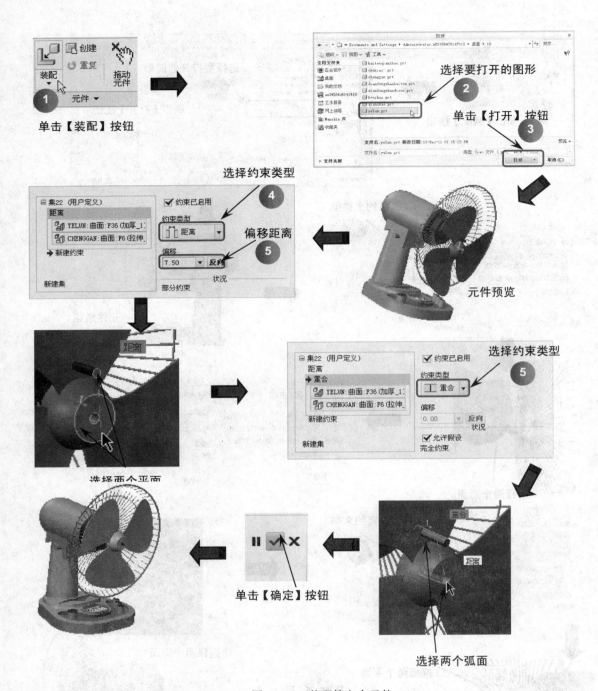

图 12-69　装配第七个元件

09 在【模型】选项卡中【元件】面板上单击【装配】按钮，弹出【打开】对话框，在对话框中选择"qianzhao"，单击【打开】按钮 **打开** ▼，元件出现在图形区，在【元件放置】操控板上，打开【放置】选项板，在【约束类型】下拉列表框中选择【重合】选项，约束参照的选择如图 12-70 所示。

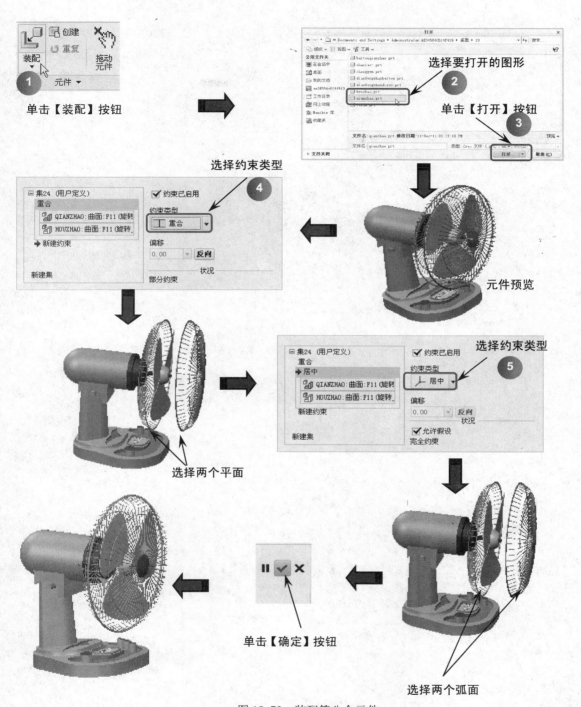

単击【装配】按钮

选择要打开的图形

単击【打开】按钮

选择约束类型

元件预览

选择两个平面

选择约束类型

単击【确定】按钮

选择两个弧面

图 12-70 装配第八个元件

10 电风扇装配设计已经完成，单击【保存】按钮📷，将其保存就可以了。